U0157813

SAME PLANET

The Same Planet

同一颗星球

危险的年代

——气候变化、长期应急以及漫漫前路——

DANGEROUS YEARS

CLIMATE CHANGE, THE LONG EMERGENCY, AND THE WAY FORWARD

［美］大卫·W.奥尔 著
王佳存 王圣远 译

David W.Orr

刘东 主编

江苏人民出版社

图书在版编目(CIP)数据

危险的年代:气候变化、长期应急以及漫漫前路/
(美)大卫·W.奥尔著;王佳存,王圣远译. 一南京:
江苏人民出版社,2020.10
("同一颗星球"丛书)
书名原文:Dangerous Years:Climate Change, the
Long Emergency, and the Way Forward
ISBN 978-7-214-25160-2

Ⅰ.①危… Ⅱ.①大… ②王… ③王… Ⅲ.①气候变
化-研究-世界 Ⅳ.①P467

中国版本图书馆 CIP 数据核字(2020)第 111965 号

书　　名　危险的年代:气候变化、长期应急以及漫漫前路
著　　者　大卫·W.奥尔
译　　者　王佳存　王圣远
责任编辑　莫莹萍
特约编辑　张　欣
责任监制　王列丹
出版发行　江苏人民出版社
出版社地址　南京市湖南路1号A楼,邮编:210009
出版社网址　http://www.jspph.com
照　　排　江苏凤凰制版有限公司
印　　刷　江苏凤凰盐城印刷有限公司
开　　本　652毫米×960毫米　1/16
印　　张　20　插页6
字　　数　250千字
版　　次　2020年10月第1版　2020年10月第1次印刷
标准书号　ISBN 978-7-214-25160-2
定　　价　69.00元

献给大卫·克洛科特(David Crockett)。

总　序

这套书的选题，我已经默默准备很多年了，就连眼下的这篇总序，也是早在六年前就已起草了。

无论从什么角度讲，当代中国遭遇的环境危机，都绝对是最让自己长期忧心的问题，甚至可以说，这种人与自然的尖锐矛盾，由于更涉及长时段的阴影，就比任何单纯人世的腐恶，更让自己愁肠百结、夜不成寐，因为它注定会带来更为深重的，甚至根本无法再挽回的影响。换句话说，如果政治哲学所能关心的，还只是在一代人中间的公平问题，那么生态哲学所要关切的，则属于更加长远的代际公平问题。从这个角度看，如果偏是在我们这一代手中，只因为日益膨胀的消费物欲，就把原应递相授受、永续共享的家园，糟蹋成了永远无法修复的、连物种也已大都灭绝的环境，那么，我们还有何脸面去见列祖列宗？我们又让子孙后代去哪里安身？

正因为这样，早在尚且不管不顾的20世纪末，我就大声疾呼这方面的“观念转变”了：“……作为一个鲜明而典型的案例，剥夺了起码生趣的大气污染，挥之不去地刺痛着我们：其实现代性的种种负面效应，并不是离我们还远，而是构成了身边的基本事实——不管我们是否承认，它都早已被大多数国民所体认，被陡然上升的死亡率所证实。准此，它就不可能再被轻轻放过，而必须被投以全力的警觉,就像当年全力捍卫'改革'时一样。"①

的确,面对这铺天盖地的有毒雾霾,乃至危如累卵的整个生态,作为长期惯于书斋生活的学者,除了去束手或搓手之外,要是觉得还能做点什么的话,也无非是去推动新一轮的阅读,以增强全体国民,首先是知识群体的环境意识,唤醒他们对于自身行为的责任伦理,激活他们对于文明规则的从头反思。无论如何,正是中外心智的下述反差,增强了这种阅读的紧迫性:几乎全世界的环境主义者,都属于人文类型的学者,而唯独中国本身的环保专家,却基本都属于科学主义者。正由于这样,这些人总是误以为,只要能用上更先进的科技手段,就准能改变当前的被动局面,殊不知这种局面本身就是由科技"进步"造成的。而问题的真正解决,却要从生活方式的改变入手,可那方面又谈不上什么"进步",只有思想观念的幡然改变。

幸而,在熙熙攘攘、利来利往的红尘中,还总有几位谈得来的出版家,能跟自己结成良好的工作关系,而且我们借助于这样的合作,也已经打造过不少的丛书品牌,包括那套同样由江苏人民出版社出版的、卷帙浩繁的"海外中国研究丛书";事实上,也正是在那套丛书中,我们已经推出了聚焦中国环境的子系列,包括那本触目惊心的《一江黑水》,也包括那本广受好评的《大象的退却》……不过,我和出版社的同事都觉得,光是这样还远远不够,必须另做一套更加专门的丛书,来译介国际上研究环境历史与生态危机的主流著作。也就是说,正是迫在眉睫的环境与生态问题,促使我们更要去超越民族国家的疆域,以便从"全球史"的宏大视野,来看待当代中国由发展所带来的问题。

这种高瞻远瞩的"全球史"立场,足以提升我们自己的眼光,去把地表上的每个典型的环境案例都看成整个地球家园的有机脉

① 刘东:《别以为那离我们还远》,载《理论与心智》,杭州:浙江大学出版社,2015年,第89页。

动。那不单意味着,我们可以从其他国家的环境案例中找到一些珍贵的教训与手段,更意味着,我们与生活在那些国家的人们,根本就是在共享着“同一个”家园,从而也就必须共担起沉重的责任。从这个角度讲,当代中国的尖锐环境危机,就远不止是严重的中国问题,还属于更加深远的世界性难题。一方面,正如我曾经指出过的:“那些非西方社会其实只是在受到西方冲击并且纷纷效法西方以后,其生存环境才变得如此恶劣。因此,在迄今为止的文明进程中,最不公正的历史事实之一是,原本产自某一文明内部的恶果,竟要由所有其他文明来痛苦地承受……”[①]而另一方面,也同样无可讳言的是,当代中国所造成的严重生态失衡,转而又加剧了世界性的环境危机。甚至,从任何有限国度来认定的高速发展,只要再换从全球史的视野来观察,就有可能意味着整个世界的生态灾难。

正因为这样,只去强调“全球意识”都还嫌不够,因为那样的地球表象跟我们太过贴近,使人们往往会鼠目寸光地看到,那个球体不过就是更加新颖的商机,或者更加开阔的商战市场。所以,必须更上一层地去提倡“星球意识”,让全人类都能从更高的视点上看到,我们都是居住在“同一颗星球”上的。由此一来,我们就热切地期盼着,被选择到这套译丛里的著作,不光能增进有关自然史的丰富知识,更能唤起对于大自然的责任感,以及拯救这个唯一家园的危机感。的确,思想意识的改变是再重要不过了,否则即使耳边充满了危急的报道,人们也仍然有可能对之充耳不闻。甚至,还有人专门喜欢到电影院里,去欣赏刻意编造这些祸殃的灾难片,而且其中的毁灭场面越是惨不忍睹,他们就越是愿意乐呵呵地为之掏钱。这到底是麻木还是疯狂呢?抑或是两者兼而有之?

不管怎么说,从更加开阔的“星球意识”出发,我们还是要借这套书去尖锐地提醒,整个人类正搭乘着这颗星球,或曰正驾驶着这

① 刘东:《别以为那离我们还远》,载《理论与心智》,第85页。

颗星球,来到了那个至关重要的,或已是最后的“十字路口”!我们当然也有可能由于心念一转而做出生活方式的转变,那或许就将是最后的转机与生机了。不过,我们同样也有可能——依我看恐怕是更有可能——不管不顾地懵懵懂懂下去,沿着心理的惯性而“一条道走到黑”,一直走到人类自身的万劫不复。而无论选择了什么,我们都必须在事先就意识到,在我们将要做出的历史性选择中,总是凝聚着对于后世的重大责任,也就是说,只要我们继续像“击鼓传花”一般地,把手中的危机像烫手山芋一样传递下去,那么,我们的子孙后代就有可能再无容身之地了。而在这样的意义上,在我们将要做出的历史性选择中,也同样凝聚着对于整个人类的重大责任,也就是说,只要我们继续执迷与沉湎其中,现代智人(homo sapiens)这个曾因智能而骄傲的物种,到了归零之后的、重新开始的地质年代中,就完全有可能因为自身的缺乏远见,而沦为一种遥远和虚缈的传说,就像如今流传的恐龙灭绝的故事一样……

2004 年,正是怀着这种挥之不去的忧患,我在受命为《世界文化报告》之“中国部分”所写的提纲中,强烈发出了“重估发展蓝图”的呼吁——“现在,面对由于短视的和缺乏社会蓝图的发展所带来的、同样是积重难返的问题,中国肯定已经走到了这样一个关口:必须以当年讨论‘真理标准’的热情和规模,在全体公民中间展开一场有关‘发展模式’的民主讨论。这场讨论理应关照到存在于人口与资源、眼前与未来、保护与发展等一系列尖锐矛盾。从而,这场讨论也理应为今后的国策制订和资源配置,提供更多的合理性与合法性支持”①。2014 年,还是沿着这样的问题意识,我又在清华园里特别开设的课堂上,继续提出了“寻找发展模式”的呼吁:“如果我们不能寻找到适合自己独特国情的‘发展模式’,而只是在

---

① 刘东:《中国文化与全球化》,载《中国学术》,第 19—20 期合辑。

盲目追随当今这种传自西方的、对于大自然的掠夺式开发，那么，人们也许会在很近的将来就发现，这种有史以来最大规模的超高速发展，终将演变成一次波及全世界的灾难性盲动。”①

所以我们无论如何，都要在对于这颗“星球”的自觉意识中，首先把胸次和襟抱高高地提升起来。正像面对一幅需要凝神观赏的画作那样，我们在当下这个很可能会迷失的瞬间，也必须从忙忙碌碌、浑浑噩噩的日常营生中，大大地后退一步，并默默地驻足一刻，以便用更富距离感和更加陌生化的眼光来重新回顾人类与自然的共生历史，也从头来检讨已把我们带到了“此时此地”的文明规则。而这样的一种眼光，也就迥然不同于以往匍匐于地面的观看，它很有可能会把我们的眼界带往太空，像那些有幸腾空而起的宇航员一样，惊喜地回望这颗被蔚蓝大海所覆盖的美丽星球，从而对我们的家园产生新颖的宇宙意识，并且从这种宽阔的宇宙意识中，油然地升腾起对于环境的珍惜与挚爱。是啊，正因为这种由后退一步所看到的壮阔景观，对于全体人类来说，甚至对于世上的所有物种来说，都必须更加学会分享与共享、珍惜与挚爱、高远与开阔，而且，不管未来文明的规则将是怎样的，它都首先必须是这样的。

我们就只有这样一个家园，让我们救救这颗“唯一的星球”吧！

刘东

2018年3月15日改定

① 刘东：《再造传统：带着警觉加入全球》，上海：上海人民出版社，2014年，第237页。

目　录

前 言

本书关注的是气候不稳定对政治、经济和社会带来的长远影响。时间将会告诉我们,2015 年 12 月《联合国气候变化框架公约》第二十一届缔约方大会(COP - 21)所达成的《巴黎协定》(*Paris Agreement*),是否是全球真正严肃应对并防止气候变暖最坏情况的开始。气候变暖最坏情况是可能发生的。即便全球开始严肃应对,我们的气候和其他地球系统在相当长的时间里,也不会达到新的平衡。到了再均衡的时候,我们的地球可能变成了另一个完全不同的星球,成为比尔 · 麦克基本(Bill Mckibben)所称的“热球”(Eaarth)[①],气候将更热,变化将更加异常。

统计数据非常不容乐观。2016 年 3 月,大气中二氧化碳的浓度超过了 402 ppm 的阈值,比工业化前的水平增长了 42%。所有其他的吸热气体,其二氧化碳当量大概还要为二氧化碳浓度增加 50—70 ppm。由此造成的结果是,地球的温度升高了 1 ℃(1.7 ℉)。由于温室气体排放对天气温度影响的滞后效应,地球温度可能还要上升0.5℃。如果我们能够将二氧化碳浓度水平控制在 450 ppm,让全球变暖不超过 2 ℃,成功地度过可能引起灾难性变化的碳循环反馈,我们就是很幸运的。但是,不论是从审慎的

---

① 比尔 · 麦克基本 2010 年出版了一本书,叫“*Eaarth*”,这个词是作者自造的,比地球(Earth)多了一个字母“a”,以表示与我们生活的地球的不同。该词还被翻译成“另一个地球”“地人球”“异化的地球”等。——译者注

角度，还是从道德的角度，抑或是单纯生存的角度，我们都有充分的理由尽可能快地达到并超过那些目标。我们逐步了解到，气候系统是复杂的，是非线性的，也就是说，是不可预测的，它对于我们人类的错误以及拖三落四的不作为，是一点也不会宽恕的。对于地球的大气，我们的行为已经使其发生很大的变化，这些变化是在几百年甚至是上千年里发生的，而我们的机构、组织、治理系统、经济界以及理论界所考虑的是短期目标，时间长度只有几年到几十年。

在气候变化等式的另一边，是日新月异的技术能力，这种能力将提高能效，并同各种形式的可再生能源整合在一起，极大地促进着美国和全球经济的发展。正因为此，人们有很好的理由对前景表示乐观，但前方的路不会平坦。能源科学和热力学定律是不可动摇的，同样，对投入的能量回报和功率密度，虽然不是明显易见，但也是不可动摇的。现代世界的能源大厦是建立在能量高度集中、运输便捷、价格相对便宜的化石燃料基础之上的。各种形式的可再生能源是散漫的，汇聚起来更加困难，价格更高，功率密度更低，能源的投资回报也更低。人口增长和人类行为使得物理学中存在的困难更加复杂。现在，地球上的人口已经达到 74 亿，有可能增长到 110 亿的高峰。与过去相比，我们的物质期望和交通需求更高，并且依然在增加。我们有充分的理由相信，我们已经超过地球的承载力了。

在这种背景下，遏制最坏情况发生的可能性据说只有 50%，或者差不多是这个比率。换个角度看，对于心智健全的人来说，如果乘车发生致命交通事故有那样的比率，是没有人愿意上车的。

在本书中，我会思考一些必定要发生的变化，目的是促进全世界平稳度过气候混乱的危险岁月。我探讨的焦点不是技术变革，而是那些更深层次的变化，涉及治理、经济、教育以及我们困境的核心问题，既包括形成困境的原因，也包括解决的方案。硬件和软件方面的变化都是必要的,但光这些变化本身还不够,两者必须在更广的空间进行融合。我们的问题非常复杂,因为气候变化只是我们共同的未来所受到的几个相互关联的威胁之一。这些威胁,每一个都是全球性的,持久性的,反映着我们治理、政治、经济、科学、人口以及文化等系统中所嵌入的深层缺陷。这些缺陷积聚在一起,就凸显出一个系统危机,会延续数百年。罗马教皇方济各(Pope Francis)在他的通谕《愿你受赞颂》(*Laudato Si*)中写道:"我们所面对的,不是单一的危机,而是复杂的危机,既包括社会问题,也包括环境问题。"

我不相信我们的地球会因为大火、炎热或技术狂飙而毁灭。但是,我们如果想拥有更加幸福的未来,那应该要这样做:充满关爱和活力地去行动,我们必须付诸我们的内心;明智地去行动,我们必须明白我们只是相互联系的全球系统中的一部分;有效和公正地去行动,我们必须有负责任的、透明的、强有力的民主政府;可持续地去行动,我们的生活和工作必须长期遵从自然系统的制约。

换句话说,我们必须在生态圈中寻求解决方案,方案应包括人类创建的经济、治理、教育、技术、社会、文化以及行为,这一切都植根于大气、土地、水域、其他物种以及复杂生物地球化学循环所组成的生态圈。麻烦的是,我们不是特别善于解决那些要么很大、要么可能延续很长时间的系统问题。首先,我们否认问题的存在;其次,我们对存在的问题浑浑噩噩,敷衍塞责;最后,当我们不得不采取行动时,也是趋向于忽视那些深层的结构性的原因,只是在不重要的地方做一些无关痛痒的小改变,其效果往往是难以预期的,也往往是反常的。

由于这些原因和其他方面的因素,必要的变化最有可能开始依次发生在社区、城市、国家、地区和全球公民中。这些变化一开始发生的规模一定是可管理的,可理解的,是通过不断试错的过程来实现的,而且一定会积少成多,改变更大的治理和经济系统。正如纳奥米·克莱因(Naomi Klein)所言,最终,这样的小的努力会"改变一切",包括我们的经济、消费习惯、预期、治理、财富分配以及民主实践。计算机科学家詹姆斯·马丁(James Martin)在《21世纪的意义》(*The Meaning of 21st Century*)中表达了这样的信念,我们需要"另外一场革命,采用令人满意的管理、法律、控制、协议、方法和治理措施"。经济学家赫尔曼·戴利(Herman Daly)认为,必要的变化"需要悔悟和转变之类的东西"。我个人的观点是,度过未来漫漫的危险岁月,这两者都需要,同时还需要更多其他的东西。

最后,如果全球系统被威胁、暴力和核战争的阴影所笼罩,那么可持续的、体面的、公平的、真正民主的社会断然不会作为一个孤岛而长久存在。总有一天,这个世界会出大问题,很大、很严重的问题。同时,战争系统会将一切吸干,耗尽人的精力和财力,践踏民主的实践,腐蚀我们的话语习惯,给我们对更好可能的期待蒙上阴影。特别是,暴力的习惯会驱使我们把大自然仅仅看作是被征服的一个东西。我要说的是,在一个被恐惧、威胁、暴力和战争统治的社会里,不可能存在可持续的、公正的经济,人类和自然系统之间也不会有和谐。任何一座如此分崩离析的大厦,都会倒塌。

致 谢

本书的完成很大程度上要归功于多年来一直帮助我的朋友和同事。我对他们充满感激,尤其感谢那些阅读过初稿或部分章节并提出意见的朋友和同事。他们是比尔·贝克尔(Bill Becker)、大卫·本辛(David Benzing)、爱德华·龙(Ed. Long)、伊丽莎白·科尔伯特(Elizabeth Kolbert)、鲍勃·朗斯沃思(Bob Longsworth)、汤姆·洛夫乔伊(Tom Lovejoy)、卡尔·麦克丹尼尔(Carl McDaniel)、丹尼尔·奥尔(Daniel Orr)、朱莉·肖尔(Julie Schor)、鲁米·沙敏(Rumi Shammin)、格斯·斯佩思(Gus Speth)、爱德华·威尔逊(Edward O. Wilson)以及乔治·伍德威尔(George Woodwell)。

我要感谢耶鲁大学出版社让·汤姆森·布莱克(Jean Thomson Black)给我的鼓励,感谢本书编辑朱莉·卡尔森(Julie Carlson),她为人和善,精明强干,将我的手稿打造成一本书。

我还要感谢奥柏林学院(Oberlin College)的朋友和同事,特别是马文·克里斯洛夫(Marvin Krislov)校长和比尔·巴娄(Bill Barlow)、埃里克·艾斯特斯(Eric Estes)、麦克·弗兰德森(Mike Frandsen)、珍·马西森(Jane Mathison)、凯斯瑞恩·斯图亚特(Kathryn Stuart)以及罗恩·瓦茨(Ron Watts)等高级职员,正是他们的努力,这所学院才成为美国最好的文理学院之一。我还要感谢斯蒂夫·梅耶(Steve Mayer)和约翰·皮特森(John Petersen),他们都是我的好同事、好朋友。

我的实施奥柏林项目的同事尽职尽责，使得本书的研究进展顺利，谢谢希瑟·阿德尔曼（Heather Adelman）、肖恩·海耶斯（Sean Hayes）、卡伦·瑙莫夫（Cullen Naumoff）和沙龙·皮尔森（Sharon Pearson）。

最为重要的是，我要感谢我的妻子伊莲（Elaine）。本书写作期间，她一如既往地对我包容，听我倾诉，给我理解，营造琴瑟和鸣的家庭氛围，让我尽享儿孙绕膝之乐。对所有这一切，我深为感谢，唯言不尽意，但愿本书惠及社会，使善意得以相传。善意必须延续。

序言：通往蒙大拿的路

> 主啊，我们没有很多，但是我们已经尽最大努力了。
> ——大卫·格里姆斯(David Grimes)，铜河(Copper River)导游

在拉里·麦克默特里(Larry McMurtry)的笔下，得克萨斯州的寂寞之鸽(Lonesome Dove)是所有悲苦小镇中最悲苦的。这个小镇位于西得克萨斯的荒原，地势低平，气候炎热，尘土飞扬，枯燥乏味。有个逃亡中的牛仔[杰克·斯普(Jake Spoon)]，他脑袋很灵光。有一天，他骑马来到小镇，讲述了有关蒙大拿(Montana)的故事。他说，那个地方满目葱茏，江河美丽，有森林和山峦，是一个青翠的天堂。酒吧里的牛仔对此很着迷，便决定去蒙大拿，当然是带着牛和所有的一切。到蒙大拿有多远？没有人知道。对于途中不得不渡过的河流，对于征途中的漫漫旷野和寂寥峡谷，对于要把他们的血肉之躯当作美味的饥饿熊罴和虎豹，对于必须要翻越的大山，对于横亘在他们与其梦想之间手持武器的、充满敌意的土著，他们同样是一无所知。那个时候，没有 AAA 公司[①]给他们规划和导航线路，也没有高速路、汽车旅馆、餐馆、酒吧、全球定位系统(GPS)以及紧急道路救援服务等。一句话，他们对脚下的路途一无所知。

---

① AAA 是一家美国公司，主要提供各种道路服务，兼及保险、旅游、金融、汽车等业务。—译者注

不论是历史上的，还是虚构的，多数史诗般的迁徙都是比较相似的。摩西率领以色列人渡过红海后好像前途一片光明，但是经过40年的艰苦跋涉和迂回曲折，穿越了茫茫荒野，最后却发现所谓的应许之地或王道乐土(Promised Land)已经完全被迦南人(Canaanites)占领了，而且迦南人无论如何也不愿意离开。如果以色列人事先知道了后来遇到的困难，他们还会逃出埃及吗？当然有可能，以色列人会继续留在尼罗河岸边，与法老和平相处，学会敬奉太阳神。如果奥德修斯(Odysseus)不仅能预见到与特洛伊(Troy)艰苦卓绝的十年战争，还能预见到再需要十年时间才能返回家乡，回到他的妻子佩涅洛佩（Penelope)的身边，他就可能认为阿伽门农(Agamemnon)对于帕里斯(Paris)拐跑海伦(Helen)的愤怒不是那么强烈。再比如，如果约德(Joad)一家人知道加利福尼亚州等待他们的是什么，了解在那里受到的待遇以及食宿情况，他们就可能继续留在俄克拉荷马州，捱过沙尘暴(Dust Bowl)，或者是往东走，直奔奥扎克(Ozark)或阿巴拉契亚山区。

有些旅途，比如堂吉诃德(Don Quixote)对其梦中情人杜尔西内娅(Dulcinea)的追求之路，混杂着幻想荒诞、好高骛远、滑稽剧、悲剧、悲愁、笑声和讽刺等。

人类自从走出东非大平原，就一直在寻觅着，梦想找到更好的地方。在漫游的道路上，我们有时就像约德一家那样是逃难者，有时像以色列人那样是机会追求者，有时像寂寞之鸽镇的牛仔那样是梦想者。有的时候，我们就像乔叟(Chaucer)笔下去坎特伯雷(Canterbury)的朝拜者或者去麦加朝拜的穆斯林一样，目的是寻求某种启蒙和救赎。还有的时候，我们扮演十字军，去复仇或抢掠，或者只是为了得到复仇或抢掠的刺激感。还有些时候，我们就像梭罗(Thoreau)一样，在自己的家乡徜徉。在机遇的诱惑或迫切摆脱伤害的推动下，我们一点也不安分。

这些天来，坊间交谈越来越多的是关于迫切摆脱伤害的焦躁不安。工业革命爆发已有两个世纪,在此期间,我们燃烧了大部分廉价的化石燃料,利用了大部分容易开采的矿藏,从而打破了地质学家称之为全新世地质年代的1.2万年的气候平衡。地球上的人口从10亿人向110亿人迈进,地球上的森林、土地和海洋资源已经挥霍了一半甚至更多,有些人提出了建议,我们应该迁徙到一个被称为可持续性的绿色、葱翠的地方去。据说,那是一个天堂,有太阳能集热器、风机、LED灯泡、智能电网、产品回收、有机农业、纯净水、绿色城市、循环经济,在“绿色增长”(green growth)的孕育下,那里有无穷无尽的发展机会。

很多公司首席执行官、银行家、大学校长、州长、市长、基金会长以及其他单位负责人发出承诺,要使得各自所在的机构实现可持续发展。人们不免对此产生怀疑,因为他们大都没谈可持续发展到底是什么意思,因为他们还都没怎么认真考虑。不过,他们可能至少是想到了这一点,那就是,如果考虑得远一点和深一点,就会引发麻烦,甚至可能会引发事业终结的问题。还有些人,对于我们的前景没有那么乐观,在权衡了我们所受到的损害后,建议我们学一学蒲公英的绒毛,干脆飞到另一个星球上去或到太空建一个空间站。至于我们搞得一团糟的地球,就留给那些走不了的人吧。①

不管旅途的目的如何,也不管要去的目的地是哪里,通往可持续性的旅程很可能与其他探寻、朝圣以及转变之路是一样的。这个旅程比我们被告知的或我们所预知的都要长,都要困难。旅程的领导者将是悔罪者,是一些圣人,他们身上会展示人类的每一个特质,既有野心、虚荣、恐惧、贪欲、盲目、自大,也有谦卑、远见、智慧、关爱和高贵。将来不知什么时候,历史记录会揭示混杂着讽刺、荒谬、喜剧、悲剧和命运的悲情故事。但是,如果人类有远见、运气并且肯吃苦,也可能

---

① 伊丽莎白·科尔伯特持怀疑态度,参见“Project Exodus”(《出走项目》),*New Yorker*(June 1, 2015), pp. 76-79。外交官、历史学家路易·哈尔(Louis Halle)则不然,参见“A Hopeful Future for Humankind”(《人类有希望的未来》),*Foreign Affairs* (January 1980)。

是一个走向生态可持续世界的美好故事。如果这个旅程就像开发利用电动汽车或光伏太阳能板等更好、更智能技术一样简易，那么它一定会更加容易，更加简短，更加确定。然而，事实却可能是另外一种样子。

我们，还有我们的子孙，将踏上从未有人踏足的未知土地，面临着巨大的挑战，挑战的规模、重要性、复杂程度以及延续的时间，都是人类从来没有经历过的。在开启这个旅程的时候，我们有 74 亿人之多，如同一盘散沙，而且争论不断。我们并不一定要在目的地，甚至是否有蒙大拿这样一个地方等问题上达成共识。即便是存在蒙大拿这样一个地方，我们也不必在能否抵达的问题上取得一致意见。开始这个旅程的时候，我们扛着不同的旗帜，唱着不同的赞歌，呼着不同的口号。我们彼此之间不怎么相互喜欢，我们武装到牙齿，全都做好了准备。极少数人要开自己的私人飞机飞往蒙大拿，有些人希望乘豪华大巴抵达目的地，很多人要坐公共汽车，但是多数人要徒步。有些人打着在途中挣大钱的算盘，但是其他人只是期盼能够活下来。由于没有办法进行定量供应，沿途的食物和水将变得稀少。前方的路将变得越来越炎热，越来越荒凉，大自然比我们所了解的更加不可捉摸。旅途中携带什么工具以及如何使用，从来不会有统一的意见。旅途进程如何管理以及是否能够管理，也不会轻易达成一致。尤其是，可靠的前锋向导很少，途中没有任何路标，我们也没有精确的地图，更没有引领道路的 GPS。所以，我们会不时地陷入迷惑，从而迷失方向。我们不得不学习了解我们不熟悉的路迹，调整自己，确定自己的方向，有时甚至还要原路返回，重新寻找我们的道路。如果是在拉斯维加斯（Las Vegas），没有人会赌我们能赢。但是，我们在漫长道路上的赔率应该广为人知，还是应该由某位不愿透露姓名的、自我神圣化的精英保守秘密，这是见仁见智的，没有形成共识。①

---

① Jack Miles, "Global Requiem: The Apocalyptic Moment in Religion, Science, and Art"（《全球安魂曲：宗教、科学和艺术的末日时刻》），*CrossCurrents*（January 2001）.

有好多东西,我们都不知道,但是,我们知道的是,未来几百年将对我们提出很高、很高的要求,要求我们所有层次上的领导都要更加尊重事实、数据和逻辑,也就是说,尊重科学。这样的领导会要求科学家和科学更加持续地、更加强烈地研发能够促进人类进步、生态恢复、公平正义以及和平共处的知识,而不是那些关于武器、操纵以及消费的知识。同时,还要求人类的牺牲和坚持,必须学会如何成为好公民和好邻居。未来,在漆黑的夜里,围绕着篝火,他们需要记住他们的历史,回忆那些使他们铭记、鼓舞、振奋和安慰的故事。他们需要脚踏实地的希望,而不是一厢情愿的妄想;需要相称又实际的远景,而不是虚幻的理论。最重要的是,他们需要坚忍不拔、知识丰富、头脑清醒、富有同情、沉着冷静的领导。[①]

所有的比喻都有局限性,本书的这个比喻也不例外。根本没有什么可供我们逃亡的蒙大拿。我们将不得不停在原地,就在我们生活的地方实现通向可持续性的旅程。特别需要指出的是,与寂寞之鸽小镇上的牛仔不同,我们别无选择,因为,通常来说,我们的生活依赖化石燃料、经济不平等、过度消费、公众操控以及军事化,可能或早或晚,这对文明的发展将是致命的。最后,我们通往可持续性路程的成功在很大程度上取决于怎样开始、如何组织以及人们是否预知这个旅程是个漫长而艰苦的转移并做好相应的准备。这个旅程不是下午出去溜溜腿,而是从寂寞之鸽小镇通向蒙大拿的漫漫长路。[②]

---

① 比如,生物学家卡尔·麦克丹尼尔讲述的英国探险船"坚忍号"(*Endurance*)1910 年被困在南极冰层中的故事。面临注定要毁灭的命运,船长欧内斯特·沙克尔顿(Ernest Shackleton)率领饱受困扰的船员安全驶过数百英里的冰层和冰冷的公海。在极端威胁的情势下,沙克尔顿卓越的领导力既来自坚韧克制、冷静判断、过硬心理等个人素质,也来自他对冰层物理现象、走向、洋流以及航海知识的掌握。见 Carl McDaniel, *At the Mercy of Nature*(《大自然的悲悯》)(Medina, OH: Sigel Press, 2014)。爱德华·威尔逊写道:"科学家本来可以提出更加现实的世界观,但是他们却特别令人失望……他们是有知识的矮子,仅仅满足于他们狭窄的专业知识,他们在那些专业受教育和培训,以那些专业知识获得报酬。" Wilson, *The Meaning of Human Existence*(《人类生存的意义》)(New York: Liveright, 2014), p. 178.

② 布莱顿·拉尔森(Brendon Larson)的《环境可持续的比喻》(*Metaphors for Environmental Sustainability*)(New Haven: Yale University Press, 2011)对这类比喻的运用进行了深入、审慎的分析。

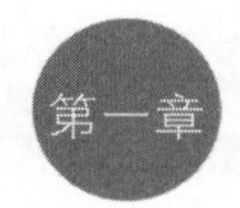

祸不单行

这个世界不是一个为了保护我们而兴建的温馨的小巢，而是一个广袤的、在很大程度上都充满着敌意的环境，我们只有蔑视各种神灵，战天斗地，才能取得伟大的成就，但是这种蔑视不可避免地会遭到惩罚。这是一个危险的世界，除了有一些相对低调的谦逊和克制的野心，一点安全都没有。这是一个罪不容赦的世界，人们受到惩罚，不仅是因为其公然地在大地上犯罪，而且是因为其唯一的罪过是蔑视神灵以及周围的世界。[1]

——诺伯特·维纳(Norbert Weiner)

这是人类历史上的第一个世纪，人类可能会用自己开发的走偏了的技术，终结自己的生存。[2]

——詹姆斯·马丁

---

① Norbert Weiner, *The Human Use of Human Beings*(《人有人的用处——控制论和社会》)(1950; New York: Avon Books, 1967), p. 252.

② James Martin, *The Meaning of the 21st Century*(《21 世纪的意义》)(New York: Riverhead Books, 2006), p. 373.

一个幽灵在我们共同的未来游荡，它有着多种形式，但都是我们自己造下的孽，是我们慌张张、乱纷纷奔向现代社会所造成的恶果。近代以来，我们拥有了非常了不起的能力，对于这些能力，我们过去不知道，现在也不知道如何进行节制。我们在不经意中使我们自己以及未来很多代子孙都将生活在这些能力所造成的影响之中。在技术快速变革、不断战胜自然和持续扩大经济所产生的狂欢中，我们释放了神灵，制造了恶魔，引诱了命运，冲进了天使都不敢去的地方。现在，我们必须要掌握控制我们的行动及产生后果的艺术和科学，不是要控制几年、几十年，而是要控制更长的时间。比如，核废料必须管理几万年。即便我们立即停止排放碳和其他吸热气体，我们已经排放的温室气体依然会对气候产生数千年的影响。有些化学废物经历数百年甚至数千年以后仍然有毒性。物种的丧失是永久的。我们已经破坏了地球的大气、土地、森林和水域。我们知道，或者应该知道这一切，我们必须清醒地明白这一切的含义。但是，我们的知胜于行，所知与所行之间的差距已经导致了摆在我们面前的长期紧急状态。

在五千年的人类历史长河中，我们有些地方的祖先的确对森林、土壤和生物多样性造成了较大的破坏，但是那些破坏是局部的，随着时间的推移，其影响是可以修复的；或者那些破坏在规模上很小，并没有减弱人口和物质的缓慢而稳定的扩展。直到近代，我们的地球还是“空”的，有足够多的地方进行移民，到那些人口稀少的地区去。美国边疆在 1890 年对外来移民关上了大门，标志着地球向一个完全不同的、更“满”的世界的明显转型，五大洲最后的“空”地终于被绘图、占有和垦殖了。

这个结果是命中注定的。1660 年在伦敦成立的皇家科学院（Royal Academy of Sciences）以及 1776 年出版的《国富论》（*The Wealth of Nations*），昭示着强大的、改变已有范式的思想的到来，以不可逆转的方式调整历史的轨迹，加速历史的进程。到了 20 世纪中叶，科学与经济的联姻在曼哈顿工程（Manhattan Project）的实施方面实现了完美的结合，开创了原子时代。技术是科学的丰硕、强大而盲目的衍生品，两者联手成为现代经济的助推器。

现在，变化步伐的加速几乎要颠覆人类想当然的一切东西，甚至包括我们人类自己和人性。一切都变了，但是我们的思维方式没有变，仍旧是部族的、孤立的、短视的。从个人的尺度看，看起来正常的东西遮盖着人类环境中发生的惊人的、前所未有的变化。本书60岁以上的读者经历了人口数量增长2.5倍的年代，是全球经济狂欢的主要受益者，消费的石油占已消费总数的95%（这比以后要消费的全部石油少不了多少）。化石燃料时代对地球的改变，远远大于大气和海洋所起的作用，极大地改变了我们对于距离、时间、工作和自然的认识，也改变了我们思考的内容。在历史的一瞬间，我们相信，那些神奇的、非凡的东西都是正常的。

当前的紧急状态是长期影响造成的。在《克力锡亚斯篇》（*Critias*）中，柏拉图（Plato）就已经指出，过度放牧使得希腊山峦中的森林荡然无存，使土壤变得荒芜，以致当时的土地看起来像是"一个人被病魔折磨得枯槁的躯体"。1864年，乔治·帕金斯·马什（George Perkins Marsh）写道，"在任何地方，人都是具有破坏性的动物。哪里有人的踏足，哪里的自然和谐就变得混乱不堪"。他写下这句话的时候，世界人口数量才刚刚超过10亿。几十年后，在美国和其他地方，森林砍伐和土壤流失的加速引发了基福德·平肖（Gifford Pinchot）以及西奥多·罗斯福（Theodore Roosevelt）在进步主义时期领导的保护运动。20世纪中叶以前，关于"自然中的人"的讨论主要关注的是人口增长对自然资源造成的压力（土壤、野生动物和森林）以及空气和水污染。但是，在20世纪50年代，随着世界人口数量超过20亿的界限，警告的声音越来越急迫，主要是由费尔菲尔德·奥斯本（Fairfield Osborn）和威廉姆·沃洛特

(William Vogt)等著名环境保护领导者撰写的畅销书所发出的。①蕾切尔·卡逊(Rachel Carson)1962年出版的著作《寂静的春天》(*Silent Spring*)还将人们的注意力引向了环境的质的变化,这些变化是蕾切尔·卡逊称之为"科学的尼安德特时代"(Neanderthal Age of Science)所带来的。在这样的时代,化学品的滥用直接威胁了生命的基础。她的书引发了公众对科学的忧虑,当时的科学已经制造了核武器。同样,人们有充足的理由担心科学对人类健康的影响,担心一个世纪以来化学产品的滥施滥用所造成的后果。②

在20世纪70年代初期,资源保护、人口增长、科学以及肆意发展的技术等问题被整合到一个更大的分析框架内。生态学的进步、系统动力学的发展以及卫星和计算机作为研究工具的利用,扩大了人们在全球规模上对长期复杂的生态、经济和人类交互作用进行研究和建模的能力。复杂系统的行为常常是与直觉相违的。复杂系统是非线性的,有着突发性的特质,在原因和结果之间会出现提前或滞后情况,可能会突然从一种状态变向另一种状态。在牛顿机械主义世界观或是在美利坚共和国的缔造者看来,这一切都不是明显存在的。③

---

① George Perkins Marsh, *Man and Nature*(《人与自然》)(1864; Cambridge, MA: Harvard University Press, 1967), p. 36; Fairfield Osborn, *Our Plundered Planet*(《我们被掠夺的星球》)(Boston: Little Brown, 1948); William Vogt, *Road to Survival*(《生存之路》)(New York: William Sloane Associates, 1948).

② William L. Thomas, Jr., ed., *Man's Role in Changing the Face of the Earth*(《人类在改变地球面貌中的作用》)(Chicago: University of Chicago Press, 1956); and the later update, B. L. Turner et al., *The Earth as Transformed by Human Action*(《被人类行为改变的地球》)(Cambridge, Eng.: Cambridge University Press, 1990); Sandra Steingraber, *Living Downstream*(《生活在下游》)(Reading, MA: Addison-Wesley, 1997); Theo Colborn, Dianne Dumanoski, and John Peterson Myers, *Our Stolen Future*(《我们被偷走的未来》)(New York: Dutton, 1996).

③ Eugene Odum, *Fundamentals of Ecology*(《生态学基础》)(Philadelphia: Saunders, 1951); Donella Meadows et al., *The Limits to Growth*(《增长的极限》)(New York: Universe Books, 1972); W. Steffen et al., *Global Change and the Earth System*(《全球变化和地球系统》)(Berlin: Springer, 2004); W. Steffen et al., "Planetary Boundaries"(《行星边界》), *ScienceExpress* (January 15, 2015); Johan Rockström et al., "Planetary Boundaries: Exploring the Safe Operating Space for Humanity"(《行星边界:对人类安全生活空间的探索》), *Ecology and Society* 14, no. 2 (2009); Johan Rockström and Mattias Klum, *Big World, Small Planet*(《大世界,小星球》)(New Haven: Yale University Press, 2015); A. Barnosky et al., "Approaching a State Shift in Earth's Biosphere"(《了解地球生物圈的变化》), *Nature* 486 (June 7, 2012): 52-58.

系统论的观点还揭示了西方思维中两个显而易见的、根深蒂固的缺陷。第一个缺陷是“还原主义”（reductionism），把问题分解到整体的各个组成部分，从而将它们从更大的背景之中隔离出去。两百年前，还原主义科学取得了惊人的成就，而其危险性却被掩盖了，原因是当时的规模还很小，而且带来的影响不是立刻显现的。第二个缺陷是偏向于短期效果，将我们的注意力从结果转向了手段。如果变革的步伐很慢，涉及的利益较少，文明社会的规模非常小，那么这两个缺陷就显得不是非常重要。

从系统的观点看，应对维持文明这一挑战，考虑到在全球规模上生物学、热动力学、地球生物化学的循环以及伦理学等交织的复杂现实，我们需要永不停息地校准、再校准我们的能源、水、物质消费以及我们 70 亿人口，也许不久就是 110 亿人口对生态造成的影响。实现这一转型需要开发部署更好的技术，但是仅仅改善我们的技术，是远远不够的，还需要培养和保持自省、远见和明智这些优秀的品质，因为这些品质可以带来治理、政治、经济和文化上的相应变革。人的心理和行为中有着更加暴力和更加卑鄙的一面，如果不对这些暴力和卑鄙的一面进行慈化，那么所谓培养和保持优秀的品质，是没有可能的。有了优秀的品质，我们就会对我们的自然和演化有更加深刻的了解。[①]

在地质年代中，20 万年只是一眨巴眼的功夫。20 万年前，我们的祖先从森林中走出来，进入非洲平原，成为智人（*Homo sapiens*）。智人这个名字不仅意味着观念意识，还意味着越来越强的对思考进行思考的能力。在我们人类进化旅程的初期，原始人用大拇指和其他四指相对学会了使用双手，站立以后取得了立体的视野，拥有了容量更大的头脑。与其他动物相比，我们的

---

① William Catton, *Overshoot: The Ecological Basis of Revolutionary Change*（《生态超载：革命性变化的生态基础》）（Urbana: University of Illinois, 1980）.

原始先人行动慢,身体弱,没有尖利的牙齿和爪子。但是,他们很聪明,进化出了自己的语言,拥有了制造工具和建设文化的能力。从非洲摇篮里走出来以后,他们甚至在地球最遥远的角落定居繁衍,形成了部落和社会,最终建立了城市和国家。在这个过程中,人类学会了农耕、书写、计算、发明、建造、思辨、治理、写诗、谱曲,并创建了多种多样的文化。就因为拥有了这样的本领,人类逐渐地成为地球上的主宰力量,在地质年代上,这段历史称为"人类世"(Anthropocene)。这一切,都发生在不到15万年的时间里。影响最显著的变革,发生在最近的150年。随着人类在地球各地的扩散,我们形成了不同的种族、文化、历史、宗教、阶层、国家和意识形态。由此而造成的结果是,我们没有能够把我们不同的、通往可持续性的旅途看作是同一个演化进程中的一部分。①

不论我们有着什么样的相同和不同,有一个事实是很突出的:不管是哪个地方的人,多数都是敏于思考而讷于学习的。我们不怎么能理解指数增长和物质间的相互关系。如果从长远视角来看,我们一直是踉踉跄跄,不断陷入困境的。从大约公元前280年的萨摩斯的阿利斯塔克(Aristarchus of Samos),一直到17世纪我们才弄明白地球不是宇宙的中心。罗马教会对伽利略进行了审判和惩罚,作出的道歉也是极不情愿的,而且还是在359年后的1992年。达尔文(Darwin)在1859年出版《物种起源》(*The Origin of Species*),但是很多人,尤其是美国,依然拒绝接受我们只不过是生命之树枝干上的一个细枝,与所有其他生命一样,都是亲戚,只不过是亲疏程度不同而已。阿尔弗雷德·魏格纳(Alfred Wegener)认为,地球上看起来坚实的地块一点都不坚实,恰恰相反,大陆板块是在下面是熔岩的海上漂移的,但是这个大陆漂移学说理论在提

---

① 关于这方面的观点,见 Will Steffen et al.,"The Anthropocene:Conceptual and Historical Perspectives"(《人类世:概念和历史观点》),*Philosophical Transactions of the Royal Society A* 369(2011):842-867.

出半个世纪后才被科学家接受。新古典经济学家依然对热力学定律置若罔闻,认为太繁琐,更愿意在空中楼阁中建立他们的数学城堡,但是在那里熵定律是不能运用的。对于多数国会议员和社会上的许多人来说,生态科学就是一个黑漆漆的空间,完全无法理解。大气是一个受化学、生物和物理等定律操控的系统,这一理论至今仍然众说纷纭,莫衷一是,所持的理由也是千差万别。在我们的行走队伍中,有一些最具有智慧的人。不过,我们一直难于理解他们的教诲,因为我们还被恐惧所困扰,固守着意识形态和部落偶像。

尽管我们伪装自己,但是历史记录显示,在原始人的谱系中,我们是早慧的、有暴力倾向的那个分支。在地质年代的某一瞬间,我们人类就主宰了地球,控制了生命进程,摧毁了整个森林,肆无忌惮地闯入物质和生命的初级阶段,屠杀同类动物,污染大气和水,几乎占据了每一个生态位,使得气候在未来数千年的时间里都不稳定。生物学家林恩·马古利斯(Lynn Margulis)曾经把我们称作是流氓无赖的物种。这一指责很难反驳,也许不可能进行反驳。但是,我非常自信地在这儿写道,我们能做得更好,我们有能力完善自己和自我更正。我相信,我们可以遏制我们人类放肆的欲望,学会在行为中更怀悲悯,更有智慧,更具远见。我们能够成熟到更加完美的程度,真正配得上我们自我标榜的智人的身份。

在本书中,我还带着强烈的信念认为,我们今后应该更快地行动,要比以前快很多,从而摆脱我们带给自己的三个危险。第一个危险,即便冷战已经结束了几十年,最令人感到不祥的威胁依然是继续存在的核战争威胁,一旦引燃,就会爆发成为全球性大灾难。由于整个核武器系统都是在秘密中运行的,我们不知道现在的国家和国际停火协议是否能够控制区域性的核战争。我们也不知道现在的安全防御系统是否能防止突然爆发的核战争,或者是否能防止由恐怖主义行动而引发的“核级联”（nuclear cascades）。我们所知道的是，截至目前，我们一直都很幸运，因为，即便是非常有限的核战争，所造成的全球影响都将是灾难性的。在1990年冷战结束以后，核战争的威胁并没有结束。上万个或更多老化的核武器依然处于各种各样的临战状态，操纵它们的可能是日益衰旧的命令与控制系统。在政治不稳定的地区和政府治理失败的民族国家，还有一些核武器，不知数量有多少。苏联解体25年后，我们仍然不知道小型的“手提箱”般的核武器到底还有多少。如果对核威胁的现状存在自满情绪，就会降低我们的警惕性，从而增加核武器最终使用的可能性。不过，挑战并不是如何更好地长久控制所不能控制的东西，而是如何像亨利·基辛格（Henry Kissinger）、威廉·佩里（William Perry）、罗伯特·麦克纳马拉（Robert McNamara）、李·巴特勒（Lee Butler）以及其他很多人所督促的，彻底消除核武器。这需要扩大和拓宽国家安全的概念，对可以追溯到1648年《威斯特伐利亚和约》（*Treaty of Westphalia*）时期民族国家的法律基础进行重新思考。做到这一点，可能很困难，但是与人类一直所为之而奋斗、获取以及梦想的处于危急状态的一切相比，就显得微不足道了。仅仅是拥有核武器，就把我们置于让我们无法理解的深渊的边缘。①

第二个危险是地球上重要的生命迹象几乎在各地都呈快速减

---

① Eric Schlosser, *Command and Control*（《命令与控制》）（New York: Penguin Books, 2013）; David Hoffman, *The Dead Hand*（《死亡之手》）（New York: Doubleday, 2009）; Ron Rosenbaum, *How the End Begins*（《末日是怎样开始的》）（New York: Simon & Schuster, 2011）; Associated Press, “Key Findings on Nuclear Force Troubles”（《关于核武器困境的关键发现》）, *New York Times*（January 27, 2014）; Helene Cooper, “Cheating Accusations among Officers Overseeing Nuclear Arms”（《督查核武器官员被指控欺骗》）, *New York Times*（January 15, 2014）; Philip Taubman, *The Partnership*（《伙伴关系》）（New York: Harper Perennial, 2012）; Elaine Scarry, *Thermonuclear Monarchy*（《热核君主国》）（New York: Norton, 2014）; Robert S. McNamara, “Apocalyspse Soon”（《即将到来的世界末日》）, *Foreign Policy*（May-June 2005）: 29-35; Lee Butler, “Zero Tolerance”（《零容忍》）, *Bulletin of the Atomic Scientists* 56, no. 1（January-February 2008）. 但是，当前进行的“大规模武器升级”（massive weapons upgrades）削弱了零容忍的目标。见 John Mecklin, “Disarm and Modernize”（《去核与现代化》）, *Foreign Policy*（March-April 2015）: 52-59.

弱的趋势。[①] 在这些症候中,气候变化是最令人不安的,但是除此以外,还有其他的迹象,也显示着我们的星球正在每况愈下。人类对空气、水、土壤、森林、土地以及动植物的要求已经大大超过了地球的承载力,而且超过的幅度越来越大。由此造成的后果是,一连串的问题被人口和经济的不断增长所放大和强化。简单地说,与从前相比,我们的人口数量更多了,我们的期望更高了,环绕地球的人流、物流更多了。经济发展和人口增长的战车轰隆隆前进的时间越长,向可管理、易控制、重关爱的结果的转型就越难。人口增长以及榨取式、高产量的经济最终会走向灭亡,或者是我们自己主动选择的,希望结束的方式是公平的,体面的,经得起考验的,有适应力的,创新的,以及和平的;或者是在大灾难中结束一切。不过,不论是哪种方式,都会导致人类走向灭亡。[②]

核末日与生态毁灭以不同的速度产生作用,但是哪一种都可以摧毁文明。这两者也是不可分割的。伴随气候变化,核战争越来越有可能导致出现一个更加饥饿、更加缺水、更加贫困以及更加绝望的世界。在充满竞争的世界上,各个民族国家只注重眼前,不

---

① Colin N. Waters et al., "The Anthropocene Is Functionally and Stratigraphically Distinct from the Holocene"(《人类世在根本上和战略上都是与全新世不同的》), *Science* 351 no. 6269(January 8, 2016); J. Blunden et al., eds., "2015: State of the Climate in 2014"(《2015:2014年的气候状况》), *Bulletin of the American Meteorological Society* 96, no. 7(July 2015); Elizabeth Kolbert, *The Sixth Extinction*(《第六次大灭绝》)(New York: Henry Holt, 2014); G. Caballos et al., "Accelerated Modern Human-Induced Species Losses: Entering the Sixth Mass Extinction"(《人类导致的现代生物丧失不断加速:进入第六次生物大灭绝》), *Science*(June 19, 2015); Mark Urban, "Accelerating Extinction Risk from Climate Change"(《气候变化导致的生物灭绝风险不断加速》), *Science*(May 1, 2015); Johan Rockström et al., "Safe Operating Space for Humanity"(《人类的安全生活空间》), *Nature*(September 24, 2009); Rockström and Klum, *Big World, Small Planet*(《大世界,小星球》); and Douglas J. McCauley et al., "Marine Defaunation"(《人类导致的海洋生物丧失》), *Science*(January 16, 2015); Jeremy B. C. Jackson, "Ecological Extinction and Revolution in the Brave New Ocean"(《美丽新海洋中的生态灭绝和变革》), *Proceedings of the National Academy of Sciences*(August 12, 2008).

② AAAS Climate Science Panel, *What We Know: The Reality, Risks and Response to Climate Change*(《我们所知道的:现实、风险以及对气候变化的响应》)(Washington, DC: American Association for the Advancement of Science, 2013); The Royal Society and National Academy of Sciences, *Climate Change Evidence and Causes*(《气候变化的证据及原因》)(London: Royal Society, and Washington, DC: NAS, 2014). 约翰·伯格(John Berger)的著作《气候危险》(*Climate Peril*)(Berkeley, CA: Northbrae Books, 2014)非常通俗易懂,对科学进行了透彻的分析。大卫·雷·格里芬(David Ray Griffin)的著作《前所未有:人类文明能度过二氧化碳危机吗?》(*Unprecedented: Can Civilization Survive the* CO_2 *Crisis?*)(Atlanta: Clarity Press, 2015)对于否认气候变暖的观点以及政策变化进行了很好的论述。

懂得折中妥协,因此更有可能发生快速的气候变化。

第三个危险是对技术创新的追逐,它是自我诱发的而且在很大程度上被忽视的对文明的威胁。这个威胁不在我们注意的中心,而是在外围,是由我们对新奇的迷恋和追求更大盈利的贪欲所推动的。技术几乎已经变成了一种宗教,我们对新的数字世界是那样地痴迷,以致不再关心其他任何东西。在数字世界,我们进行沟通交流,发展制造业,毫无限制地肆意幻想。玛丽·雪莱(Mary Shelly)、比尔·乔伊(Bill Joy)、尼古拉斯·卡尔(Nicholas Carr)、杰伦·拉尼尔(Jaron Lanier)、尼克·博斯特罗姆(Nick Bostrom)等作家和思想家对于技术的黑暗一面提出的警告,就像神话里卡珊德拉(Cassandra)的警告一样,大部分被驳斥为卢德主义(Luddism),或是被淹没到复杂技术魔法带来的陶醉之中。如此发展的趋势是,我们的社会将成为一个受到完全监视和对大众进行操控的世界,即便奥威尔(Orwell)和赫胥黎(Huxley)看到这样的情况,也会大为惊讶。但是,这还是最好的情况。①

几十年前,麻省理工学院数学家诺伯特·维纳就担心,人类可能会被机器取代,因为那些机器会变得比他们的人类创造者更加聪明。他在 1948 年写道:“如果我们朝着让机器进行学习以及根据经验修正其行为的方向发展,我们必须面对这样的事实,我们每让机器独立一步,机器就可能向着挑衅和违拗我们的愿望更进一步。瓶子里的妖怪不会心甘情愿地再回到瓶子里去。我们也没有任何理由期待它们对我们有好感,会完全听从我们的号令。”简而言之,维纳对智能机器人和机器能否被控制不抱乐观态度。对此,丹尼尔·克勒维耶(Daniel Crevier)也表示不乐观,他在梳理人工智能的历史中总结道:“从智能上看,机器最终会超越我们,我们不可

---

① 其他人还包括:刘易斯·芒福德(Lewis Mumford)、诺伯特·维纳、雅克·埃吕尔(Jacques Ellul)、大卫·艾伦菲尔德(David Ehrenfeld)、尼古拉斯·卡尔、杰伦·拉尼尔、叶夫根尼·莫罗佐夫(Yevgeny Morozov)、洛丽·安德鲁斯(Lori Andrews)以及弗兰克·帕斯夸莱(Frank Pasquale)。

能终止它们,控制它们……它们的到来将真正威胁人类的生存。"他认为,在21世纪,最主要的战争不是为保护环境而战,也不是为消除贫困而战,而是"我们,还是它们,也就是我们的硅挑战者,谁来控制地球的未来"①。

比尔·乔伊是太阳微系统公司(Sun Microsystems)的创办人,他在2000年也得出了相同的结论,呼吁暂停研发可能获得自我复制能力的一切技术,包括人工智能。他的警告,就和维纳以及克勒维耶的忧虑一样,被人们忽略了。②

数学家古德(I. J. Good)曾经预言的"智力爆炸"(intelligence explosion)注定要发生,这只是迟早的事,也就是说,人类将制造出比自己可能聪明一千倍的机器。但是,这些机器的智能无所顾忌,不受人类肉体、教养、文化和道德的制约。它们没有母亲、父亲、兄弟姐妹,也没有玩伴同窗。它们不会带着惊奇的眼光凝视星空,也不会从一个宠物狗那里学会情感。换句话说,超级智能机器与我们目前知道的任何东西都迥然不同,也可能与我们了解的任何东西都大相径庭。它们会自己设定程序,提出战略,确定目标。我们可以想象,它们在确定目标时会优先考虑它们自己的生存和发展。正如詹姆斯·巴拉特(James Barrat)所解释的:"我们人类从前从来

---

① 约翰·马考夫(John Markoff)在他的文章中援引了维纳的观点。"In 1949, He Imagined an Age of Robots"(《在1949年,他设想了机器人的时代》), *New York Times* (May 21, 2013), p. D8; Daniel Crevier, *AI: The Tumultuous History of the Search for Artificial Intelligence*(《人工智能:探索人工智能的坎坷历史》)(New York: Basic Books, 1993), p. 341.

② Bill Joy, "Why the Future Doesn't Need Us"(《未来为什么不需要我们》), *Wired* (April 2000). 物理学家斯蒂芬·霍金(Stephen Hawking)也有着相似的警告:"一旦人类开发出了人工智能,它就会依靠自己的力量进行发展,对自己进行重新设计……人工智能的完全发展会终结人类的旅程。"埃隆·马斯克(Elon Musk)也同样警告道:"我认为我们在发展人工智能方面应该特别谨慎。如果让我来猜测我们生存最大的威胁,人工智能可能就是……我们正在把魔鬼召唤过来。"引自 *Time*, December 29, 2014-January 5, 2015. 马斯克一方面说人工智能是人类生存最大的威胁,另一方面还是一家人工智能公司(OpenAI)的主要投资人。另见 John Markoff, "Artificial-Intelligence Research Center Is Started by Silicon Valley Investors"(《硅谷投资者投资启动人工智能研究中心》), *New York Times* (December 11, 2015); Sue Halpern, "How Robots and Algorithms Are Taking Over"(《机器人和算法是如何替代人类的》), *New York Review of Books* (April 2, 2015); Colin Allen, "The Future of Moral Machines"(《道德机器人的未来》), *New York Times* (December 15, 2011); John Brockman, ed., *What to Think about Machines That Think*(《如何看到会思考的机器人》)(New York: Harper Perennial, 2015).

没有与超级智能这类东西进行过交易,也没有与任何非生物的东西有过讨价还价……这类东西没有情感,不像我们这样有着哺乳动物的出身,它们没有多长的大脑发育期,也没有我们这样的天性培养……比较起来,它们甚至可能都没有你的面包机更关心你。”用博斯特罗姆的话说,我们“就像玩一枚炸弹的小孩子,即我们玩耍的能力与我们不成熟的行为之间不相匹配。用任何感知能力来应对超级智能,都是个巨大的挑战,我们还没有准备好,将来永远也不会准备好”①。

事实上,解决这个问题,我们只有一个机会,这个机会就在“它”诞生以前。超级智能的黎明到来以后,情况就永远超出了人类的控制范围,我们没有什么充分的理由相信我们创造的有感知能力的超级智能机器人会“完全听从我们指令”。尽管有未知因素和终极危险,创造超级智能的比赛一直在各人工智能实验室和苹果、谷歌等公司里加速上演。这场比赛的胜者可能会暂时控制大部分世界,直到它自己也被取代。在某种层次上,这个发展过程就像其他竞赛一样,比如民族国家之间的军备竞赛或者公司之间争夺市场份额的战争。我们无法预见这个发展过程的结果,这些竞赛在开始以后是没有刹车装置的,也没有限制衍生影响的能力。情况有些失控,但也不是无法控制。用詹姆斯·马丁的话说:“或早或晚,人类不得不学会如何控制技术,规避太危险事情的发生。这正像我们必须控制一个要学开法拉利的少年一样。”②

---

① Nick Bostrom, *Superintelligence*(《超级智能》)(Oxford, Eng.: Oxford University Press, 2014), pp. 105, 259; James Barrat, *Our Final Invention*(《我们最后的发明》)(New York: Thomas Dunne Books, 2013), pp. 12, 266; George Zarkadakis, *In Our Own Image*(《在我们自己的镜像里》)(New York: Pegasus Books, 2015), pp. 269, 302, 314, 317.

② 而且,进程还在加速。比如,见 John Markoff, "A Learning Advance In Artificial Intelligence Rivals Human Abilities"(《人工智能的学习进展与人的能力平分秋色》), *New York Times* (December 10, 2015); Brenen Lake et al., "Human-Level Concept Learning through Probabilistic Programme Induction"(《通过概率规划归纳进行类人概念学习》), *Science* 350, no. 6266 (December 11, 2015): 1332-1338; James Martin, *The Meaning of the 21st Century*(《21 世纪的意义》)(New York: Riverhead Books, 2006), p. 223.

我们的未来与《终结者》(*Terminator*)和《黑客帝国》(*The Matrix*)等电影中描述的可能相似,也可能不相似,但是考虑到技术发展趋势和带来的财富,如果说不会出现电影中的结果,那是很难给出合理的理由的。超级智能机器不会像电影《星球大战》(*Star Wars*)中机器人 R2 - D2 那样可爱、谦和、善解人意、服从主人。它们更有可能是冷漠、算计、异类,与我们迥然不同,彻头彻尾地专注于它们自己的事,这对我们来说可能都是高深莫测的、隐秘的。[①]用乔治·扎卡达基斯(George Zarkadakis)的话就是"人工智能系统有可能成为所有事情的最终控制者"。他说,那是"与其他任何技术都不同的技术"[②]。

核武器、气候变化和生态恶化、人工智能所带来的挑战有很多是相同的。首先,它们都不是异常现象,而是嵌入在系统里面、内含的逻辑的表现。每一个挑战都要求持久性的警惕和某种我们几乎难以想象的长期治理。这些都不是简单的问题,而是一个困境。在这个困境中,安全、繁荣、公正、自由、人道和进步等合情合理的价值观,相互之间会发生冲突碰撞。这三个挑战,没有一个能够在其产生的程式里和世界观中得到解决,因为每个挑战都是全球性的,远远超出了任何一个民族国家能够单独解决的能力。它们是一次文明危机的不同侧面,但又密不可分地交织在一起。这个文明危机的根源在于 17 世纪的科技革命。在暴力、速度和增长所主导以及巧取欺诈所维护的经济中,这三个挑战不断孕育发展,共同代表了复杂的、系统层级的问题,仅仅改变其参数,也就是其变好或变坏的比率,是解决不了的。

---

① "加速回报定律(Law of Accelerating Returns)预测,人类与其最初开创的技术将实现完全的融合",此句是雷·库兹韦尔(Ray Kurzweil)所写,见他的书 *The Age of Spiritual Machines*(《心灵机器人的时代》)(New York:Penguin Books,1999),p. 256。另见 Kurzweil,*The Singularity Is Near*(《奇点临近》)(New York:Penguin Books,2005);and James Lovelock,*A Rough Ride to the Future*(《通向未来的艰难旅程》)(London:Allen Lane,2014),p. 167.

② Zarkadakis,*In Our Own Image*(《在我们自己的镜像里》),p. 269.

如果人类不仅要生存,而且要繁荣,那么产生这些致命问题的结构及其潜在的假定,必须进行改变。每一个挑战都有一个阈值或触发点,我们不能够安全跨过,也不能事先知晓。第一次核爆炸或气候变化开始失控抑或机器超级智能到来以后,"就算我们事先能够有所了解",我们所能做的一切也只不过成为墓碑上的铭文而已。我们通常所说的解决方案之类的,对这三个挑战而言,没有一个有解决方案。不过,倒是有可能对这些挑战进行长期管理,从而让生活在思维更明智、头脑不那么发狂时代的子孙后代思考:为什么我们冒了那么大风险,得到的却这么少;为什么争取更好的可能性花了我们那么长的时间?[①]

对于核武器、气候变暖和超级智能及其相互作用所产生的问题,即便在最好的境遇下,也没有快速的解决方案。这意味着我们将不得不建立起稳定、有效的治理和管理系统,并在长期和全球范围来解决这些问题。采取的措施有消除核武器,对碳基燃料进行课税,保护人的尊严,提高经济的公平度,打击宗派暴力,将充分了解信息的公众的意愿转化为合情合理的、可执行的政策和法律,这

① 换句话说,如果我们基于相互灭绝的威胁而创建一个系统,那么或早或晚,或是意外或是有意,这个系统一定毁灭。或者是,如果我们建立经济体系,不计成本,只以增长为目的,那么或早或晚,我们都会收到为此需要付出的账单,那就是生态和人类的毁灭。或者是,如果我们把机器作为偶像来崇拜,那么或早或晚,或以这种方式或以那种方式,这些机器会来统治我们。这一切,都在浮士德交易的条文中。科学的演化进程是有节点的,但常常被忽略。现代科学的奠基者伽利略(Galileo)、弗朗西斯·培根(Francis Bacon)以及笛卡尔(Descartes)都致力于让人类的智力能够理解大自然,所以将物理现象分解为各个组成部分。在这个科学革命的认知哲学中,人们相信,人类对于大自然的掌控是个好事情,即便有风险和成本,也是在可承受的代价之内进行管理的。随着科学知识的增多,人们也受益很多,包括健康的改善、生活的舒适、出行的便利、更多的财富、更少的苦役等。但是,科学革命还创造了其他手段,比如让战争变得非常可怕,在 21 世纪建立了人类屠杀场,使得 2 亿人遭受荼毒;再比如使得污染成为一个全球灾难,让气候动荡成为完全冷冰冰的现实。还有更难看到的和潜伏更深的是,科学革命对我们如何思考以及思考内容的影响。科学还原主义倾向于将我们的思维限制在部分,更加碎片化,使得理解我们生活其中的更大系统和预测我们行动的长远影响非常困难。需要注意的是,舒马赫(Schumacher)在他的书中区分了"聚合"(convergent)和"发散"(divergent)问题,见 Schumacher,*A Guide for the Perplexed*(《迷途指津》)(New York:Harper and Row,1997),pp. 120-136;以及 David W. Orr,"Catastrophe and Social Order"(《大灾难与社会秩序》),*Human Ecology*(March 1979).

些事情只有强有力的政府才能做到，迟早也必须做到。[①]

没有人知道民主政府是否具备掌控长期应急挑战的能力和耐力。有很多理由表明，民主是个坏主意，不可期，主要论断是公众能力不足，迟钝愚蠢，自我中心，容易被操控，不可救药地一团散沙，胆小害怕，目光短视，朝秦暮楚，不讲逻辑，对于自我治理的艰苦工作缺乏兴趣以及能力。从历史记载看，的确是有这样的例子，民主公民常常是无能的、冷漠的。但是，正如温斯顿·丘吉尔（Winston Churchill）的著名论断所指出的，所有其他形式的治理，都更加糟糕。不管是更好还是更加糟糕，我们最大的愿望是复兴民主，改进公民教育，改善生态环境，在经济、企业和社会中全面扩大民主，从政治运作中摈弃所有私人钱财，提升各个层次的教育，改革大众传播，完善代表制度，扩展和确保投票权，缩短政治运动。[②]

那么，这样大范围的政治变革应该怎样开始？考虑到维护现状的巨大力量和财富，考虑到历史上乌托邦事业的不怎么受欢迎，考虑到意识形态所推动的革命以及大规模的计划式的转型，唯一合理的变革途径是最好一开始就持续稳定地从对大型而不负责任的机构和组织的依赖中抽身，进而重建由草根阶层组成的相称的社会基础。如果能这样做，向可持续性以及适应力的转型，就会通

---

① 特别是，我们需要制定合情合理的、操作性强的政策和法律，提高我们利用能源、水和材料的效率，推进可再生能源的发展。比如，宪法学者劳伦斯·特里波（Lawrence Tribe）和约斯华·马兹（Joshua Matz）这样写道："最高法院是它促进创造的世界的一部分。除非它先结束，否则没有什么大案子会真正结束。赢官司的人和输官司的人可能都回家了，但是最高法院判决的反响和影响会一直持续下去，并产生新的矛盾冲突，从而再度回到法庭上来。因为法律实践的变化和文化背景的影响，法院自己也会发生改变。"见 Tribe and Matz, *Uncertain Justice*（《不确定的正义》）（New York：Henry Holt，2014），p. 315. 在 1975 年，有人问中国总理周恩来，如何看待 1792 年的法国大革命（French Revolution），他非常睿智地回答道："为时尚早"。

② 苏格拉底（Socrates）被判死刑后，对民主的批评就始于柏拉图。最近的民主批评家包括公众同意理论的设计师爱德华·伯尼斯（Edward L. Bernays），持怀疑态度的经济学家约瑟夫·熊彼特（Joseph Schumpete），那个处处刁难别人的门肯（H. L. Mencken）以及对公民智慧总是喋喋不休的鲁伯特·默多克（Rupert Murdoch）。由于各种各样的原因，民主批评者大多对社会精英以及他们那个时代最优秀的、最聪明的人所展示出来的相似的特征视而不见。另见 Bryan Caplan, *The Myth of the Rational Voter*（《理性选民的迷思》）（Princeton，NJ：Princeton University Press，2007）；Beth Simone Noveck, *Smart Citizens, Smarter State*（《智慧公民，更智慧的国家》）（Cambridge，MA：Harvard University Press，2015），pp. 75-99.

过由社区、转型村镇、有前瞻性的城市、敏锐的公司和更出色的投资者所领导的计划而逐步实现。你可以想象，这些计划是由各种各样的组织所领导的，其目的是，这些小的、正能量的变革逐渐扩展到区域、国家和全球的规模，而扩展的方式，我们几乎难以想象。

简而言之，即便不是完全彻底地毁灭智人所开辟的事业，我们至少想出了三种终结或破坏文明的法子。我们可能以突然的核爆炸摧毁城市，使我们的星球覆盖上一层放射性尘埃，从而消灭文明。我们可以引发无可控制的气候变化，从而摧毁人类赖以繁盛的生态条件。或者，我们可以制造出具有感知能力的、无法控制的机器人，从而有可能把我们从地球上驱逐出去。这三种方法，也有可能组合起来使用。但是，不管是哪种情况，我们这个时代所有重要的问题，都只不过是对我们人类在地球上能生存多长时间这个头等大事的注脚。

在这三个问题中，我选择将关注的焦点放在气候变化带来的威胁上。这是三个问题中最为迫切的问题，还能为改善人类的前景提供最大的杠杆。快速的气候变化将动摇国际体系的稳定，使得核战争更有可能发生。如果一个星球被核武器摧毁，或者是不适于文明的发展，那么人工智能所带来的威胁就变得毫无意义。此外，几乎所有的人都或多或少地造成了气候变化问题。但是，我们可以选择不再使用化石燃料，更多利用可再生能源。不过，为了做到这一点，我们必须像瓦茨拉夫·哈维尔（Václav Havel）所说的那样，“自己警醒起来”，改变我们的重点、行为、目标和机构以及很多的东西。如果有这样更加清醒的认识，我们可能会珍惜将要失去的一切东西，从而会相应地改变我们的内心、头脑、政治和经济。

可持续性的挑战

人的本性就是这样，人类的命运是选择一个真正伟大但是简短的人生，而不是一个漫长和乏味的人生。[①]

——尼古拉斯·乔治斯库-罗根(Nicholas Georgescu-Roegen)

全球变暖本身是一系列失败的事业的总和。[②]

——安德烈亚斯·马尔姆(Andreas Malm)

西德尼·哈里斯(Sydney Harris)在2006年的一期《美国科学家》(*American Scientist*)上发表了一幅著名的漫画。漫画中，两名科学家面对着黑板上的一个等式，等式的关键部分写着："然后，奇迹发生了。"第二名科学家面无表情地说："我认为在第二步你应该更加明确些。"几乎每一个改进人类未来的建议都有"然后，奇迹发生了"的困境，有人就会持怀疑态度，要求建议更加具体一些。但是，这么多年来，出版和发表的

① Nicholas Georgescu-Roegen, *The Entropy Law and the Economic Process*(《熵定律和经济过程》)(Cambridge, MA: Harvard University Press, 1971), p. 304.

② Andreas Malm, *Fossil Capital*(《化石资本》)(London: Verso, 2016), p. 393.

著作、报告和文章不下数千，我们依然处在漫长的诊断阶段，有时也开出了治疗的药方，不过，如何应对，我们几乎是束手无策，少有只言片语。

然而很明显，所有引领出现美好人类未来的合情合理的愿景都需要卓越的公民行动、充满活力和拥有权力的民主体制、高水平的发明成果、富有创造力和坚强的政治领导人这几个因素的有机结合。全球草根气候行动主义是在"350. org"和其他数十个组织的领导下发展起来的，它的出现是过去十年来最鼓舞人心的事。太阳能技术的开发利用也比预想的快得多。但是，如果不能解决"可持续性"所提出的更宽范围的问题，我们就很难相信能够成功地实现向美好未来的转型。可持续性这个术语是通过《世界保护战略》(*World Conservation Strategy*, 1980)、莱斯特·布朗(Lester R. Brown)的《建立可持续发展的社会》(*Building a Sustainable Society*, 1981)以及《我们共同的未来》(*Our Common Future*, 1987)这三本书才为大众所知晓的。正如杰里米·卡拉多纳(Jeremy Caradonna)所指出的，可持续性这个词的含义远不止是环保主义，而是"就像包括环境史一样，还有着很多社会、政治和经济方面的意义"。可持续性是对复杂系统和"社会、经济以及自然世界之间关系"的研究。政治学家莱斯丽·蒂勒(Leslie Thiele)写道，可持续性的目标是避免削弱"文明在生命支持系统中所赖以繁荣发展的条件"。布莱顿·拉尔森也提出了相似的建议："可持续性涉及我们对未来的追寻，在未来，我们人类的基本需求应该得到满足，但是不能损害(或者摧毁)为我们提供支持的自然系统和物种。"[①]可持续性这个

---

① International Union for the Conservation of Nature, *World Conservation Strategy*(《世界保护战略》)(Gland, Switz.: IUCN, 1980); Lester Brown, *Building a Sustainable Society*(《建立可持续发展的社会》)(New York: Norton, 1981); Gro Harlem Brundtland et al., *Our Common Future*(《我们共同的未来》)(New York: Oxford University Press, 1987); Jeremy Caradonna, *Sustainability: A History*(《可持续性的历史》)(New York: Oxford University Press, 1914), p. 19; Leslie Paul Thiele, *Sustainability*(《可持续性》)(Cambridge, Eng.: Polity Press, 2013), p. 5; Brendon Larson, *Metaphors for Environmental Sustainability*(《环境可持续性的隐喻》)(New Haven: Yale University Press, 2011), p. 99; Peter Jacques, *Sustainability: The Basics*(《可持续性的基础》)(London: Routledge, 2015).

术语也有它自身的局限性,受到一些批评。对于这个术语,现在有争议,将来还可能继续有争议,部分原因是其太深深植根于西方的科学和哲学,部分原因是我们不知道如何才能建设一个全球的、公平的、和平的、长久的世界。但是,我相信,如果按照有些人所建议的采取管理地球的措施,是实现不了可持续性这个目标的。为了达到这个目的,我们必须在地球支持我们的能力之内学会管理我们自己。对于前者来说,也就是管理地球,我们还没有足够的智慧。但是,对于后者,也就是管理我们自己,我们必须有智慧做到。[①]

关于我们的未来,各种意见都有,甚至大相径庭。比如,黛安·艾克曼(Diane Ackerman)写道:"我们是梦想家,是创造奇迹的人。我们的演化多么神奇,我们已经成为具有全球活动能力和超凡天赋的物种……(我们)能够成为地球修复者和地球保卫者。"与此相反,简·雅各布斯(Jane Jacobs)却相信,我们可能是"仓皇失措地冲进了一个黑暗时代",一个"大众健忘"的时代,集体健忘已经变得"持久而深远"。这样的时代,是"可怕的考验",她写道,"如果稳定力量自身被毁灭或者变得毫不相干,那么这个时代就不可救药了"。我们可以对技术充满信心,依靠技术度过危险,但是文化不只是技术设备那样简单。文化是由不同的相互交叉的群体组成的,比如机构、组织和家庭;是由不同的相互交叉的实践组成的,比如仪规、戏剧和仪式;是由不同的相互交叉的信仰组成的,这些信仰包括我们的期待、范式、希望和恐惧。哲学家克莱夫·汉密尔顿(Clive Hamilton)这样写道:"只是抱着希望,寄希望于未来,已经变成了逃避现实、追求真理的手段。我们迟早必须做出应对,如果不应对,就任由我们进入到荒凉和绝望的境地,简而言之,那意味

---

① Michael Lewis and Pat Conaty, *The Resilience Imperative*(《韧力必要性》)(Gabriola Island, BC: New Society Publishers, 2012); Kent Portney, *Sustainability*(《可持续性》)(Cambridge, MA: MIT Press, 2015). 该书对于这个主题,特别是关于治理的问题,是很有用的、很简明的指南。

着只有悲伤……对很多人来说,将自己内心的感受和新的外部的现实统一起来,将是一个漫长而痛苦的心路旅程。"我们的生活将变得更加艰难,但是他希望有"一个足智多谋和无私忘我的复兴",也希望有"政治强有力的参与,整合资源,建立和完善民主,从而确保对越来越恶化的气候有最好的防御"。①

科学家詹姆斯·洛夫洛克(James Lovelock)认为,防止地球发生灾难性的变暖,现在已经太晚了。他预言,人类的幸存者将被迫进入带有空调装置的城市里,"在更大规模的内共生中以某种形式与他们制造的智能机器融为一体"。我们不再是人类,而是半人、半计算机的生物,就像雷·库兹韦尔所描述的那样,在"奇点"(Singularity)的另一面,技术的力量会不可逆转地改变人类的生活。相比之下,保罗·金斯诺斯(Paul Kingsnorth)以及他在"黑暗之山"(Dark Mountain)系列图书项目中的同事,对于先进技术都没有什么信心,认为拯救文明已经太晚了。他们给出的理由听起来像是强词夺理、花言巧语,但是也有可能成为自证的预言,从而否认了有更好结果的可能。关于人类前景的看法,还有许多其他的观点,但是这四种是最具代表性的,既有对技术和人类创造力的乐观的信任,也有彻头彻尾的绝望。处于中间状态的人,心中抱有希望,他们认为,我们还是能够克服一切困难,应对挑战的。尽管有很多意见上的分歧,但是所有警觉的观察者都同意,情况是前所未有的,是不堪设想的,留给人们做出必要变革的时间是很短的。②

相应地,向更加持久和公正的全球秩序的转型将是漫长和困

---

① Diane Ackerman, *The Human Age*(《人类的时代》)(New York: Norton, 2014), pp. 308-309; Jane Jacobs, *Dark Age Ahead*(《未来的黑暗时代》)(New York: Random House, 2004), pp. 4, 24; Clive Hamilton, *Requiem for a Species*(《一个物种的安魂曲》)(London: Earthscan, 2010), pp. 211, 218, 223.

② Paul Kingsnorth, "Dark Ecology"(《黑暗生态》), *Orion*(January-February 2013): 18-29; Daniel Smith, "It's the End of the World as We Know It…and He Feels Fine"(《我们知道,这是世界的末日……他觉着不错》), *New York Times*(April 17, 2014). 保罗·吉尔丁(Paul Gilding)在他的《大分裂》(*The Great Disruption*)(New York: Bloomsbury, 2011)中提出,我们一定能够战胜气候变化,因为我们必须取胜。

难的，这至少有两个原因。第一个，也是最显然的原因，是混乱无序的国际体系。由于国家之间财富的巨大差异和政治、宗教、种族和文化的离心影响，这个国际体系变得更加支离破碎。不管新的世界在权力和结构上有着怎样的特殊性，其秩序必须是包容的、公平的，必须具有解决困难冲突的手段。但是，这个新世界不能是一个由美国所主宰的帝国。

还有另外一个原因。人口增长和化石燃料推动的经济扩展所带来的累积效应，已经打破了生态圈的平衡，耗尽了生态圈的资源，造成了长期的影响。在过去的一万年中，我们一直拥有着相对适宜的气候条件，但是以后再也指望不上了。而且，在今后相当长的时间里，我们必须应对大气中吸热气体不断累积所产生的影响。这些影响包括温度继续升高，干旱时间越来越长、越来越严重，风暴和飓风事件越来越强烈，海平面不断升高，海洋持续酸化，很多物种逐渐灭绝。世界已经变得更加老态龙钟，不堪重负；更加饥渴，更加炎热。气候也更加不稳定，这样的生活会对社会、经济和政治产生影响。每一个政治、社会和经济问题都会被将来长期恶化的气候条件所放大。因为害怕引起恐慌，或陷入左派右派的政治意识形态斗争，我们往往无视环境治理和转型的漫长周期以及遇到的挑战。如果这样做，那对我们和我们的后代没有一点好处。

在我们的困境中，解决方案这个词必须慎用。如果有充足的资金和时间，应该能够用可再生能源为美国（以及全世界）提供能量，但也只能是在大大提高能效和大幅改善我们的城市与基础设施设计的前提下实现这一目标。在巴黎召开的第21届联合国气候变化大会上，与会代表达成了碳减排的全球协议，往那一目标迈出了虽然迟缓但很重要的一步。不过，这并不意味着我们将会解决气候问题，因为二氧化碳（CO_2）在大气中已经累积了长久的时间，将会在未来的几百年里一直对天气产生影响。对于物种灭绝和海洋酸化，目前还没有实用的解决方案。换句话说，从我们人类挖了将近两个世纪的坑中爬出来，还没有什么简易和快捷的办法。

然而，对于尽量减小危机的严重性以及可能缩短其持续的时间，目前已经有一些实用的措施。这些措施包括提高能效、快速利用太阳能以及通过改进森林、牧场和农田的管理进一步扩大陆地对碳的吸收能力。只是，所有这些措施都不是万全之策，不能解决更大的问题。正如澳大利亚气候科学家蒂姆·富兰纳瑞（Tim Flannery）所解释的那样："海藻养殖展现着巨大的吸收碳的潜力，但是实现起来极其困难。即便我们撇开海藻养殖，也有可能看到这样乐观的场景。森林和土壤两者每年可能封存10亿吨碳，生物碳也能起到相似的作用，封存10亿吨。空气和硅酸盐岩石两者也能直接捕捉10亿吨的碳，碳负性水泥和碳负性塑料可吸收另外10亿吨的碳。这样加起来，就是每年40亿吨的碳，大约等于150亿吨的二氧化碳，仅仅占目前全球碳排放的四分之一，依然低于美国科研机构通常认为的每年减少180亿吨二氧化碳排放、减少大气二氧化碳浓度一个ppm的目标。"①

但是，这些管理上的变革有几个假定：一是世界各地不同的政府和土地拥有者不差钱，有充足的经费来更好地管理数亿英亩农场、牧场和森林里的碳；二是在更热气候条件以及极端干旱和严重洪涝的不同生态环境中，碳吸收能够得到进一步改进；三是二氧化碳一旦被封存，就不再排放出来。对于火电厂的碳捕捉和储存的建议，也基本上有这样的假定。这样做会增加发电的成本，要求将巨量的碳（几乎等同于当前经济中所消费的石油的数量）运输出去，并封存在适宜的地质构造里，希望不会引起地震，不会泄漏到

① Elizabeth Kolbert, *The Sixth Extinction*（《第六次大灭绝》）(New York: Henry Holt, 2014). 比如，由保罗·霍肯（Paul Hawken）组织实施的气候变暖应对计划（Drawdown Project），见 Tim Flannery, *Atmosphere of Hope*（《有希望的大气》）(New York: Atlantic Monthly Press, 2015), p. 175; Timothy Snyder, in his *Black Earth: The Holocaust as History and Warning*（《黑土地：作为历史和警示的大屠杀》）(New York: Tim Buggan Books, 2015). 他在书中认为，气候变化可以引发另一场浩劫，只是后果更严重。

大气中,同时产生的成本也能承受得住。提高效率、少用能源的建议,或者是希望终端用户“又要马儿跑,又要马儿不吃草”,这都要求有一种文化素养,能够分得出轻重缓急。但是,这样的做法即便能实施,也基本上是马后炮或亡羊补牢。[①]

简而言之,问题很严重,数据很吓人,规模是全球性的,时间是急迫的,所需要的经济、社会和政府等方面的变革都是重大的。但是,现在没有时间退缩,也没有时间绝望。恰恰相反,我们需要清醒、理智、勇气并在各个层次采取经过深入思考的行动,所有这些行动都必须尽快地、审慎地、持续地实施。

我们国家的历史以及我们的认知都促使我们认识到,技术几乎可以解决一切问题。对于我们面前的挑战,如果要进行充分的应对,那当然需要更好的技术。但是,技术创新能解决问题,同时也能导致很多问题,特别在面对复杂的、系统性的和长期性的挑战的时候。应对气候变化这类复杂的问题,就像解数学上的二次方程式,方程式中的每一个部分都必须按照次序分别解决,才能得出正确的答案。换句话说,我们必须学会和掌握解决多重问题又不引发新的问题的艺术与科学。

不管去往蒙大拿的旅程意味着什么,为了到达那儿,我们必须首先认真考虑与我们的“思维重点、忠诚、情感和信念”等四类主题相关联的问题。人类的未来决定于是否有足够的人尽快改变其情感、思维和行为。所有的宗教以及所有的父母、老师和每一个教育机构,都需要在这方面带好头,教育人们坚定地热爱生活、崇尚生活,明确树立保护生态的世界观,从而形成对待事物的态度、意见

---

① 土地研究所(Land Institute)的韦斯·杰克逊(Wes Jackson)2015 年 11 月 23 日的电子邮件显示,对碳吸收和存留的估计会有一两个数量级的偏差。我认为,对于能源投资回报的测算,也是这样的,有些建议要求每年生产和运输数十亿美元的像生物碳一样的土壤改良剂。而且,一直有技术炒作的问题,只是那些技术不能满足净能、持久、规模、时间、成本以及具体实施的测试要求,但是从来没有丧失激发人们的希望。一个技术突破失望后,人们就希望有下一个技术突破。不过,在商言商,气候解决方案只不过是出售解决方案。

和行为,进而促进治理以及我们如何测算进展等方面更大的结构性变革。长久的应急需要有稳定、有效和真正民主的政府,既保护自然系统,也保护人类的权利,包括未来人口的权利。由于很多原因,包括根深蒂固的金钱和媒体的力量,我们政治经济中的必要变革,需要在地方和区域这样低的层次启动,再不断地向高层次发展,直到全世界的小变革形成很大的规模,造成星火燎原之势,那就会引发我们文明社会更大结构的转型。

实现这一转型,有一个很久以前就形成的很大阻碍。那个时候,巨型公司与我们达成协议,向我们承诺,将使我们的生活富裕、便捷、轻松和快乐。但同时,它们也使得我们的世界变得脆弱、污浊、暴力、不民主、不安全、不可持续。尤为严重的是,它们腐化了我们的思想,腐化了我们的话语。正如哲学家阿尔贝托·曼古埃尔(Alberto Manguel)所写的:"不论是在消费生活中,还是在大众宣传中,抑或是在政治标语中,都说'高兴的话',传达的是简短、简单的信息,什么道理也不讲,只是一味地劝你买买买,从来不期待有开诚布公的交流,从来不进行深层次的探索。(其目的是)把所有的东西卖给所有的人,最为重要的是,鼓吹……快捷、轻松生活的美妙……拨开(那些高兴的话)漂亮的外衣,归结到一点,就是其秉承的道德总是满足我们最自私自利的欲望。"他继续写道:"我们构建的商业机构,是推动我们社会发展的引擎,与我们想象中的其他构造一样完美,也一样致命。我们对此机构下达了实现目标的命令,不论付出什么代价,都要获得经济利润。只是,我们在此机构的内存记忆中,忘了镌刻上这样的警告:不要以我们的生命为代价。"[①]

乔治·奥威尔(George Orwell)对此不会有任何的惊讶。他注意到,语言的腐化要先于文化的空洞化,文化空洞化以后,一切就一塌糊涂了,这是可想而知的。但是,事情可能比奥威尔想的还要

---

① Alberto Manguel, *The City of Words*(《言说的城市》)(Toronto: Anansi Press, 2007), pp. 136, 141.

糟糕。越来越繁多复杂的广告信息（据说平均每天有 5000 条信息对我们进行狂轰滥炸）可能已经迟滞了我们对气候变化等抽象危险进行应对的能力。爱德华·伯尼斯是西格蒙德·弗洛伊德（Sigmund Freud）的外甥，他是最先利用新兴的大众心理学科学以及他的舅舅对人类行为的洞见的人之一，其目的是创建一种新型人类，也就是更加踏实信赖的、更加有依赖心理的消费者。用伯尼斯的话说就是，目标是通过让人上瘾的消费实行"共识操纵法"（engineering consent），从而使得普通民众心甘情愿，以此给企业老板们挣钱。他写道："对于普通大众严格遵循的习惯以及所持的意见进行有意识的、有智谋的操控，是创建民主社会的重要因素。"广告宣传为了达到自己的目的，不披露合同细节，竭力让人们罔顾现实，狂掏腰包，已经到了疯狂的地步。广告商深知，人能够很好地做到条分缕析，但并不是非常理性的动物。因此，他们学会了如何充分挖掘广告的深度，从而利用我们人性中的弱点，特别是那些最多愁善感、易受影响的人的性格弱点。所以，孩子和青少年就成为广告的主要目标人群，被广告忽悠成终生的消费者和品牌产品的忠诚客户。这个行为对气候以及其他方面的长期影响是极大的。克莱夫·汉密尔顿指出，在"过去长时期的经济繁荣中，市场营销在商品富裕的社会里种下了一粒毒药丸，一代少年儿童被有意识地打造成高消费者"。每年全球的广告费用达到 5000 亿美元，其中很大的比例都花在对孩子的广告宣传上。那些孩子成为广告的受害者，很多婴儿说的第一个词是商业品牌的名字，这就一点也不奇怪了。据报道，少年儿童认识的名牌商品，比他们家里后院的花花草草和动物还多。孩子们沉迷于电子设备，在电子设备的陪伴下一直度过少儿和青少年时期。在人生的初期，这些孩子们学会了需要很多东西，而对于克制和自我约束则没有多少了解，也许正是因为这个缘故，他们对自己家里的后花园都知之甚少。我这样说，听起来有点不可思议，有点陈词滥调，但它们却证明了伯尼斯取得的巨大成功。[①]

我们曾将一些权利给予我们不知道姓名的经纪人,他们只致力于扩大他们市场份额的目标,现在是废除那个协议、收回那个权利的时候了,也是我们需要再一次宣布从威胁我们生存的、任意的、多变的、危险的权利中独立出来的时候了。

封建贵族、宗教神权、专横王权以及各种各样的铁石心肠的奴役者,他们跋扈霸道,肆无忌惮,人们对这些强权的反抗,有着悠久的历史。对自由源泉的追寻,可以追溯到最早期关于公正、仁慈、道义、体面的哲学对话中。自由的本源根植于对每个生命都有独特的价值并应该得到保护的信仰中。现在束缚人的锁链不再是钢索,但是对人的束缚却比以前更紧。阿道司·赫胥黎(Aldous Huxley)的《美丽新世界》(*Brave New World*)已经给我们提出了警告,说我们可能会被操纵,并被诱惑去自己选择束缚,甚至是更喜欢被奴役,而不喜欢自由。

实现向一个平等、合宜、民主、碳零排放以及可持续发展社会的转型,需要将权力转移到强有力的、思索缜密的公民代理人那里,需要有能力的、愿意思考的、为自己做事情的公民大众。因此,对于没有理由相信的信息以及信息来源,公众就不必要依赖了。社会转型需要生态学、政治学、伦理学以及新经济学的交叉融合,正在生态设计的艺术和科学中兴起,将会促进建筑、工程、农业、土地利用、森林、废物管理和城市规划的变革。社会上,有一批人正在致力于此,努力推动社区、商业、组织、农场、乡镇和城市的转型。他们是更加美好的世界的先驱者。

---

① Edward Bernays, *Propaganda*(《宣传》)(1928;Brooklyn:Ig Publishing,1955),p. 37;另见 Edward Bernays, *Crystallizing Public Opinion*(《透视民意》)(1923;Brooklyn:Ig Publishing,1951);and Stuart Ewen, *Captains of Consciousness*(《意识的领袖》)(New York:McGraw-Hill,1976). Jill Lapore, "The Lie Factory"(《谎言工厂》), *New Yorker*(september 24, 2012),pp. 50-59. 这篇文章描述了第一个政治咨询公司惠特克-百特公司(Whitaker and Baxter)。正如拉伯尔(Lapore)所写的,可能是这样的,"广告最初是以政治咨询的方式开始的",而不是以其他方式。利昂·百特(Leone Baxter)95岁的时候,有人援引她的话说,作为她参与创建的产业,政治咨询"可能是一件破坏性很大、很大的事情"。见 Clive Hamilton, *Requiem for a Species*(《一个物种的安魂曲》)(London:Earthscan, 2010),pp. 87-88.

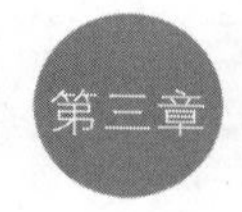

韧　力

> 我倾向于赞成基于最大可能多数经济单位而形成的经济体系，有很多权力分散的、结构多种多样的企业，特别是小企业，它们尊重不同地域的特色和传统，抵制来自统一性的压力，保持多种形式的所有制和经济决策模式。①
>
> ——瓦茨拉夫·哈维尔

我在海军陆战队有一位朋友，他把韧力定义为“重重地挨了一拳又摇摇晃晃地站立起来”的能力。如果更为正式一些，韧力被说成是在外部困扰情况下依然能保持核心功能和价值的能力。不管是哪种说法，其概念都是难以捉摸和把握的，是那种大致的、差不多的含义，不是非此即彼的意思。韧力的含义既包括缓慢的、累积的变化，比如土壤侵蚀、物种丧失、海洋酸化，还包括快速的变化、“黑天鹅”事件，比如福岛核事故。所有这一切都会在不同深度带

① Václave Havel, *Disturbing the Peace*(《哈唯尔自传》)(New York: Vintage, 1991), p. 16.

来水平相互交叉的难以预料的波动。不论是在城市这个层次,还是在全球文明这个层次,我们都能够改进韧力,这个想法正在成为政策讨论的重要内容之一。但是,如果我们真要认真地提高韧力,那么我们不仅要更具远见卓识,增强未雨绸缪的能力,还要积极筹集诊断和修复更深层问题的资金。那些问题深藏在我们的语言和其他范式中,深藏在社会结构和经济中,首先是削弱了我们的韧力。①

这个想法的理论基础可以追溯到 C. S. 霍林(C. S. Holling)关于生态系统韧力的著述以及来自系统理论、数学和工程等学科中的引申含义。最近,约瑟夫·泰恩特(Joseph Tainter)、托马斯·荷马-迪克森(Thomas Homer-Dixon)、贾雷德·戴蒙德(Jared Diamond)等学者梳理了人类社会因为缺乏远见、竞争力、生态智慧和环境约束而溃败的历史。韧力这个概念和可持续性的概念密切相关,但是至少在一个关键的方面有着明显的不同。可持续性意味着一个稳定的终极状态,一旦形成,就会永远地维持。相比之下,韧力指的是根据政治、经济和生态条件的变化而不断作出调整的能力。韧力的特点不仅是富裕、适应和弹性,还表现为在第一时间避免争端的远见卓识和英明判断。②

但是,我们往往倾向于将有关韧力的讨论简易化,局限在技术的层面,而技术常常是有坏习惯的,会以违反常态的方式对世界造成破坏。对更好技术的应用当然是社会韧力的重要组成部分,但是关于"更好"的定义很少是明确的。原因是我们从来不单纯地选

---

① Nicholas Taleb, *The Black Swan*(《黑天鹅》), 2nd ed. (New York: Random House, 2010); and Taleb, *Antifragile*(《反脆弱》) (New York: Random House, 2012). 在第二本书里,尼古拉斯·塔勒布(Nicholas Taleb)写道:"现代世界可能在技术知识方面是增长的,但吊诡的是,这却让事情变得更加难以预测和捉摸。现在,由于人造的东西越来越多,由于人们逐渐背离祖先和自然的模式,由于万物设计鲁棒性(robustness)的丧失,'黑天鹅'的作用越来越强大。"(第 7 页)

② Lance H. Gunderson and C. S. Holling, eds., *Panarchy*(《扰沌》) (Washington DC: Island Press, 2002); C. S. Holling, "Understanding the Complexity of Economic, Ecological, and Social Systems"(《理解经济、生态和社会系统的复杂性》), *Ecosystems* 4 (2001): 390-405; 另见 Brian Walker and David Salt, *Resilience Thinking* (Washington DC: Island Press, 2006).

择制造和采用单个的仪器设置或创新技术，而是在不知不觉间把设备装置作为包括技术、权力和财富等内容的更大系统的一部分。比如，钢犁的应用，不仅反映着约翰·迪尔（John Deere）的聪明才智，还反映着当时兴起却很少被认识到的农业工业化的程式。在这个程式中，人类彻底地主导着自然，涉及方方面面，包括商品市场、银行、联邦农作物保险、装有升降运输机的谷仓、长途运输、化石燃料依赖、化学肥料和杀虫剂、农作物补贴、产能过剩、大规模人员肥胖、土壤侵蚀、地下水污染、生物多样性丧失、死亡区以及农业游说集团的强大政治力量，而这一切又代表着石油公司、设备制造商、化学化工以及种子公司、美国农业部门、商品经纪人、食品公司巨头、广告商等的利益。由此造成的结果是形成一个高产出的、毁灭生态的、依赖化石能源的、不可持续的、脆弱的食品系统，这个系统对土地、水以及人类的健康带来巨大的破坏。农民和农场主购买的不仅是约翰·迪尔的钢犁，而是购买了一个系统，但是那个系统的韧力和他们的购买选择没有半毛钱的关系。①

在现代社会中，要么是有韧力的、要么是可持续的这种非此即彼的情况是少见的。恰恰相反，现代性是“将一切可能付诸实践”（the effecting of all things possible），弗朗西斯·培根曾在他的著作《新大西岛》（*New Atlantis*）中提出了这一观点。进步这个词含义丰富，在所有的词汇中负荷最重，意思是扩大权力、财富、速度和积累以及对自然的控制，倡导谁落后谁挨打的逻辑。但是，我们与培根笔下英勇无畏和理性沉着的真理寻求者不同，而是与在装满最神

---

① Amory Lovins and Hunter Lovins, *Brittle Power*（《脆弱的电力》）（Andover, MA; Brick House, 1984），特别是第 13 章；Edward Tenner, *Why Things Bite Back: Technology and the Revenge of Unintended Consequences*（《为什么事情会反咬一口：技术和意料之外后果的报复》）（New York: Knof, 1996）；Charles Perrow, *Normal Accidents*（《高风险技术与“正常”事故》）（Princeton, NJ: Princeton University Press, 1999）；Charles Perrow, *The Next Catastrophe*（《下一次灾难》）（Princeton, NJ: Princeton University Press, 2007）；Jacques Ellul, *The Technological Society*（《技术社会》）（New York: Vintage Books, 1964）；and Jacques Ellul, *The Technological System*（《技术系统》）（New York: Continuum, 1980）.

奇又神秘莫测的东西的仓库中乱扑腾的非常聪明的猿猴非常相似。关于韧力的理念，在很大程度上与我们文化积淀中的DNA是不相容的。由此产生的结果是，向全球化的疾驶、更快的经济增长、更快捷的交流、机器人、无人机、纳米技术、比从前更密切的交往等，已经创造了一个没有防火道，甚至没有消防部门的全球化世界。随着变化速度的加快，留给我们对问题进行反应和思索的时间也就越来越少。对于这种变化，所有的人都熟视无睹，所以我们就建造了一个越来越脆弱的纸牌屋，维系在最纤细的生态、能源、社会和经济之线上。但是，即便不是纸牌屋，而是其他什么东西，也依然不是偶然的。它是深嵌在西方世界观里的理论、信仰以及"预分析假定"(preanalytic assumptions)的体系所产生的逻辑结果。现在我们可以在国家和国际层面上做一些显而易见的事情来改进韧力，但是我们采取的措施只不过是权宜之计，掩盖了植根于我们的范式和世界观中更深的瑕疵。我们习惯于在现状的边缘作一些小的修修补补，然后在事情没有很大改观，甚至是发生更大灾难的时候，我们就陷入困惑和不解之中。我的观点是，如果我们真的要严肃地对待设计和提高韧力的问题，那么将面临着一个长期而艰难的过程。在这个过程中，我们不仅要重建我们的硬件和基础设施，还要连根拔起深藏在我们范式、语言、政治制度、经济和教育中的那些严重影响我们韧力的观念。也许，当我们真正更全面地了解可持续性和韧力所要求我们的自律和约束的时候，我们可能会像《末路狂花》(*Thelma & Louise*)那样，更愿意在荣耀的光环中冲向悬崖。但是，如果我们做出相反的决定，那么我们关于韧力的讨论一定就会从对变化系数的关注转移到更大型系统的构建以及人类主导的理念上来，也就是说，从表面现象转到根本原因上来。我们要做的事情有很多，其中一项是要求我们回到更早的讨论中，追溯到刘易斯·芒福德、简·雅各布斯、赫尔曼·戴利、约翰·拉尔斯顿·索尔（John Ralston Saul)等人所推崇的观点，甚至要追溯到更早的、首先注意到现代工程这个硬壳的裂痕的弗雷德里克·索迪(Frederick Soddy)、卡尔·马克思、约翰·拉斯金(John Ruskin)、约翰·斯图亚特·穆勒(John Stuart Mill)等人那里。[①]

经济学家尼古拉斯·乔治斯库-罗根注意到,在受热力学定律支配的世界上,人类面临着是要一个长远、乏味的历史还是要一个简短但激动人心的历史的抉择。他的这个观察抓住了我们处境的本质。可能受到命运、机缘或者是抉择的综合影响,我们走了第二条路,但是在路上并不缺乏警告。马洛(Marlowe)的《浮士德博士的悲剧》(*The Tragical History of Doctor Faustus*)、玛丽·雪莱的《弗兰肯斯坦》(*Frankenstein*)、梅尔维尔(Melville)的《白鲸记》(*Moby-Dick*)、康拉德(Conrad)的《黑暗之心》(*Heart of Darkness*),甚至是科幻电影《黑客帝国》等,都讲述了警示性的故事,警告人们关于自不量力、漠不关心、痴迷妄想、沉溺荒淫、不负责任以及滥用权力等带来的危险。1912 年,豪华游轮泰坦尼克号的沉没也提供了一个老生常谈但一针见血的喻示,直指人们的自高自大,而这种自高自大使我们这个被技术裹挟的社会饱受困扰。对于这样的警告,我们一直装聋作哑,视而不见,偏执地认为,大自然对于不讲规矩的社会是无可奈何的。但是,即便是任何一个具有中等水平的中学生,他都知道,文明社会受其自身行为的影响,将会以多种方式遭到重创或者凄惨的灭顶之灾。对于受损或受灾的方式,这名学生

---

① World Economic Forum, *Global Risks*, 2016 (《2016,全球风险》) (Geneva, Switz.: World Economic Forum, 2016); Martin Rees, "Denial of Catastrophic Risks" (《对灾难风险的否认》), *Science* 339 (March 8, 2013), p. 1123. 在较低的层次,我们的很多基础设施,比如电网,对于上帝的行为都是很脆弱的,显得无能又无助,这方面的例子,请阅读 Ted Koppel, *Lights Out: A Cyberattack, a Nation Unprepared, Surviving the Aftermath* (《断电:一次网络攻击,没有准备的国家,劫后余生》) (New York: Crown, 2015); National Research Council, *Terrorism and the Electric Power Delivery System* (《恐怖主义和电力输送系统》) (Washington DC: NRC, 2012); U. S. Department of Energy, *U. S. Energy Sector Vulnerabilities to Climate Change and Extreme Weather* (《美国能源领域对气候变化和极端天气的脆弱性》) (Washington DC: USDOE, 2013); National Academy of Sciences, *Disaster Resilience* (《应对灾难的韧力》) (Washington DC: The National Academies Press, 2012).

能列出一个长长的单子。

正如前面所指出的,在这个单子上,排在最前面的,是来自核战争与快速气候变化的长久威胁。孩子们对于他们所面临的现实是心知肚明的,在他们的一生中,地球上的一切将变得比现在热很多。如前所述,如果我们不更弦易辙,可能最迟在本世纪中叶,我们的气候就会升高 2 ℃,到 2100 年可能会升高 4—6 ℃。在这一温度升高的过程中,不知在哪个环节,很多问题就会接踵发生。一开始可能是供水和供粮系统,但是最终会波及整个经济和政治系统,都会出现不期而至的困难。在我们的地球上,几乎每个东西在更高的温度下都会出现不同的反应,或者是发生不同的性质变化。生态会崩溃,森林会起火,金属会融化,混凝土跑道会弯曲,河流会干涸,冷却塔会失灵,人们会更加容易地诅咒、杀戮以及进行恐怖活动。当然,气候变化否认者对于科学以及摆在他们面前的证据会依旧安之若素,不为所动,但是他们在社会上的地位注定会与平面地球协会(Flat Earth Society)会员的地位差不多。更为严重的问题出在那些知道前面会发生什么但由于担心引起公众恐慌而选择沉默不语的人。由于气候变化否定者和气候变化逃避者的影响,科学和当下公众对地球动荡的认知之间就有了一个很大的鸿沟。但是,不管是否面对这个问题,我们都将不得不认识到,生态环境治理的工作量十分庞大。摆在我们前面的"长期应急"(long emergency)状态,如果按照我们通常的字面意义进行处理,是不可能得到解决的。我们能做的以及必须要做的是,躲避和避免我们前面所出现的最坏的情况,尽快实现向提高能效、可再生能源、更好的城市和交通设计以及改变消费/满意率的转型。人类从来没有遇到过如此焦灼和严重的积重难返的问题,这些问题不是由我们的失败导致的,而是由我们的成功导致的。

历史学家罗纳德·赖特(Ronald Wright)把这种现象称为"进步陷阱"(progress trap),在这个陷阱中,我们人类试图用与我们推动进步的同样的方法和思维模式来解决进步所导致的问题。他写道，我们困境的核心是，"技术是让人着迷的。物质进步所产生的问题，看起来只有通过更大的进步来解决"。这是老生常谈了。他解释说："很多导致地球沙漠化和环境恶化的大灾难见证着进步陷阱的危害，构筑了文明社会的墓碑，成为文明社会自我成功的牺牲者。"赖特认为，这个问题的本质所在，是"人类不具有预见长远影响的能力"①。

换句话说，我们关注的，主要是此地和当下。在我们有限视野之外的，都是令人迷惑的，都是蒙着面纱的，所以，我们只有得过且过。更有甚者，我们的价值体系往往是相互冲突和相互干扰的，常常在指导我们聚焦解决一个问题的同时，会对另一个问题视而不见，充耳不闻。比如，新闻媒体头条报道的都是新闻速览，有最新的丑闻和八卦事件，也有每日的股市行情动荡，可是，如果你要了解地表土壤被河水冲刷的缓慢运动过程，你就得仔细观察当地河流中河水颜色的变深变暗。即便土壤侵蚀、识字率和不断消失的冰层以及冰川本身已经极大地反映了我们对世界带来的长远影响，但是那些"新闻快报"的标题还是更能吸引我们的注意力。尤为严重的是，由于这些缓慢的变化是在数十年或数百年的时间里形成的，因此人们对更美好生活和事情的基本期待以及记忆已经减弱到新的标准，至于以前的高标准曾经是什么样子，我们都忘掉了。由于一味迷恋于更加强大的技术，我们根本注意不到在我们身边悄无声息地集聚、蔓延着的致命弱点。

如果往前展望几十年，这个"进步陷阱"就会把我们带到更加困难的境地，遇到的问题将是前所未有的，也是让我们措手不及的。雷·库兹韦尔提出了将碳基生命的人类与硅基智能的计算机

---

① Ronald Wright, *A Short History of Progress*(《文明进步简史》)(New York: Carroll &Graf, 2005), pp. 7, 8, 108; Robert Costanza, "Social Traps and Environmental Policy"(《社会圈套和环境政策》), *Bioscience*(June 1987): 407-412; and Taleb, *Antifragile*(《反脆弱》).

进行融合的建议，创造远高于人类或者不如人类的新的生命。在我听来，这无异于天方夜谭，是重大的技术跳跃，但是公众对此几乎没有任何讨论。这件事是值得做啊，还是不能做啊，以及谁有权力做出创造新生命的决定，公众似乎根本不关心。对于我们生活中的一切，我们似乎就像梦游般地接受那些巨大的、无可挽回的变化。而对于被改变的生活，我们现在才认识到它们在我们的人性中发挥着根本的作用。当比尔·乔伊呼吁暂停开发自我复制技术的时候，他也只不过是在寂静的夜空下哀鸣，是徒劳无益的。远见、审慎和自律对于抑制和更改我们的技术研发路线都是必要的，但是我们在这些方面显得很欠缺。即便是对技术最为微弱的警告，也成了21世纪版的异端。我们现在有了新的、更强大的神祇。①

还有一个更为根本的进步陷阱，这个陷阱是市场经济的内在活力中所固有的。市场经济是持续增长的，是能源和资源密集的，是消费推动的。市场经济还获得了至高无上的神的地位，这一地位被膜拜，引起人的恐惧，甚至需要献祭才能满足它的欲望（比如，底特律市和弗林特市）。我们有充足的理由相信，经济的发展已经超越了地球的承载能力。经济增长是有极限的，量的增长和质的增长之间也是有根本区别的，但是，这对于多数经济学家、公司高管、银行家、金融家、经济管理者、媒体名嘴以及所有那些每年都在达沃斯聚首并抛头露面的商家巨贾来说，是难以理解的。不论是这些人，还是逢迎这些人的人，好像很少有人注意到他们身边不断堆积的荒唐现象。比如，从20世纪50年代以来，发达国家的经济已经增长了三到八倍，但是人们的幸福指数并没有一点的变化，这是极妙的讽刺。在超过相对较低的收入水平以后，我们的幸福感

---

① Bill Joy, "Why the Future Doesn't Need Us"（《未来为什么不需要我们》）, *Wired*（April 2000）, note 35. 成本效益分析如果应用不当，就像是杀鸡用牛刀。这个方法讲究的是精细和微妙。见 Frank Ackerman and Lisa Heinzerling, *Priceless*（《无价》）（New York: New Press, 2004）; and Kerry Whiteside, *Precautionary Politics*（《预警政治》）（Cambridge, MA: MIT Press, 2006）.

并没有随着物质的增加而增加，而自杀率、犯罪率以及精神病患病率甚至还显示，我们比物质少的时候还心神错乱，还焦虑不安。正如约翰·拉斯金所言，不断积累的财富越来越被“财灾”（illth）所抵消，财灾的表现形式是污染、气候变化、拖欠的社会成本以及披着各种各样伪装的很多丑陋现象。我们是比以前更有钱了，但是超级富豪与我们这些普通人之间的鸿沟持续扩大，不平等以及道德沦丧、世风日下所带来的影响渗透到现代社会的每一个角落。我们曾一度自信满满地认为，我们将给我们的子孙后代留下一笔纯粹财富的遗产，但事实是，我们给我们的后辈蒙上了一层长长的阴影。在这个阴影下，有生命活力的匮乏，有森林的丧失，有酸化的海洋，有散发着毒气的污染，有不断退化的气候稳定。①

那么，可持续的、公平的、有韧力的经济应该是什么样子呢？什么样的能源来源才能给这样的经济提供可靠的、友好的动力？在地球的承受能力之内，可持续经济可以保持多大的规模？人非圣贤，孰能无过，我们不完美的人类可以安全地管理多大规模的经济？放弃对征服和统治自然的欲望，对我们来说意味着什么？我们如何对财富进行分配？以“国民幸福总值”（Gross National Happiness）为指标来发展经济，意味着什么？200 万亿美元的化石燃料不能得到安全的燃烧，我们如何将这笔费用从企业财务报表中去除？诸如此类事情，谁来进行决策？在工业主义甚器尘上的时期，这些问题都是避而不谈的，但是，如果经济的发展不是为了所有当代人以及所有未来人的利益，那么这个经济是为谁发展的呢？

这些问题首先而且最重要的是政治方面的，不是经济方面的，因为它们不仅涉及我们如何提供粮食、能源、住房、物质、交通、医

---

① Jules Pretty，“The Consumption of a Finite Planet”（《一个有限星球的消费》），*Environment &Resource Economics*（May 2013）；Richard Wilkinson and Kate Pickett，*The Spirit Level*（《精神层面——不平等的痛苦》）（London：Penguin Books，2010）.

疗和基本生活,还涉及如何化解和分配这些选择所带来的风险和利益。但是,这些问题往往不是公众所考虑的,也不是民主制度所控制的。从一开始,经济大厦就是保护财富的;相比起来,保护的是个人权益,而不是集体权益;而且尤为顽固和乖张的是,给予更多保护的是公司的利益,而不是活生生的人的利益。同时,即便是由于当代人的行为将未来人的"生命、自由和财产"置于危险之中,这个经济制度也极少或根本不考虑对未来人进行保护。简而言之,我们的制度在制定时就是为了保护权力和财富,不是为了预测或预防,对诸如越来越迫在眉睫的气候灾难等显而易见的危险早做准备。我们的治理方式似乎没有进行自我革新的能力,更不用说积极主动地、建设性地去处理摆在前面的有广度、有深度、有长度的危险了。即便是在运作最好的时候,民主社会是否能实施富有远见和未雨绸缪的措施,都是成问题的。在困顿的情势下,远见卓识和未雨绸缪对于把增强韧力作为优先事项,是非常必要的。①

那么现在,我们触及问题的核心了,美国国父的建国理想是推动平等、自由和公正,但是这些理想总是与深嵌在"美国梦"中的其他价值相互抵牾。美国梦中的价值观大多是关于鼓励个人致富的自由。按照沃尔特·麦克杜格尔(Walter A. McDougall)的观点,在我们国家,早期的人精力充沛、聪明能干、善于交易,现在被誉为"就业岗位创造者"。对于美国梦的追逐,导致了对野生动物、土壤、森林、矿藏以及人力的肆意开发和利用。我们的法律、规章、税收和补贴政策在设计和制定时是为了加速经济的扩张,使得幸运者能够容易地挣大钱。同时,有些人比以前挣钱更难了,比如少数族裔、美国土著、下层人员、妇女、工人、工会、外来人员、穷人,还有现在越来越多的中产阶级。由于这些措施,即便风险的规模和范

---

① Peter Burnell, *Climate Change and Democratization*(《气候变化和民主化》)(Berlin: Heinrick Böll Stiftung, 2009);另见 Joshua Kurlantzick, *Democracy in Retreat*(《民主的倒退》)(New Haven: Yale University Press, 2013).

围已经变成了全球性的，即便造成的损害不可逆转，实施经济和技术上的约束，采取前瞻性和审慎的措施，也已经变得更加困难了。

那么，对于增强韧力，我们手中有足够的牌吗？任何一个聪明的赌客都不会给我们下注。在这场博弈中，我们出手已经太迟了。我们在地球上的人口已经有70多亿，也许会达到110亿，我们在投掷的骰子里装了很多不利于我们的东西，比如向大气中排放碳、极大地减少地球生物多样性、致使海洋酸化、到处倾倒毒物和垃圾等。加拿大生物学家约翰·利文斯顿（John Livingston）曾把人类描述成“无赖灵长类动物”（rogue primate），林恩·马古利斯也有这样的描述。茫茫宇宙间，任何一个有情感的研讨智人的专家小组，都会同意这一观点。但是，那绝不是我们人类的全部。我们还有情感、远见、关爱、忍让、智谋、创造力、正直高雅等素质，我相信，我们还有韧力。考虑到行动的迟缓以及我们形势的严重性，应该怎么办呢？[①]

根据德内拉·梅多斯（Donella Meadows）的观点，“韧力源自于很多反馈环路的复杂结构，即便发生很大的动荡不安，这些反馈环路也可以以不同的方式进行工作，从而恢复一个系统”。在改进美国的韧力方面，有些最初的措施是很明显的。比如，人们很容易理解，在电网建设方面，采取的工程原则和技术都要使得电网更有韧力。有韧力的电力系统应该有很多可再生能源来源，效率特别高，碳中和，而且能将相互连接的“智能”微电网整合在一起，具有电网和终端用户可以双向交流沟通的特点。能源价格的确定完全是基于能源使用整个周期的成本，包括其外部性效益。所以，这样的电力系统在给我们提供更高质量服务的同时，消耗的能源也只是我

---

① John A. Livingston, *Rogue Primate*（《刁蛮的灵长目动物》）(Toronto: Key Porter Books, 1994).

们目前使用数量的一部分。①

有韧力的城市设计的原则也是众所周知的。用艾里克·克里南伯格(Eric Klinenberg)的话说就是,有韧力的都市社区,包括"人行道、商店、餐馆以及能够将朋友和邻居聚在一起的组织"。正如简·雅各布斯所说,健康的邻里社区有很多人注视着街道,还有很多教堂、商业、民间组织、中小学和大学之间相互的联络。韧力更强的社区都是对行人和骑行人友好的社区,其中的住家、学校、工作单位、剧院、俱乐部、咖啡馆、健康设施以及其他景点相距都非常近。社区中还有多种多样的、相互联系的"社会资本"(social capital)。"社会资本"这个词语比较老套,描述的是那些能干的、有爱心的、积极参加公益事业的居民,他们在一起工作,在一起娱乐,深知公共财富的重要性。那些努力改善韧力的城市社区,做到废物循环,实现碳足迹的最小化,利用原有土地进行发展,彼此之间通过人行道、自行车道和可靠的、干净的、安全的以及经济的轻轨系统连接着。有韧力的城市还有占比越来越大的本地企业,为当地社区积累财富并创造更大的繁荣。②

在国家这个层次,有韧力的经济是多元化的,有充足的供应链,极少有垄断。与私有财富积累相比,这样的经济体更加重视公共利益。不过,巴里·林恩(Barry Lynn)认为,西方的经济模式正在向相反的方向发展,以致我们"越来越多地依赖我们构建的更加复杂、更加交互、更加紧密的系统。但同时,我们也正在摈弃冗余,摈弃密切管理,摈弃闭环的单一文化安全系统"。在国家政策制定方面,韧力要求安全的定义要比以前的外延更大。在防范常常被夸大的外来军事和恐怖主义危险方面,我们花费了数万亿美元,但却忽略了自我产生的危及我们经济生活

---

① Donella Meadows, *Thinking in Systems*(《系统化的思考》)(White River Junction, VT: Chelsea Green, 2008), p. 76; Peter Fox-Penner, *Smart Power*(《巧实力》)(Washington, DC: Island Press, 2010).

② Eric Klinenberg, "Adaptation"(《适应》), *New Yorker* (January 7, 2013): 35.

以及粮食、能源、洁净水、居住、人身安全以及医疗保健等的危险。政策分析家帕特里克·多尔蒂(Patric Doherty)建议实施“大战略”,将政策和市场需求结合起来,实现更加智能的增长,加大战略性投资,建设有韧力的能源设施和农业体系。马克·米克勒比(Mark Mykleby)和韦恩·波特(Wayne Porter)都曾在美国参谋长联席会议工作,他们建议实施“国家战略叙事,并把可持续性作为国家和对外政策的新标准,将我们的最高价值观与我们的政治话语重新连接起来”①。

简而言之,我们并不缺少改进我们基础设施韧力的措施,也不缺少适应和预知未来挑战的能力。但是,这些只是通往韧力之路最初的几步。安德鲁·佐利(Andrew Zolli)警告道:“所有这些,都不是永恒的解决方案,因为它们一个都没有根除那些需要解决的根本性问题。”尤为严重的是,我们越来越复杂的技术解决“方案”可能引发的问题,比其解决的问题,还要多。金融风险分析家尼古拉斯·塔勒布这样写道:

> 人造的复杂系统往往会带来数不胜数、难以控制的连锁反应,这些反应会降低,甚至消除掉人的预见性,造成特大的事件。所以,现代社会可能会在技术知识上有所增加,但是,荒谬的是,知识的增加反而使得问题更加

---

① Mark Mykleby and Wayne Porter [这两位作者称自己为 Y 先生,让人想起乔治·坎南(George Kennan)1947 年署名为 X 的文章], *A National Strategic Narrative*(《国家战略叙述》)(Washington, DC: Woodrow Wilson Center, 2011); Mark Mykleby, Patrick Doherty, and Joel Makower, *The New Grand Strategy: Prosperity, Security, and Sustainability in the 21st Century* (《新的大战略:21 世纪的繁荣、安全和可持续性》)(New York: St. Martin's, 2016); Barry Lynn, *End of the Line* (《走到尽头》)(New York: Doubleday, 2005), p. 234; Barry Lynn, "Built to Break"(《发展到崩溃》), *Challenge* (March-April 2012): 87-107; 另见 Andrew Winston, "Resilience in a Hotter World"(《更热世界里的韧力》), *Harvard Business Review* (April 2014): 56-92; 佩娄(Perrow)在《下一次灾难》(*Next Catastrophe*)的第 295 页写道,“小型的组织机构产生伤害的潜力也小”, 所以建议缩小组织机构的规模。另见 Patrick Doherty, "A New U. S. Grand Strategy"(《一个新的美国大战略》), *Foreign Policy*, available online at http://foreignpolicy.com/2013/01/09/a-new-u-s-grand-strategy (accessed February 23, 2016).

> 不可预见……我们患上了一种新病……新狂躁病,这种病让我们把黑天鹅式的脆弱系统称为"进步"。[①]

在塔勒布看来,由于越来越高的复杂性、越来越强的依赖性和越来越快的全球化,我们对越来越严重的"黑天鹅"事件的抵抗力越来越弱。[②]

在本章的最后,我谈四点看法。第一,如果一个系统不可持续,那么是不可能使其具有韧力的。肆无忌惮地开发利用土地、水、森林、生物和人力,迟早会导致社会不满、生态超载以及世界崩溃。关于这个主题,会有不同的看法,但主要观点是一致的。在自然系统的废墟上或者是在被剥削人民的脊梁上,不会存在有韧力或持久性的系统。规划设计主导着命运,但并不是以直接或可预见的方式。因此,为了改善和提高韧力,我们需要修复那些导致我们未来越来越危险的系统性的瑕疵。

第二,要应对改善和提高韧力的挑战,就必须改革那些治理结构和我们就战争与和平、税收、教育、研发、医保、经济、环境质量以及公平等根本问题进行决策的政治程序。我认为,美国必须进行政治改革,改革的方式可以在某种程度上借鉴我们在 1776 年到 1790 年之间进行的革命。用艾尔·戈尔(Al Gore)的话说,"美国民主的衰落已经影响了其清醒的、集体的思考的能力,导致在重大的、关键性的问题上做出了一系列特别臭的政策决定,使得国际社会迷失了前进的方向"。公司和市场能够做很多好事情,但是如果没有规则、构架、远见、执法以及政府的抗衡力量,则鲜能做好事。我们在面临气候动荡时的不作为和惰政,从根源上来说是因为规

---

① Andrew Zolli, "Learning to Bounce Back"(《学会反弹》), *New York Times*(November 2, 2012); Nicholas Taleb, *Antifragile*(《反脆弱》), p. 7.

② Taleb, *Antifragile*(《反脆弱》), p. 285.

章、政治、远见以及领导的缺失。这些缺失导致了金钱力量的滥用,在各个层面都对政府和政治程序造成了负面的影响。其结果是,一小撮寡头政治绑架了我们共同的未来。[①]

除此以外,还有更深层次的结构性问题。正如尼古拉斯·伯格鲁恩(Nicolas Berggruen)所观察到的,“我们的科技社会发展得越快、越富裕、越密切以及越复杂,其治理就变得越不高明”。他的解决方案是“在公民能力之内的事,要促进公民参与。同时,在更高水平上的复杂之事,促进被授权的政府提高合法执政和达成共识的能力”。换言之,通往韧力的道路,要求我们在国内以及国与国之间甚至不同代际之间拥有更大公平的同时,也要进一步提高前瞻、合作和执法的综合能力。根据伯格鲁恩的观点,好的治理的关键是,对消费主义进行抑制,“实现反馈安排的体制化,摈弃追求现实即刻满足的思维理念”。与伯格鲁恩同声相应的,有政策专家里昂·福尔思(Leon Fuerth)。福尔思建议对总统行政办公室进行改革,打造“预期性的治理……这种解决办法是基于系统的,能够使得国家治理应对各种形式的、不断加速的复杂形式的变化”。这些新战略并不要求什么重大、革命性的变化,只是要求围绕规划和政策措施制定合理性的程序。但是,两人的建议都要求有更聪慧的公民以及管理精英。这些公民和管理精英不受商贾巨富等有钱人的羁绊,能够理解系统、生态以及长远的意义,而且更重要的是,愿意为了全社会共同的利益而行动起来。[②]

第三,对于脆弱性的系统问题,单纯地从国家层面看,是没有解决方案的。在如今这个相互依赖的世界,尽管我们在全球范围内建立了正式的机构,成立了非政府组织,形成了网络,但是我们依然不得不设计建设制度、制定法律和程序以及“心灵的习性”

---

① Al Gore, *The Future*(《未来》)(New York: Random House, 2013), p. xxv.

② Nicholas Berggruen, *Intelligent Governance for the 21st Century*(《21 世纪的智慧治理》)(Cambridge, Eng.: Polity Press, 2012), pp. 13, 34, 182; Leon S. Fuerth, "Anticipatory Governance: Practical Upgrades"(《期待的治理:可实现的升级》), October 2012, p. 1, unpublished ms.

(habits of the heart),使得韧力在地方和区域这两个层面上都成为应有之义。事实上,公民能力的勃发已经以各种各样的形式开始显现,从"慢"运动(食品、金钱、城市)到追踪企业碳排放的组织,到肯尼亚种树的妇女以及在喜马拉雅山山区安装太阳能的祖母,更不用说还有那些在教诲我们温良恭俭让方面发挥越来越大作用的长辈。

第四,更好的技术对于建设更有韧力的未来非常重要,同样重要的是,真正的解决方案还需要改进我们的行为和机制体制。在人们极度迷恋自我标榜、注重表面和耽于细枝末叶的时代,我们应该重新发现和认识大思维、传统、技艺、设计战略甚至那些具有古香幽韵的、大多被遗忘的智慧和谦逊。我们已经落入了我们自己挖的陷阱里。如果要避免最坏的后果发生,我们就得趁我们自己的聪明算盘还没有完全拨拉起来以前,赶快从危险的境地中抽身而退,断绝关于下一次一切都会有不同改变的妄想。[①]

最后要补充的是,关于韧力主题的会议最好是在底特律或复活节岛(Easter Island)等地举行,因为那儿荒凉无言的废墟提醒着我们曾经犯下的错误。也许,这类会议开始时应该诵读一段像雪莱的商籁体诗作《奥兹曼迪亚斯》(*Ozymandias*)那样有预见性的文字。但是,这样的会议几乎总是在仙境般的地方召开,比如阿斯彭(Aspen)、达沃斯,或者是巴黎,抑或是在华盛顿 D. C. 豪华奢侈的宾馆里。会场里张扬着权力、财富和强势,与会人员身着考究,装扮入时,口吐莲花,信誓旦旦地纵论未来数不胜数的机遇,有力地说服人们相信,只需要调整一下政策或采用一点更好的技术,一切就足够了。尽管这样的权贵云集彰显着优雅、权势和影响,但不大可能推进韧力提高这一大业的发展。

---

① Neil Postman, *Building a Bridge to the Eighteenth Century*(《搭建通向 18 世纪的桥梁》)(New York: Knopf, 2000).

否认气候变化

> 关于高深莫测的东西，总是有谣言。因为我们不能彻底地了解，所以就不相信它们，除非我们别无选择，除非是为时已太晚。[①]
>
> ——尼可・克劳斯（Nicole Krauss）

1897 年，瑞典科学家斯凡特・阿伦尼乌斯（Svante Arrhenius）发表了关于化石燃料燃烧对地球气候影响的计算结果。他的测算显示，如果大气中的二氧化碳含量翻番，地球的温度将升高 5—6 ℃。这一测算至今都被认为是大致准确的。从阿伦尼乌斯的时代以来，地球的温度已经上升了 1 ℃（1.7 ℉）。即便我们实现了第 21 届联合国气候变化大会在 2015 年 12 月确定的目标，地球的温度可能还要升高 0.5 ℃或以上。从 2011 年到 2015 年的这几年是有记录以来气温最高

① Nicole Krauss, *The History of Love*（《爱的历史》）（New York：W. W. Norton, 2005），p. 8.

的年份。极地和陆地上的气温比海洋里的气温升高快。尽管对可再生能源的利用增长很迅猛,但是到 2050 年温度升高2 ℃也是有可能的(但并不是不可避免的)。如果这样的温度升高真的发生,那么我们的星球将比过去几百万年里任何时候的温度都要高。地球最近一次高温发生在 12 万年前,当时的海平面比今天高 13—26 英尺。除非我们大幅度改变我们的发展模式,气候变暖将不会停止,到 2100 年再升高 4—6 ℃,也是有可能的。如果按照这样的路子走下去,在某个节点上,就会发生"完全混乱、文明消亡"的结果。[①]

即便从最乐观的未来图景看,在很长的时间里,地球的温度也会持续上升。今天,我们经历了极端天气和生态变化,以前认为,除非地球上的二氧化碳浓度达到 450 ppm 或更高,我们是不可能遭遇这样的极端天气和生态变化的。从我们的烟囱、排气管

---

① Svante Arrhenius, "On the influence of Carbonic Acid in the Air upon the Temperature of the Ground"(《关于空气中碳酸对大地温度影响的研究》), *The London, Edinburgh, and Dublin Philosophical Magazine and Journal of Science* 41, no. 251 (April 1896); Spencer Weart, *The Discovery of Global Warming*(《全球变暖的发现》)(Cambridge, MA: Harvard University Press, 2003); George Woodwell's *A World to Live In*(《生活在其中的世界》)(Cambridge, MA: MIT, 2016),该书对于当前的科学和政策挑战进行了非常清楚和权威的梳理总结,所引文字来自乔治·伍德威尔 2016 年元月 6 日发给我的个人电子邮件。World Meteorological Organization, "Greenhouse Gas Bulletin," November 9, 2015; World Meteorological Organization, press release, November 26, 2015. 从 2008 年到 2014 年,太阳能利用每年增长大约 50%。见 Dickon Pinner and Matt Rodgers,"Solar Power Comes of Age"(《太阳能到来的时代》),*Foreign Affairs*(March-April 2015):111-118; *National Climate Assessment*(《国家气候评估》),(Washington, DC: National Academy Press, 2014). 克里斯蒂安娜·菲格雷斯(Christiana Figueres)是联合国气候变化框架公约执行秘书,巴黎气候大会前,她说,将全球气温上升控制在 2℃,是可能的。但是实际上,这是不可能的。目前,根据各国的承诺,最好的估计是将全球气温上升控制在 2.7—4℃之间,这还没考虑碳循环反馈的不利影响,虽然那些影响将是很惊人的。Johan Rockström and Mattias Klum, *Big World, Small Planet*(《大世界,小星球》)(New Haven: Yale University Press, 2015), p. 88. 在 2016 年 3 月,大气中的二氧化碳浓度达到 402 ppm,在大约几百万年里是浓度最高的。但是,二氧化碳的影响在其他吸热气体的推动下,进一步扩大了,比如甲烷(CH4),如果按照二氧化碳当量进行测算,那么大气二氧化碳浓度将推高到 450—470 ppm。见 Kevin Anderson and Alice Bows,"Beyond 'Dangerous' Climate Change"(《应对"危险"的气候变化》), *Philosophical Transactions of the Royal Society A* 369(2011):20-44; Anthony D. Baranosky et al., "Approaching a State Shift in Earth's Biosphere"(《了解地球生物圈的变化》), *Nature* 486(June 7, 2012):52-58. 剑桥大学马丁·里斯(Martin Rees)教授认为,我们的文明能够生存到 2100 年的机会只有 50%。见 Rees, *Our Final Hour*(《我们最后的时刻》)(New York: Basic Books, 2003). 他后来在《从这儿到无限》(*From Here to Infinity*)(London: Profile Books, 2011)的报告中说,他的科学家同行认为他太乐观了(第 72—73 页)。

和土壤排放二氧化碳到引起温度变化,有二十到三十年的滞后时间,这就意味着我们现在经历的极端天气是我们几十年前碳排放的结果。由于二氧化碳要在大气中停留很长的时间,我们的子孙后代由于我们的行为将在未来几百年甚至上千年的时间里经历温度升高、海平面升高、快速的生态变化、大面积生物多样性丧失,其中海平面上升将淹没沿海城市。这些变化将带来一系列影响,比如饥馑、暴力、政治动乱、经济衰退、心理创痛等。①

尤为严重的是,二氧化碳衰退得很缓慢,将在大气中停留数千年。对此,联合国政府间气候变化专门委员会说:"除非在相当长的时间里人类二氧化碳的净排放持续地、大幅度地减少,大部分气候变化在很大程度上在人类的时间维度里都是不可逆转的。"或者用地球物理学家大卫·阿彻(David Archer)的话说,就是:"截至目前,我们燃烧化石燃料释放的二氧化碳对气候的影响,要比巨石阵还遥远,比时间胶囊还久远,比核废料还长远,比人类文明世纪还深远。"今天排放的二氧化碳,有25%将"从现在对气候产生一千年的影响……大约10%的二氧化碳在十万年后依然对气候产生影响"。所以,即便我们从今天起就停止温室气体排放,地球温度以及海平面在今后一千年甚至更长的时间里还会继续升高。所以很明显,这不仅是一个环境问题,更是一个文明危机,它跨越了地球上每一个国家,将在未来几百年甚至上千年里对每一个社会的每一个领域造成破坏。用伊丽莎白·科尔伯特的话说,就是:"我们能做的最有

---

① David Archer, *The Long Thaw*(《持续长久的解冻》)(Princeton, NJ.: Princeton University Press, 2009); Susan Solomon et al., "Irreversible Climate Change Due to Carbon Dioxide Emissions"(《由于二氧化碳排放而产生的不可逆转的气候变化》), *Proceedings of the National Academy of Sciences* 106, no. 6(February 10, 2009): 1704-1709; or in accessible English, Curt Stager, "Tales of a Warmer Planet"(《星球变得更暖的故事》), *New York Times*(November 29, 2005); and Curt Stager, *Deep Future*(《深远的未来》)(New York: Thomas Dunne Books, 2011), pp. 29-48.

把握的预测之一是，(气候变化)将造成数百万人，也许是数千万人或上亿人无家可归，不得不寻找新的家园。”在近期到中期，气候变化最明显的影响将是疾病、犯罪、暴力、通胀、经济动荡、失业、巨大风暴以及国际冲突等越来越多，越来越严重。在相互连接的世界里，“灾难不可能被孤立地控制”，一场灾祸将引发另一场灾祸。[①]

“全球变暖”这个术语不痛不痒，还有点让人心安和踏实，它没有描述前方现实的艰巨性、严重性和长远性。相对来说，“星球动荡”这个术语要准确得多。事实上，我们现在想当然的一切几乎都要发生变化，而且很多变化对我们不利。由于我们过去的碳排放，我们的未来将注定有更大的风暴，持续时间越来越长并越来越严重的干旱，不断变化的生态，持续升高的海平面，物种的丧失，创纪录的热浪，还有包括饥馑、水荒、经济动荡、国内暴力、政治动乱以及资源战争等随之而来的影响。即便与几年前预测的数据相比，现在气候变化的步伐也要快很多。由此造成的影响是，我们现在经历着以前认为到 21 世纪

---

① Intergovernmental Panel on Climate Change, *Summary for Policy Makers: Physical Science Basis*(《决策者摘要：自然科学基础》)(Geneva: IPCC, 2013); David Archer, *The Long Thaw*(《持续长久的解冻》)(Princeton, NJ.: Princeton University Press, 2009), p. 1; 另见 James Hansen et al., “Assessing Dangerous Climate Change”(《评估危险的气候变化》), www.plosone.org, vol. 8, no. 12(December 2013). 詹姆斯·汉森(James Hansen)在文中写道：“多数化石燃料排放的碳将滞留在大气系统中，停留时间超过十万年。”(第 21 页)另见 Susan Solomon et al., “Irreversible Climate Change Due to Carbon Dioxide Emissions”(《由于二氧化碳排放而产生的不可逆转的气候变化》), *Proceedings of the National Academy of Sciences* 106, no. 6(February 10, 2009): 1704-1709; Global Challenges Foundation, 12 *Risks That Threaten Human Civilization*(《威胁人类文明的 12 个风险》)(Oxford, Eng.: Global Challenges Foundation, 2015); and Elizabeth Kolbert, “Unsafe Climates”, *New Yorker*(December 7, 2015), p. 24. 比如, Marshall Burke, Solomon Hsiang, and Edward Miguel, *Climate and Conflict*(《气候和冲突》), NBER working paper 20598(Cambridge, MA: National Bureau of Economic Research, 2014); John Steinbrunter et al., *Climate and Social Stress*(《气候和社会紧张》)(Washington: National Research Council, 2013). 2013 年 8 月 2 日出版的《科学》(*Science*)，专版刊载系列文章，全面分析了气候变化对陆地生态系统、海洋生态、物种灭绝、食品安全、疾病，以及海冰减少的影响。

中期或以后才出现的天气极端事件和其他变化。①

摆在我们面前的未知的事情还有某些“百搭牌”会放大气候变暖的影响。比如，一个百搭牌是甲烷，虽然寿命短，但却是制暖效应很强的温室气体。随着北半球地区土壤温度的升高以及海水的上升，这种气体被释放到大气中。对于温度的阈值，我们还不清楚，一旦超过了那个阈值，就可能发生甲烷从土壤和浅海可燃冰中被大量释放出来的情形。我们的气候已经成为一颗定时炸弹，而且引信已经点燃。②

---

① 很多东西，我们都不能预见，见 James W. C. White et al., *Abrupt Impacts of Climate Change*（《气候变化的突然影响》）（Washington: National Research Council, 2013）; and Richard Monastersky, “Life—A Status Report”（《生命现状的报告》）, *Nature* 516（December 11, 2014）: 159-161. 我们还会看到海洋中巨大的变化。莉萨-安・格什温（Lisa-Ann Gershwin）是《蜇人：水母和海洋未来》（*Stung: On Jellyfish and the Future of the Oceans*）（Chicago: University of Chicago Press, 2013）的作者，她认为，我们很久以前就越过了海洋的阈值；另见 Jeremy B. C. Jackson, “Ecological Extinction and Evolution in the Brave New Ocean”（《美丽新海洋中的生态灭绝和变革》）, *Proceedings of the National Academy of Sciences*（August 12, 2008）; Douglas McCauley et al., “Marine Defaunation: Animal Loss in the Global Ocean”（《海洋生物丧失：全球海洋中的生物损失》）, *Science* 347, no. 6219（January 16, 2015）. 海洋酸化是与之相关的自然现象，发生的速度比上次大规模海洋生物灭绝快十倍，见 Andy Ridgwell and Daniela Schmidt, “Past Constraints on the Vulnerability of Marine Calcifiers to Massive Carbon Dioxide Release”（《制约海洋钙化剂对于大量二氧化碳排放脆弱性的因素》）, *Nature Geoscience* 3（2010）: 196-200. Kerry A. Emanuel, “Downscaling $CMIP_5$ Climate Models Shows Increased Tropical Cyclone Activity over the 21st Century”（《基于降尺度的 $CMIP_5$ 气候模型显示，21 世纪的热带飓风活动增加》）, *Proceedings of the National Academy of Sciences*（June 2013）; Benjamin Cook et al., “Unprecedented 21st Century Drought Risk in the American Southwest and Central Plains”（《美国西南部和中部大平原在 21 世纪有着前所未有的干旱风险》）, *Science Advance*（February 12, 2015）; Colin P. Kelly et al., “Climate Change in the Fertile Crescent and Implications of the Recent Syrian Drought”（《新月沃土的气候变化和近期叙利亚干旱的影响》）, *Proceedings of the National Academy of Sciences*（January 30, 2015）; Steven Smith et al., “Near-Term, Acceleration in the Rate of Temperature Change”（《中期：温度变化速度的加速》）, *Nature Climate Change*（April 2015）; Kevin E. Trenberth, “Changes in Precipitation with Climate Change”（《气候变化导致的降水变化》）, *Climate Research*（January 3, 2011）.

② Susan Solomon et al., “Irreversible Climate Change Due to Carbon Dioxide Emissions”（《由于二氧化碳排放而产生的不可逆转的气候变化》）, *Proceedings of the National Academy of Sciences* 106, no. 6（February 10, 2009）: 1704-1709. 甲烷水合物被怀疑是大约 2.5 亿年前二叠纪大灭绝事件的元凶，毁灭了地球上 90% 的生命，见 Michael Benton, *When Life Nearly Died*（《当生命几乎死亡》）（London: Thames & Hudson, 2003）. 那个野兽正在苏醒，见 Jorgen Hollesen et al., “Permafrost Thawing in Organic Arctic Soils Accelerated by Ground Heat Production”（《地热生产加速北极有机土壤的永久冻土解冻》）, *Nature Climate Change*（April 6, 2015）; M. O. Clarkson et al., “Ocean Acidification and the Permo-Triassic Mass Extinction”（《海洋酸化和二叠纪—三叠纪大灭绝事件》）, *Science* 348, no. 6231（April 10, 2015）, pp. 229-232.

还有其他的正反馈环,既有快的,也有慢的,都会越来越多地扩大和加速气候变化。有一个很明显的正反馈环是,极地冰盖反射率的变化。阳光进入了更深的海水中,吸收了更多的热,从而加速了气候变暖。换句话说,气候系统是"非线性的"。正如气候科学家华莱士·布勒克(Wallace Broecker)曾经说的那样,"气候是一只发怒的野兽,我们正在用棍子戳它"。在地质历史上,二氧化碳排放的数量和速度都是前所未有的。其造成的结果是,生物系统没有时间对此进行适应。[①]

作为一个政策问题,气候动荡特别"难缠"。对于政策专家来说,所谓"难缠"的问题,就是那些"不好界定的、复杂的、系统性的、公认为难解决的"问题,使得"不同地区和人们的解决方案产生冲突……在不同层级的规模上包含着看起来不相关联但又相互依赖的因素,而且每一个元素本身就是很大的问题"。有的时候,造成这些难缠问题的环境发生了变化,因此,难缠的问题就不能继续忍受。除此以外,对这些问题就只能施加控制,或者也许可以进行管理。因此,难缠的问题就是那些挫败我们的管理预测,影响我们透彻了解世界如何运行,以及破坏我们的经济和社会秩序的问题。就气候动荡这个难缠的问题来说,其带来的特别的后果是进一步加大维持国家安全的难度,促进相互的争斗,因为它"可能在全球范围内产生自然灾害,从而导致粮食和水短缺,诱发流行病,引起关于难民和资源的争论"。气候变化是"威胁倍增器",一方面使得已有的每一个安全问题更加恶化,另一方面还增加了全新的问题,比如跨越

---

① 布勒克这句被广为援引的话来自他 1991 年在新墨西哥大学作的一个报告。另见 Hans Joachim Schellnhuber, ed., *Tipping Elements in Earth Systems*(《地球系统的翻转成员》), special issue of *Proceedings of the National Academy of Sciences* 106, no. 49(December 2009).

国境线的大量气候难民。[1]

简而言之，科学证据很清楚，我们正在急速地破坏这个为人类繁衍生息提供平台的全新世的生态和气候条件，面临越来越严重、越来越明显的危险的迫近。截至目前，我们没有针对危机的规模和可能持续的时间以及可能造成死亡和损失的程度，拿出相应的措施，采取相应的行动，而进一步的拖延将使得事态更为严重。几十年前，情况就已经显而易见，如果那时候我们采取了行动，那么很多影响就可能会避免。全球气温升高 1.5 ℃是气候变化的阈值，如果我们能够避免突破那个阈值，那么最坏的情况还是被认为可以管控的。但是，如果超过了那个阈值，事情就远非如此了。由于 50 年的延宕以及对科学证据的否认，人类的前景要比以前危险

---

① 这个术语源自 W. J. 利特尔（W. J. Rittel）和梅尔文·韦伯（Melvin Webber），见"Dilemmas in a General Theory of Planning"（《综合规划理论的困境》），*Policy Sciences*（1973）. 关于这方面的观点，见 Peter J. Balint et al., *Wicked Environmental Problems*（《棘手的环境问题》）（Washington, DC: Island Press, 2011）；U. S. Department of Defense, 2014 *Climate Change Adaptation Roadmap*（《气候变化适应路线图》）（Washington, DC: USDOD, 2014）. 气候变化可能会加速国内冲突。见 Solomon M. Hsiang et al., "Civil Conflicts Are Associated with the Global Climate"（《国内冲突与全球气候有关》），*Nature* 476, no. 25（August 25, 2011）, pp. 438-441；Jonathan Spaner and Hillary LeBail, "The Next Security Frontier"（《下一个安全前沿》），*Proceedings of the U. S. Naval Institute* 139（October 2013）：30-35；Kurt Campbell et al., *The Age of Consequences: The Foreign Policy and National Security Implication of Global Climate Change*（《影响的年代：全球气候变化背景中的对外政策以及国家安全》）（Washington, DC: Center for Strategic and International Studies, 2007）；Sherry Goodman, *National Security and the Threat of Climate Change*（《国家安全以及气候变化的威胁》）（Washington, DC: CNA Corporation, 2007）；Testimony of Dr. Thomas Fingar, U. S. Congress, Select Committee on Energy Independence and Global Warming, "National Intelligence Assessment on the National Security Implications of Global Climate Change to 2030", *Congressional Record*（June 25, 2008）；U. S. Department of Defense, *Quandrennial Defense Review Report*（《四年国防报告》）（Washington, DC: USDOD, 2006, 2010, 2014）；Global Challenges Foundation, 12 *Risks That Threaten Human Civilization*（《威胁人类文明的 12 个风险》）；Johan Rockström et al., "Planetary Boundaries: Exploring the Safe Operating Space for Humanity"（《行星边界：对人类安全生活空间的探索》），*Ecology and Society* 14, no. 2（2009）；Johan Rockström et al., "A Safe Operating Space for Humanity"（《人类的安全生活空间》），*Nature* 461, no. 24（September 2009）：472-475.

得多,不确定性更大。[①]

截至目前,我所写的内容看起来与97%—99%的科学家的观点没有一点点是有冲突的。这些科学家以气候研究为立身之道,严格遵守同行评议,尊重事实、数据、逻辑以及科学证据。从最简单的常识看,科学是直截了当的,大气中的吸热气体吸收了以短波辐射形式来自太阳的热。大气中的很多吸热气体吸收了大量的热,阻止了长波热辐射回到太空。这些现象涉及的科学包括大气物理、化学和生态学,这些科学之间的相互关系是相当复杂的。当然,也有争论,但那是大同下的小异。总体来说,我们对气候科学和地球系统了解得越多,好像会发现海蜇和蟑螂的未来就越好,而现代人的未来却越糟。

在科学证据非常充分的形势下,气候变化依然受到很大的政治争议,这是很奇怪的。对此,也许是有原因的,但不在本书的探讨范围之内。不过,下面的一点就足够了。据说,很多不同意见和争执都是那些有利益关系的人提出来的。每年的煤炭、石油和天然气出售额达3万亿美元,据估算这些矿藏的探明可开采储量还有20万亿美元或更多。由于不能让科学为他们说话,这些人采取的战略就是煽动混乱,从而导致了更长的延宕,也给他们带来了数十亿美元的利润。比较起来,恐怖主义的威胁并不更具确定性,更谈不上耸人听闻,但截至目前已经让我们毫不犹豫地花费了数万

---

① 在这儿,我倒不担心那些气候变化"否认者"或"怀疑者"。他们大多数人会看到即将到来的气候变化推动的干旱、热浪、洪涝、衰退以及其他无法解释的事件,然后深受教育,于是就会接受气候变化这个现实。他们剩下的少数人也许会在国际平面地球协会那儿找到些许安慰,因为他们是那个协会的会员,那个协会在伦敦的办公室还为他们亮着灯。再重复一次,关于地球变暖,我们现在的气温因为全球变暖而升高了1℃多一点点,"注定"还要升高0.5℃,也就是说,我们已经超过了我们的安全回旋余地。乔治·马歇尔(George Marshall)的著作《根本就别想它》(*Don't Even Think about It*)(New York:Bloomsbury,2014)对于所涉及的方方面面,都进行了很好的总结,特别是关于我们自己死亡的"恐怖管理"(terror management)。不过,更能说到点子上的是罗伯特·布鲁尔(Robert Brulle),他对保守型基金会在资助气候否定运动方面所起的作用进行了研究。见Brulle,"Institutionalizing Delay"(《制度化的延迟》),*Climate Change*(December 21,2013).

亿美元,而且至今一点都看不到尽头。[①]

总体来说,在长期的对地球系统进行加速破坏的旅途中,我们还处在早期的阶段,如果任由我们继续破坏更长的时间,那对我们的文明将是致命的。正如伊丽莎白·科尔伯特所写道:“技术发达的社会从本质上会选择毁灭自身,这看起来是不可能的,是很难想象的,但是,那就是我们当下正在做的。”导致文明和社会毁灭的主要原因是煤炭、石油和天然气的燃烧以及土地利用方面的变化,是每年向大气中排放 90 亿吨的碳。考虑到这些碳在大气中存在的时间,对于我们自己造成的危机,现在是没有技术解决方案的。但是,如果我们彻底醒悟过来,提高资源效率,利用可再生能源,尽快地实现向后化石燃料社会的转型,那么从技术和经济上,还是有办法的。这种转型,如果在全球范围内实现,那将是我们扭转最坏情景的最好的、最快的、最廉价的选择,否则,前面等着我们的就只有最坏的恶果。[②]

为什么看起来,至少是现在看起来,我们面临的风险的量级已经超过了我们理解和反应的能力?一个原因是,进化已经重塑了人类的特质,即便面对长期的逆境,也能显得很乐观。这一特质在我们身上显露无疑。在看起来难以挽回的灾难以后,幸存者坚韧

---

① 内奥米·奥利斯克斯(Naomi Oreskes)和埃里克·康韦(Eric Conway)在他们的著作《贩卖怀疑的商人》(*Merchants of Doubt*)(New York:Bloosbury,2010)中提出,很多反对臭氧耗竭、酸雨以及抽烟的人也同时否定气候变化,得到相同公司和智库的资助。值得注意的大问题是,全世界化石燃料每年获得的补贴高达 53 万亿美元,其中 6990 亿美元来自美国政府。见 David Coady et al.,“How Large Are Global Energy Subsidies?”(《全球能源补贴有多少》)International Monetary Fund working paper WP/15/105(May 2015). 不过,来自耶鲁大学的气候调查项目(Yale Project on Climate Communication)的数据显示,63% 的公众相信气候变化正在发生,但是只有 48% 的人认为人类行动是导致气候变化的原因。

② Elizabeth Kolbert,*Fields Notes from a Catastrophe*(《来自一场灾难的现场记录》)(New York:Bloomsbury,2006),p. 187. 简而言之,碳可以从空气中去除,但是不能以碳中和的方式去除,而且成本高,推广碳去除技术的规模和速度将会极大地影响气候变暖问题。如果只是为了实现碳平衡,任何建议都要每年去除大约 90 亿吨的碳,这些碳必须用某种方式进行永久地封存,否则就没有什么意义。关于可再生能源和提高能效是否能够支持我们现在的生活方式,大家是见仁见智。比如,来自肯塔基州的作家温德尔·贝瑞(Wendell Berry)说,“如果那样做,我们的生活将更加贫穷”。在这个争论的另一端,卢安武(Amory B. Lovins)则相信,如果有足够的可再生能源和提高能效,我们可以继续拥有我们与过去一样的生活。

地接受现实,从灾难中走出来,回到自己的工作岗位上,该干啥,就干啥,比如繁衍生息、打猎捕杀、聚拢集会、耕种农田、发明创造、偷盗、售卖、交易、相互欺骗,以及堆砌岩石建造庙宇教堂,其结果还是后来成为废墟,只不过是变成未来的旅游景点,也就为子孙后代提供了收入来源。我们还做好充分的准备,全力对付像阿道夫·希特勒(Adolf Hitler)、奥萨马·本·拉登(Osama bin Laden)那样真正十恶不赦的敌人和那些好像长着披散毛发、青面獠牙、尖钳利爪的突到眼前的威胁。我们大脑中的杏仁核区域被科学家认为是大脑的恐惧中心,是在东非大平原上磨炼发展起来的。当面临大自然威胁的时候,它就会立即向肾上腺系统发信号,肾上腺系统接着就会发出指令,要么是"迎战",要么是"逃跑"。在人类早期,我们非常成功地把自己进化成猎手和勇士,能够敏捷娴熟地猎杀大型动物,防御猛兽和穷凶极恶的邻居。其结果是,我们进化成了更优秀的斗士、卫士、探险者、征服者,而不是合作者、调解者、和平者,后者的角色需要更复杂的思维和诸如同情、关爱等品质。比如,面对迎面扑来的老虎,报以饲虎之心的同情就不是个好主意,滥施同情者很少能生存下来,不会遗传下来自己的基因。即便是现在,我们的英雄多数依然是那些征服攻伐类型的,他们的肖像骑着战马,穿着军服,被饰以和平鸽,在城市公园中为人们所敬仰。学校老师、防火队员、社会工作者以及那些清扫卫生和带孩子上学的人,很少有如此的尊荣。换句话说,我们的进化没有与我们创造的环境保持同步的发展。①

如果给美国人看那些标有海洋酸化、物种灭绝或大气中年度二氧化碳浓度等数据的图表,多数人都没有兴趣,即便是在最近,他们也没有一点的害怕或焦虑。他们的心跳、呼吸、肾上腺素水平、催产素水平等显示机警的指标一直保持稳定,甚至还有所下

---

① Marshall, *Don't Even Think about It*(《根本就别想它》).

降。我们是在不怎么看重机敏的文化的浸淫中成长的，所以，看到这些数据，就感到厌倦，甚至很反感。几十年来，我们习惯了商业性广告，沉迷于消费主义的自我狂欢，享受着便捷的交通，观看着总是结局美好的电影，永无休止地寻找着商业化的娱乐，这些都是通过人为造成的廉价能源带来的。如果有什么要求我们为了公共利益而做出才智上的努力或牺牲，或者是如果有什么事情存在着带来不良后果的风险，我们就会感到厌恶，从而进行排斥。所以，如果被告知气候动荡的事实，人们典型的反应是不予理睬，因为那些事实太让人沮丧了。在他们看来，科学的表达好像必须要和人们的情感爱好相一致，永恒的快乐是宪法赋予的权利。即便有什么事情令人沮丧，上天也不允许。如果说我们给自己和子孙后代带来了气候变化导致的一系列灾难，这个可能性很难被接受，就像一块坚硬的岩石，是无法消化的。①

因此，那些坚持就气候变化说实话的人就受到劝诫，被要求更多地表现正能量，更积极些，只谈论绿色经济发展带来的众多机遇。当然，应该有充满阳光的乐观主义。与悲观主义者相比，乐观主义者要快乐得多。有的时候，乐观主义者真的是藐视逆境，从失败的险境中夺取胜利。但是，乐观主义与妄想幻觉之间的界限时常模糊不清。乐观主义者往往表现得一厢情愿，只是因为其他的选择都太痛苦，他们不愿意面对。诗人 T. S. 艾略特(T. S. Eliot)在诗中写道："人类不能承受太多现实。"有的时候，我们不能或不愿应对现实。不论哪种情况，公众在面对快速发展的气候动荡时所表现的漠然萎靡，很可能是文化上的，而不是进化上的。特别是美国人，不论科学如何看，不论数据如何，他们似乎都盲目地表现乐观，凡事都往好处想。芭芭拉·艾伦瑞克(Barbara Ehrenreich)解释

---

① Richard Hofstadter, *Anti-Intellectualism in American Life*(《美国生活中的反智主义》)(New York: Vintage, 1963); Al Gore, *The Assault on Reason*(《攻击理性》)(New York: Penguin Press, 2007); and Susan Jacoby, *The American Age of Unreason*(《美国非理性的时代》)(New York: Pantheon, 2008).

道:“几十年来,美国人一直努力培养和训练自己积极和乐观思考的技术,其中就包括摈弃烦恼信息的能力,对令人不快的信息不予反应。”①

还有一个可能性是,人们对于气候变化的态度和意见反映了权力和财富的分配。权势之人希望有些事情永远不为人知,希望有些依附关系永远维持下去。这是老生常谈了。弗雷多·陀思妥耶夫斯基(Fyodor Dostoyevsky)在他的小说《卡拉马佐夫兄弟》(*Brothers of Karamazov*)最著名的章节中,借助虚构的宗教大法官(Grand Inquisitor)的口,对沉默的基督说:

> 噢,没有我们,他们绝不能、绝不能养活自己。只要他们是自由的,那就没有什么科学能给他们提供面包。最终,他们就不得不把他们的自由放在我们的脚下,并对我们说,“让我们成为您的奴隶吧,但是您要养活我们”。②

在这个小说中,宗教大法官和教堂心照不宣,想着好事,所做的一切都是让广大的信徒有依赖性、轻信、无能、恐惧以及饥饿。同样,这样的关系可能有助于解释为什么很多美国民众一直迟迟不愿意应对不断迫近的气候灾难。任何聪明的律师都会“谈钱”,唯钱是从,如果照着这个思路,我们就可以找到问题的根源所在,那儿有石油大亨、天然气巨商、煤炭老板,他们主宰着每年 3 万亿美元的生意。我们现在知道,早在 1977 年,埃克森美孚(ExxonMobil)的高管就清楚,该公司的石油和天然气买卖会促进全球变暖,但是他们还是选择资助否认气候变化的研究和力量,形成

---

① T. S. Eliot, *The Complete Poems and Plays*(《诗歌与剧作全集》)(New York: Harcourt, Brace, and World, 1971), p. 118; Barbara Ehrenreich, *Bright-Sided*(《失控的正向思考》)(New York: Metropolitan Books, 2009), p. 11.

② Fyodor Dostoyevsky, *The Brothers Karamazov*(《卡拉马佐夫兄弟》)(New York: The Modern Library, 1950), p. 300.

强有力的否认气候变化的态势。那些化石燃料的大亨们还拥有自己的媒介和广告，或者是对很多其他媒体以及广告业施加影响，使它们避而不谈气候变化问题，或者是对气候变化问题轻描淡写。明白了这一点，普通民众在遇到人类前所未有的最大威胁时所表现出来的漠然萎靡这一谜团也就解开了，就像一滴水落在休斯顿的沥青铺路的停车场上一样，马上就蒸发了。当然，还有其他因素，但是，为了简便起见，就像奥卡姆剃刀定律（Occam's Razor）那样，我们可以删繁就简，将我们对气候变化的很不力的反应归咎于社会权力和财富的分配以及司空见惯的企业贪婪。在这种贪婪盛行的文化里，有着某些受我们进化所影响的习性。①

当我们把视线转向下一代领导人并期待他们应对气候变化有所行动时，我们应该记住，真正的领导人不应该是发音不清楚的喇叭，也不应该含糊其辞，首鼠两端。他们应该明白无误地辨明问题，确定切实可行的目标，鼓励人们与政府一道实现目标，或者做得更好，鼓励人们自身成为应对气候变化的领导者。他们帮助我们清晰地思考，看到可能性，激发采取行动的积极性。这一机制在所有的层次上都要同样地实行。

比如，假设在1940年纳粹德国对伦敦空袭轰炸最猛烈的时候，温斯顿·丘吉尔通过英国广播公司对英国民众这样发表演讲："希特勒为我们重建城市提供了千载难逢的机遇。我们终于可以按照1666年伦敦大火后克里斯托弗·雷恩爵士（Christopher

---

① Brulle, "Institutionalizing Delay"（《制度化的延迟》）. Justin Farrell, "Corporate Funding and Ideological Polarization about Climate Change"（《公司资助以及对气候变化的思想两极化》）, *Proceedings of the National Academy of Sciences*（November 2015）. 此文分析了石油公司资助对公众关于气候变化态度的极端化所造成的恶劣影响。另见 Thomas Dietz et al., "Political Influences on Greenhouse Gas Emissions from U. S. States"（《政治对美国各州温室气体排放的影响》）, *Proceedings of the National Academy of Sciences*（June 2014）; and Lorien Jasny et al., "An Empirical Examination of Echo Chambers in U. S. Climate Policy Networks"（《对美国气候政策网络中回音室的实证考察》）, *Nature Climate Change* 5（August 2015）. Kari Marie Norgaard, *Living in Denial*（《生活在否认的年代》）（Cambridge, MA: MIT Press, 2011）. 这本书进行了个案研究，最后提出了这样的问题："我们如何才能变否认为认可？"对这一问题的回答，依然不容乐观。

Wren)所建议的那样建造我们的城市了。”但是,丘吉尔没这样说,而是号召英国民众面对战争带来的残酷现实,应对德国闪击战的只有“鲜血、劳作、眼泪和汗水”,别无其他。当然,英国民众给予了英雄般的响应。同样,如果马丁·路德·金(Martin Luther King)软语轻声地描述美国文化中关于私刑、打人、歧视和贫困的真相,那么“当下的燃眉之急”就会变得不那么强烈,不那么急迫,人们也不那么耿耿于怀。面临威胁生命的疾病时,人们能够而且经常会提高认识,采取行动。在灾难面前,人们常常表现出自我组织与合作的惊人的能力。如果被告知真相,所有的人都会振奋起来,实施托马斯·伯利(Thomas Berry)所说的“伟大事业”(Great Work)。①

但是,差别还是非常明显的。如果情况很糟糕,而且是短期的,那么我们可能更容易激发出英雄主义。在作出了几年的牺牲以后,即便是战时热情燃烧的最炽热的火焰,也会渐渐熄灭的。不过,气候变化造成的影响,持续的时间要长得多。为了继续拥有一个依然美好的未来,我们必须尽快行动起来,只是,为了成功,我们在做这项长期而艰巨的事业时,必须有着足够的耐力。那么,我们应该对依然怀有狐疑的普通大众,说些什么呢?

马克·吐温(Mark Twain)的建议很简单,“当有疑惑的时候,就说实话,那样会扰乱你的敌人,同时也让你的朋友感到意外”。可是,在我们的困境中,实话实说会引发很多难题。我们是把所有的事实都说出来呢,还是只说一点呢?真相是否就像苦药那样一次只拿出一点呢?公众是否需要知道气候动荡将在某个未知的点上把他们珍惜的一切都置于危险境地,包括他们子子孙孙的生命?他们知道这些事实后是否会心理崩溃,陷入恐惧和优柔寡断之中,以致无所适从,只是去购物?让多数人了解一点问题的现状,但不让他们知道问题的严重性和长期性,就够了吗?我们是否应该对

---

① 丽贝卡·索尼特(Rebecca Solnit)在《地狱里建造的天堂》(*A Paradise Built in Hell*)(New York: Viking,2009)中就是这样描述的。

问题进行分解,比如说,在今后10年或20年里分步采取措施,减少经济发展中的碳排放?去除经济中的碳,也许是一个可以解决的问题。或者我们是否应该讨论两个似乎真的可行的"气候方案"?方案一是将累积了两个世纪的碳从大气中吸出来,从而重新稳定气候,而这是不大可能的。方案二是对地表和大气实施地球工程,引发各种形式的生态和政治风险。这些风险是什么?除非是做完试验否则是根本不清楚的。①

换句话说,我们是否应该寻求化复杂、棘手问题为更小、更容易消化问题的策略?比如,如果我们仅仅是聚焦于今后几年或几十年,全球变暖可能会被看作是一个机遇,在不断发展的绿色经济中,可以通过售卖"气候方案"创造就业岗位,赚几笔大钱,除非是生活居住的地方已经遭受洪涝,或者被干旱的季节烤焦,或者是经历了严重的尘暴。这个做法就看你怎样对待了,你可以看作是对更长远现实的回避,也可以看作是为了赢得时间进而找到应对危机更综合完备方案的好方法。这个策略还有一个巨大的优势,那就是现在就可以动员和组织人们做一些力所能及的事情;当然也存在着风险,那就是人们不会努力干,因为他们会一直相信问题很容易解决,还因为他们真正获得真相后就会倍感失望和沮丧。

如果广大的民众不可信赖,反复无常,那么我们应该听从柏拉

---

① 美国物理学会(The American Physical Society)2011年的一份报告认为,挑战是"艰难的",在短期内没什么用。这些挑战包括:(1)开发可信赖的技术,清除每年排放到大气中的碳,同时开发更多的碳中和技术;(2)永久性封存大量的碳,或者是在不造成地震的前提下深埋,或者是封存在物质里;(3)针对存在的问题采取相应规模的行动,而且其成本也是我们愿意支付的;(4)在局面变得不可收拾之前,做好以上这些事情。见 Robert Socolow et al., *Direct Air Capture of CO_2 with Chemicals*(《直接从大气中捕捉二氧化碳》)(Washington, DC: American Physical Society, 2011);另见 John Collins Rudolf, "Physicist Group's Study Raises Doubts on Capturing Carbon Dioxide from Air"(《物理学家组织的研究对从空气中捕捉二氧化碳提出质疑》), *New York Times*(May 10, 2011).对于从含碳植物中捕获碳,大卫·比耶罗(David Biello)同样持有怀疑的观点。见 Biello, "The Carbon Capture Fallacy"(《碳捕捉的谬误》), *Scientific American*(January 2016): 59-65; Clive Hamilton, *Earthmasters*(《地球大师》)(New Haven: Yale University Press, 2013); Oliver Morton, *The Planet Remade*(《星球再造》)(Princeton, NJ: Princeton University Press, 2015); National Academy of Sciences, *Climate Intervention*(《气候干预》)(Washington, DC: NAS, 2015).这两位学者都对地球工程"准备—开火—目标"(ready-fire-aim)的战略持高度怀疑的观点。

图的劝告并接受其精英统治的观点吗? 如果是这样,那么较起真来,到底哪些行事诡秘、自命不凡的精英应该领导应对气候的挑战? 我们应该把应对气候变化托付给那些 2008 年把全球经济搞垮,而且至今毫无任何作为的金融界奇才吗? 或者也许是托付给那些策划过伊拉克战争(Iraqi War)的列奥·施特劳斯(Leo Strauss)的新保守主义信徒? 又或者,也许是托付给那些急于废除我们公共整体行动能力的反精英自由主义者? 那些开放自由的气候变化活动家如何呢? 他们将我们处境的数据玩得眼花缭乱,目的是避免引起我们的恐慌。又或者,我们应该依靠最好的、最聪明的科学家? 那些科学家给我们带来了核武器,共同毁灭的恐怖平衡,长期不能分解的杀虫剂、镇静剂等,还在 20 世纪 30 年代对感染了梅毒的非裔美国人进行试验,不给予治疗。真相是没有人能拯救我们,我们只能靠我们自己。一方面,我们再也不能信奉"狂妄的乐观主义"(delusional optimism);另一方面,我们再也不能深陷绝望,这两方面的代价,都是我们付不起的。[①] 我们最后的、最好的希望在于我们有勇气倾听气候动荡的实话和真相,然后表现出蔑视逆境的意志。

---

① 这个词语是莉萨-安·格什温使用的(见她的著作《蜇人》)。芭芭拉·艾伦瑞克称这种特质是"防御性的保守主义"(defensive pessimism),这种特质让我们对危险保持警惕。见 Ehrenreich, *Bright-Sided*(《失控的正向思考》), p. 200.

经　济

疯子带瞎子走路，这就是这个时代的病态。[1]

——威廉·莎士比亚(William Shakespeare)

获取任何物品，都要付出成本，其成本需要用我称之为生命的东西来交换，要么是立刻付出，要么是慢慢付出。[2]

——亨利·戴维·梭罗(Henry David Thoreau)

如果你有钱，它就会给你美食、华服、豪宅、娱乐、车马，它会让你成为老板、投资人，会为你提供一切东西。在让某些人富裕、更多人贫穷的同时，它还会带来毒害和污染；在制造朱门酒肉臭的同时，它也会导致路有冻死骨。它会削平山峰，毁灭生态，腐化民主，使海洋酸化，让气候动荡，在大海里形成巨量的垃圾。它正在以令

---

① William Shakespeare, *King Lear*(《李尔王》), 4.1.3.

② Henry David Thoreau, *Walden* (《瓦尔登湖》) (Princeton, NJ.: Princeton University Press, 2004), chapter 1.

人瞠目结舌的新方式——用机器人替代人类,使我们这些碳基的生灵逐渐消亡,让位于那些硅基的智能。它一方面为社会进行每周7天、每天24小时的交往提供多种多样的方式,另一方面又使得我们与近邻的倾心交流变得越来越难。它给人带来娱乐,把成人当作幼儿,同时可能也在"消费自己"。它就是全球的资本主义经济,既让人烦恼,又让人幸福。经过三个世纪的发育成长,它已经成为一个纵横世界的庞然大物,磨平了从上海到马德里的文化差异。它主导着我们的政治和新闻。市场上哪怕一点的风吹草动,都能掀起滔天巨浪,或让我们喜不自胜,或让我们痛哭失声。据说,经济是从古老的"以货易货"需求中催生而来的,并在贪婪、羡慕、野心和恐惧的狂飙中发展壮大。不过,经济有时候也会释放更加正能量的力量,推动创新、创造和慈善。这是一个巨大的、高深莫测的机械装置,里面有银行、金融家、投资人、企业家、公司、逃税者、基金、工人、童工、资本流、政府部门、立法委员会、游说集团、商学院、职业经济学家、电视学者、喋喋不休的广告商、欲罢不能的消费者、隐匿不露的网络影响、黑市商人、有组织的犯罪、网络窃贼、毒枭,以及为了寻求多获得千分之一的回报而每天游荡在世界上的数万亿美元的投资资本。那些被甩在后面的人则构成了越来越增长的社会不满的一部分,这是很糟糕的兆头。任何一个试图了解全球资本主义经济的人充其量不过是了解了其中的一部分,而且多数都是马后炮。花样翻新的观点和理论很少能够透过现象看本质,因为如果要进行更深层次的解释,就必须考虑经济只是其子系统的生态圈,必须考虑阶级和特权结构,必须考虑人类行为的根源,一直追溯到远古爬行动物的脑干,追溯到人类最原始、最本能、自盘古开天以来就与生俱来的行为学基础,因为妖魔鬼怪都隐藏在黑影里。由此出现的结果是人们构建了一个不严谨的经济体系,在经济的繁荣和凋敝中左支右绌,展现着芸芸众生疯狂的显著特点,有时候紧紧抓住郁金香,而另一些时候则紧紧地抓着智能手机的应用软件。①

现代经济学的理论基础最先是亚当·斯密(Adam Smith)在《国富论》中描述的。但是,斯密此前还写了一部重要的著作《道德情操论》(*The Theory of Moral Sentiments*,1759),是关于情感如何凝聚社会的。他在去世的时候,还一直修改着这本《道德情操论》,希望推出新版。在第一本书中,他主张自我利益的重要性;在第二本书中,他主张关爱和情操的重要性。不管人们如何认识斯密的真正思想,后代的经济学家构建的摇摇晃晃的经济理论大厦的基础都是自我利益,而不是同情;是个人欲望,而不是公众的利益;是私有财富,而不是公共财富;是现在,而不是未来。他们还推定人类有着无法满足的需求、永无尽头的增长、资源枯竭后有着无限的替代资源,认为人们愿意知其然而不愿知其所以然,笃信存在一种叫作"经济人"的离奇生物。这些经济人把他们所知甚少的、云山雾罩的被称为"效用"(utility)的理论夸大到极致,而效用只不过是社会或心理宇宙中的一个粒子,从来没有人看见过,其踪迹也从来没有人发现过。因此,我认为,不管人们如何相信,一个人的效用就是在永远摈弃效用理论的过程中才发现他的效用,这简直是荒唐透顶。作为主流的新古典经济学理论,忽视热力学定律,舍弃生态学的限制,把自然的价值贬低为仅仅是一种资源,推崇任何心智健康的心理学家都不认可的人性范式,宣传任何遵守伦理的伦理学家都厌恶的行为模式,蔑视其他领域都给予高度重视的留出恰当安全空间的要求,将经济行为的描述与正常行为的诊断杂糅在一起,把合理性与我们毫无底线的合理化能力混淆起来。几乎一切行为都得到了合理化,包括那些最令人厌恶的、最邪恶的、最可笑的、最愚蠢的、最不可能的以及最草率的表现,都归入了人类行为

① Ray Kurzweil, *The Singularity Is Near*(《奇点临近》)(New York:Penguin,2005);Benjamin R. Barber, *Consumed*(《被消费的一切》)(New York: Norton, 2007), pp. 3-37;另见 Daniel Bell, *The Cultural Contradictions of Capitalism*(《资本主义的文化矛盾》)(New York:Basic Books,1976).

的类别中。除了阿瑟·庇古(Arthur Pigou)、约翰·肯尼思·加尔布雷思(John Kenneth Galbraith)、肯尼思·博尔丁(Kenneth Boulding)、罗伯特·海尔布隆纳(Robert Heilbroner)和赫尔曼·戴利等知名学者之外,从斯密到当下经济学家的经济理论,只是在处理小问题、分析窄账目、应对短时间跨度难题的时候,才是得心应手的,而且这一理论的实践者都是真正的信奉者。但是,面对不计其数的批评,包括该理论自己最优秀经济学家的批评,这一理论依然高高在上,牢不可破。只有正式地进入这个门派,其数学模型才能弄清楚,简直是金刚之身,能够抵御任何逻辑、数据、生物物理现实、实际体验以及源自业界自己对经济运行适中的预测结果的批评。有人认为,那些预测结果与隔皮猜瓜者、手相大师、电视天气主播等人的水平平分秋色。但是,经济学超越了任何一种思想,已经把我们定义为独立于社会之外的自我最大化的经济机器人,而不是善于思考、观察细致的公民,也不是尽职尽责的小区居民、充满关爱之心的父母、精神高尚的灵魂,也不是前辈辛勤劳作的受益者和子孙后代的先祖。这个理论将肤浅带入了一个全新的深度。通过自我利益的环形逻辑,这个经济理论声称可以解释特蕾莎修女(Mother Teresa)的高尚品德和某些人的妄自尊大,比如唐纳德·特朗普(Donald Trump)。据说,它能解释一切。比如,诺贝尔奖获得者经济学家盖瑞·贝克尔(Gary Becker)曾经这样说:

> 经济方案是综合的,适用于人类的所有行为,不论其行为涉及的是货币价格还是推算的影子价格,不断重复的决策还是罕见稀少的决策,重大的决定还是无足轻重的决定,情感的目的还是物理的目的,富人还是穷人,男人还是女人,成人还是孩子,聪明的人还是愚蠢的人,病

人还是医生，商人还是政客，教师还是学生。[①]

贝克尔教授的这个创新发现，对于那些依然在历史学、哲学、心理学、政治学、社会学、语言学、神学以及文学等老旧学科中徒然进行研究的学者来说，是一个极大的慰藉。那些学者现在可能处于蛰伏状态，因此就为资金紧张的学校节省了大量经费，也让上万的学生免除了全面发展成为“万金油”的重负，因为在这样的时期，平淡无奇对于事业成功来说是更有效的。也许，新失业的教授可以有时间组团去打保龄球了。但是，我在这儿跑题了，扯得有点远了。

那么，这一理论认为所有的问题都是经济上的就一点也不足为奇了，所以只能通过经济方案来解决。这些方案大多要处理的问题是如何把社会上不需要的东西卖给买不起的人，从而进一步增加已经深受财富之累的富人的财富。只是这样一来，不过是进一步加速了问题的恶化。这个过程被称为“新自由主义”(neoliberalism)，只不过是涡轮增压的资本主义。它不是什么洁身

---

① A. C. Pigou, *The Economics of Welfare*（《福利经济学》）(London: Macmillan, 1920); John Kenneth Galbraith, *The Essential Galbraith*（《加尔布雷斯文集》）(Boston: Mariner Books, 2001); Kenneth Boulding, “Economics of the Coming Spaceship Earth”（《即将到来的宇宙飞船地球经济学》）, in H. Jarrett, ed., *Environmental Quality in a Growing Economy*（《增长经济中的环境质量》）(Baltimore: Johns Hopkins University Press, 1966); Robert Heilbroner, *An Inquiry into the Human Prospect*（《人类前景的考察》）(1974; New York: Norton, 1980); Nicholas Georgescu-Roegen, *The Entropy Law and the Economic Process*（《熵的定律和经济过程》）(Cambridge, MA: Harvard University Press, 1974); Herman Daly, *Ecological Economics and Sustainable Development*（《生态经济学和可持续发展》）(Cheltenham, Eng.: Edward Elgar, 2007); Herman Daly, *From Uneconomic Growth to a Steady-State Economy*（《从不经济的增长到稳定的国家经济》）(Cheltenham, Eng.: Edward Elgar, 2014); Herman Daly and John B. Cobb, *For the Common Good*（《为了共同的利益》）(1989; Boston: Beacon Press, 1994). 用罗伯特·斯基德尔斯基(Robert Skidelsky)和爱德华·斯基德尔斯基(Edward Skidelsky)的话说，就是：“经济不只是学术研究科目，它是我们这个时代的神学，是所有人都感兴趣的话语体系，不论这种话语的声调是高还是低，如果要在权力的殿堂里赢得令人尊敬的听证，那就必须发声。”他们将这一点归功于“其他学科的失败，没有将其印记施加到政治争论上来”。(New York: Other Press, 2012), p. 92. 纳奥米·克莱因写道，“我们啥都不是，而是自私的、贪婪的、自我满足的机器”的信仰“……是新自由主义唯一的、最具破坏性的遗产”。Klein, *This Changes Everything*（《这改变了一切》）(New York: Simon & Schuster, 2014), p. 62; Gary Becker, *The Economic Approach to Human Behavior*（《人类行为的经济分析》）(Chicago: University of Chicago Press, 1976), p. 8.

自好的理论。正如大卫·哈维（David Harvey）所解释的，“简而言之，新自由主义作为一种话语模式，已经变得很霸道了，对人们的思维方式产生了渗透性的影响，进入了我们解读、了解我们生活的世界的普遍意识之中”。这个理论主要的成就是“进行再分配财富和收入，而不是创造财富和收入”。有人会怀疑一直以来人们的企图是否就是这样的。玛格丽特·撒切尔（Maggie Thatcher）曾说过：“经济是手段，目的是改变人的情感和心灵。”有人相信经济学研究只不过是阐明复杂的人类行为，与此同时，经济学的确还能改变情感、心智、心灵，培养一大批奉市场抽象化为圭臬的人。①

更有进步性的经济学家承认，不管是从理论上，还是从实践上，经济学存在很多的缺点，但是都认为，不管怎样，资本主义经济可以重铸为“绿色”资本主义，不需要费心思去审视和重新改造其根本性的假定。如果发展更智能的、循环的、太阳能为动力的经济，就会抵消体制性贪婪、永恒增长和消费主义带来的负面影响。做一些边边角角的聪明的调整，这儿弄点政策的转换，那儿研发些更好的技术，再加上点税收上的变化，这就得了（violà），实现了可持续性！这些变化，多数都是必要的改进，但还很不够。也许，这就是神学家潘霍华（Dietrich Bonhoeffer）所说的经济学版的“廉价恩典”（cheap grace）。呜呼，当前的现实更加严峻，更不宽容，迫使我们尽快地重新思考经济学的基本前提。我们需要改变我们的经济，从而更好地贴近以下几种情况，一是适应世界作为一个物理系统而运转的方式，二是适合当下和未来人口的基本权利，三是履行作为社会生活中一个“普通成员和公民”的义务。如果我们找不到其他的理由，那就以保护我们自己的原因而这样做吧。如果没有护栏的保护，贪婪的强大力量会让 GDP 像火箭般飙升到九霄云外，

---

① David Harvey, *A Brief History of Neoliberalism*（《新自由主义简史》）（Oxford, Eng.: Oxford University Press, 2005）, pp. 2-3, 159; Thatcher quoted in Naomi Klein, *This Changes Everything*（《这改变了一切》）, p. 60.

在短时期内催生出技术的奇迹,但是也会让文明浸染着我们最坏的特质,并把文明带到悬崖边上。用罗伯特·斯基德尔斯基与爱德华·斯基德尔斯基父子的话说,就是经济学律条“已经让业界对于人类心理的现状愉悦地保持一种冷漠的态度”①。

不过,经济理论并不是在真空中发展起来的,而是在与商业实践,特别是与公司的相互作用中共同演化而来的。公司聚集了越来越多的资本,变得越来越强大。不管是理论还是实践,都受到政治和司法决定的影响,而政治和司法决定都把公司置于我们日益发展的经济生活的核心。关于公司的起源,我们可以追溯到荷兰东印度公司以及它的英国兄弟英国东印度公司。两个公司都享有特权垄断,代行国家的权力。关于这种混合的,但又在现在有着主导地位的公司的演化历史,人们的观点仁者见仁,智者见智,差异很大。一方面,公司“使得社会更加有效地利用市场”;另一方面,公司“把社会的聚焦点锁定在提供物质材料的市场上,而不是社会产品”。因为给美国人带来了丰富的可以享用的物质,公司功莫大焉,可是同样,公司也罪莫大焉,原因不少,其中一个是造成大量的垃圾填埋场。我们今天交通快捷,享受着暖气,应该归功于公司,但同时气候变化带来的危害,公司也难辞其咎。公司既是一个祝福,也是一个诅咒。②

---

① 清醒理智的批评家包括:Hunter Lovins and Boyd Cohen, *Climate Capitalism*(《气候资本主义》)(New York: Hill and Wang, 2011); Marjorie Kelly, *Owning Our Future*(《拥有我们的未来》)(San Francisco: Berrett-Koehler, 2012); and Klein, *This Changes Everything*(《这改变了一切》). 正如简·格里森-怀特(Jane Gleeson-White)在《六种资本》(*Six Capitals*)(Sydney: Alllen & Unwin, 2014)中所写,更好的记账方式当然有帮助,但是,“在六种资本模型的核心,有一个逻辑上的矛盾,从而会阻碍拯救我们的星球。这个矛盾是,虽然这个会计制度希望记载非金融的价值,但是只能通过金融价值的方法来反映这一点。这是因为,会计制度所致力于管理的主体,也就是我们所说的公司,从法律上就会做出有利于金融资本的决策”(第 282 页)。罗伯特·赖克(Robert Reich)认为,公司不会履行“社会责任,至少不会是很大的社会责任”。另外,根据赖克的观点,那些常常被看作是履行社会责任的行动,其实不过是为了降低成本的商家操作。见 Robert Reich, *Supercapitalism*(《超级资本主义》)(New York:Knopf,2007),pp. 170-171;另见 Robert Skidelsky and Edward Skidelsky,*How Much Is Enough*?(《有多少才足够》)(New York:Other Press,2012),p. 101.

② David Colander and Roland Kupers, *Complexity and the Art of Public Policy*(《复杂性和公共政策的艺术》)(Princeton, NJ: Princeto n University Press, 2014), p. 276.

即便是在早期,狂放不羁的公司势力就引起了相当的担忧。比如,托马斯·杰斐逊(Thomas Jefferson)就曾对眼前存在的问题提出过警告,他在1816年的一封信中写道:"我希望我们应该把我们那些财大气粗的公司的狂妄傲慢消灭在萌芽之中,它们竟然胆敢挑战我们政府的权威,蔑视我们国家的法律。"1864年,亚伯拉罕·林肯(Abraham Lincoln)写了一封含有类似内容的信,信是写给他的朋友威廉·艾尔金斯(William Elkins)的,信中说:"公司已经称王称霸了,其后就会出现高层官员腐败的时代,从而会导致国家金钱权力。这种金钱与权力的苟合为了尽力延长其统治,必然会对人民造成伤害,直到所有财富都聚集到少数人手里,直到共和国被消灭。"但是,警告和担忧并没有对经济演化的积聚力量产生多大的影响。到了19世纪中叶,法律学者莫顿·霍维茨(Morton J. Horwitz)写道:

> 法律体系进行了修订,考虑的是商业和工业的利益,损害的是农民、工人、消费者和社会上其他无权无势之人的利益。法律不仅是建立维护新的经济和政治权力分配的法律规定,而且还积极推动不利于社会上弱势群体的财富再分配。①

工业抽血式经济的政治和法律基础就这样奠定了,下一步要做的是,将抽象的公司形式作为一个法律实体,并使之与真正的有血有肉的人处于同等甚至更加优越的地位。那些真正的血肉之躯在流血、诅咒、哭喊、哀歌、痛苦、活着以及死去。在美国司法历史上,美国最高法院对圣克拉拉县(Santa Clara Country) 1886年诉南

---

① Quoted in Ted Nace, *Gangs of America*(《美国黑帮》)(San Francisco: Barrett-Koehler, 2003), p. 15; Morton J. Horwitz, *The Transformation of American Law*, 1780-1860(《美国法律的转型,1780—1860》)(Cambridge, MA: Harvard University Press, 1977), pp. 253-254.

太平洋铁路(Southern Pacific Railroad)的案件作出判决,据说是依据宪法第十四条修正案的条款,认定公司实际就是法人。这个判决是美国法律演化中最诡异的案例之一。不过,真正的历史是不那么明确的。传说中的判决对案件本身来说非常偶然,事实上,它不是由法院直接作出的,而是法院书记员写在判决书正文前的案件摘要(headnote)里的内容。命运使然,这位书记员与好几家铁路公司有着密切的关系。"没有什么记录、逻辑或理由支持那个观点",最高法院的陪审法官威廉姆·道格拉斯(William O. Douglas)这样说。不过,最高法院的书记员 J. C. 班克罗夫特·戴维斯(J. C. Bancroft Davis)先生自有他的理由和逻辑,所以就自作主张地给曾施惠于他的铁路行业投桃报李,在案件摘要中宣称,最高法院认为公司包括在宪法第十四条修正案的正当程序条款中,而那个条款本来是用来解决非常急迫和更为明显的"过去的劳役状况"(previous condition of servitude),也就是奴隶的问题,黑奴的公民权利是更加显而易见的。所谓的变通,本来是只有杂技团的柔术演员以及打官司的律师才拥有的展示技能,但是这儿也用到了,对以前奴隶进行保护的正当程序,被扩展适用于一个抽象的概念。公司摇身一变,被幻化为人,从而被授予自由言论的权利并受到保护,所以就能够游说和参与政治选举等活动。正如菲尼尔斯·泰勒·巴纳姆(Phineas Taylor Barnum)所观察到的,人类是很容易受骗的,而且虽屡受骗而不悔,我们已经认为那些给我们提供衣食住行等物品的企业实体具有同我们一样的"人格"(personhood)。这是荒诞不经的,但是我们觉得是正常的,也是有益的。我们相信,那些企业实体是致力于让我们受益、给我们带来快乐的。有朝一日,那个人格的外延会大大地扩大,在班克罗夫特先生荒谬的法律魔术的感召下,我们的社会可能同样会出现更加滑稽有害的决策。不知哪一天,这种善意会走得更远,直到容许公司对生命获得了专利权,把支持言论自由的支出作为一种减税方式进行宣传以及为所欲为而不受任何惩罚。最近,联合公民(Citizens United)这个组织甚至建议允许公司购买机构以及民主本身的一切东西。其结果是,公司与民主的共存共处既不可能是一种联姻,也不大可能是一种劫持,但是两者席间的对话是紧张的,不自然的。[1]

2008 年经济危机以后,高深莫测的前美联储主席艾伦·格林斯潘(Alan Greenspan)发现了他自己经济思想中的谬误,并广为社会所知。他很“错愕”,发现饥饿的狐狸成了金融鸡笼冷漠的监护人,感到“非常沮丧”。格林斯潘的讶异很像一位在 35 000 英尺高空驾机飞行的商业飞行员,突然发现他以前所忽略的引力定律的一些有趣现象。不管是飞机上的乘客,还是笼子里的鸡,都不会感到多么地有趣。对于格林斯潘来说,如果是几年前,在底特律或扬斯敦(Youngstown)的街道上溜达一圈,就可能发现在高高在上的美联储看不见的理论缺陷。关于经济理论,总体来看,经济学家保罗·克鲁格曼(Paul R. Krugman)认为,过去 30 年的宏观经济“如果往好的一面说,就是特别无用;如果往坏的一面说,就是危害很大”。即便这样说,也不容易看到人们对市场的迷恋是多么奇怪,而且一直延续到现在。用已经过世的托尼·朱特(Tony Judt)的话说,就是:

> 今天看起来“自然的”东西,很多都可以追溯到 20 世纪 80 年代:沉迷财富创造,崇拜私有化以及私人部门和领域,不断扩大的贫富差距。最为重要的是,与这些现象相伴随的花言巧语:不加辨别地一味推崇不受任何约束

---

① Nace, *Gangs of America*(《美国黑帮》), pp. 102-117;另见 Marjorie Kelly, *The Divine Right of Capital*(《资本的神圣权利》)(San Francisco: Berrett-Koehler, 2001), quotation on p. 163. 根据律师汤姆·林泽(Tom Linzey)的观点,公司法人的概念在英国普通法中就有先例(引自 2015 年 11 月 14 日的私人谈话)。

> 的市场，鄙视公共部门和领域，妄想永无止境的增长。①

人们认为这就是所有可能的经济形态中最好的情况。很多人对于越来越少的公共资产以及越来越多的私人资产变得熟视无睹，并在这样的心态中幸福地踏上了与澳大利亚土著为了精神成长而进行旷野行走那样漫长的政治远足。同时，其他人孜孜以求地忙碌着，“在过去30年里有条不紊地拆散和动摇我们的祖先辛辛苦苦构筑的堤坝（公共机构）”。但是，正如朱特所问的，我们真的能确信“不会有洪水来吗”？答案很明显，洪水会来的，我们也有充分的理由相信，洪水比以前的还要大，还要猛。但是，公众预测、预防或者至少是修复堤坝损害的能力，可能只是一个遥远的记忆了。在遥远的过去，这个星球上曾经存在着能干的公民社会。这种衰落情况是如何发生的呢？②

一个答案是那些声称要领导一切的人对未来的期望越来越小，表现越来越差。如果你站在经济这座大厦的顶上，你可能依然会看到，在这个信息和科学的时代，那些金融和产业领域的精英们，对地球作为一个物理系统是如何运转的基本事实，是那样奇怪地视而不见，充耳不闻。他们罔顾的事实还有，不管地球如何运转这个知识被运用还是没有被运用，都会对那些精英，对国家商业的管理产生重要的影响；对于公民责任的传统认识，应该依然引起他们对于两者之间可能的联系的好奇心。高等院校曾经是勤奋的，

---

① *New York Times*（October 23, 2008），p. 1；Alan Greenspan，“Never Saw It Coming”（《从来没有看到它到来》），*Foreign Affairs* 92，no. 6（November-December 2013）：88-96. 格林斯潘认为，没有人预见金融危机会在2008年来临，而是把金融危机归结为“动物精神”（animal spirits），也就是说，其他所有人的非理性。Paul Grugman is quoted in David Orrell，*Economyths：Ten Ways Economics Gets It Wrong*（《经济迷思：经济学走偏的十个路径》）（Ontario：John Wiley & Sons，2010），p. 106. Tony Judt，*Ill Fares the Land*（《沉疴遍地》）（New York：Penguin，2010），p. 2.

② 那些包括桥梁、道路、给排水系统、教育我们孩子的学校、公共交通，还有可能包括对很多国家都有效的、清洁的、高效率的、高速的轨道交通系统。那些国家在过去的战争中都被我们打得稀里哗啦［这是穆罕默德·阿里（Muhammad Ali）常用的一个词语］；Judt，*Ill Fares the Land*（《沉疴遍地》），p. 224.

也许是具有理想主义情怀的年轻学者求学问道的地方,但是现在,我们在那儿看到是一个关于培训和证书的拜占庭式的复杂系统,而那个系统只会麻醉和抑制那些年轻学者蓬勃旺盛的理想主义。同样的教育机制被进一步嵌入到巨大的"知识生产"系统中,这个"知识生产"系统可能介于无用和有害之间。到了20世纪初期,医学行业自身可能已经走过了那个平衡点,对于在葡萄庄园劳作的人来说,这也许是一个小小的安慰。所谓医疗平衡点,根据一个推测,指的是医疗界对于其要服务的病人,能够作出有利于身体健康的积极贡献。在那以前,如果病人去看医生,实际上会降低其生存的几率。有一个词是"iatrogenic",意思是因为医生治疗而导致的疾病。

经济学是否已经从那个相当于"因为医生治疗而导致的疾病"的阶段毕业,这对于众多的批评者来说,还是不清楚的。不过,把那个问题放在一边,现在也真应该审视一下经济学这个学科的基本理论以及伟大经济学家约瑟夫·熊彼特所说的"分析前的"假定,或者是审视一下那些现在更通常被称为"晃瞎你的眼睛"但又熟视无睹的东西,那些东西被如此心照不宣地想当然,以致仍然没有被注意,没有被关注,因此也就没有被研究,没有被阐释。①

其实,研究所里有大把人们视而不见的大问题,包括很多导致工业经济发展的理论和假设。以前认定是正确的东西,现在被证明越来越不正确,或者是完全错误的。这些假定中,最为重要的是相信化石燃料取之不尽、用之不竭,或者可以用更好的东西替代。充满想象的自信、固执任性的幼稚以及司空见惯的腐败已经使得

---

① 经济学家在教育方面取得的成绩乏善可陈,这从他们的学生的表现中就可看出来。那些学生在"国际学生多元经济学倡议"(the International Student Initiative for Pluralist Economics)的大旗下组织起来,希望帮助他们的教授建立一个更适合于课堂教学和21世纪急需的经济学课程。见Philip Inman,"Economics Students Call for a Shakeup of the Way Their Subject Is Taught"(《经济学专业的学生呼吁改变授课方式》),*The Guardian*(May 4, 2014);Ivan Illich,*Medical Nemesis*(《当代医学的批判》)(New York:Bantam Books,1976).

那些居庙堂之高的权贵冷漠而傲慢，没有任何激情，不愿有任何改变。因此，在第一次石油禁运后半个世纪的时间里，我们依然没有制定出一个统一、连贯的能源政策。也就是说，直到现在，我们依然没有制定出从法律上有约束力的气候政策，如何为下一代经济提供能源动力的问题还是没有任何答案。不管今后有什么能源，它们都不可能像以前那样带来同等的投资回报，也不会像20世纪早期的石油那样带来同等的能量密度。[①] 另外，它们还会带来目前尚未发现的成本支出和影响。其他的“晃瞎你的眼睛”的问题还包括我们如何从我们的能源账本中去除那部分污染严重的化石燃料。我们的能源资源中是有这部分化石能源的。其难题在于，一方面，如果不向未来的子孙后代排放废物，就没办法燃烧那些资源；另一方面，如果不管不顾地烧吧，就会造成太多的灾难。[②]

我们的能源选择会影响其他方面，包括粮食系统。相对于地球上其他人，美国人用于粮食的支出要少一些。但是，粮食真正的成本背后，其实隐藏着多种多样的对能源、土地、资源的补贴，人为地使粮食价格变得很低。因此，餐桌上一卡路里的食物，在种植、运输、加工、冷藏冷冻和烹饪方面实际上需要投入的是11—70卡路里的化石能源。而且，由于干旱、热浪、洪涝和新的生态条件，气候动荡还会对农场带来越来越多的破坏。我们不应奢望以后的农场能够一直以我们付得起的价格和我们所需要的数量源源不断地提供粮食。其他人也不应有这种奢望。由于同样的原因，美国西南部和中西部地区的未来越来越遭受着水荒的威胁，那里的农业已经吞噬了奥加拉拉含水层（Ogallala Aquifer）里一多半的水源。但是，在中东、非洲和南亚的很多地区，情况更为糟糕，因为那些地

---

① Vaclav Smil, *Power Density*（《能量密度》）（Cambridge, MA: MIT Press, 2015）; and Benjamin Sovacol, *The Dirty Energy Dilemma*（《肮脏的能源困境》）（Westport, CT: Praeger, 2008）.

② Bill McKibben, "Climate Change's Terrifying New Math"（《气候变化的新数字令人恐惧》）, *Rolling Stone*（August 2, 2012）.

区受到了来自持久干旱和海平面上升的双重影响。[①]

从更加技术的角度,经济学领域的其他应对措施也必须根据不同的、更加受约束的现实进行重新调整。如果未来被人信心百倍地认为是鲜花着锦的美好时代,投资人对灾难的影响的考虑就会打折扣,因为他们认为灾难不会发生,比方说,灾难降临的几率甚至比华尔街上班的几个小时内从天空降落小行星的几率还要小。不过,如果是在利益减少和前景不可预期的时代,投资人对灾难的影响的考虑也会"打折扣",再折回到净现值(net present value),这个往回折到净现值的比率需要重新思考。在进行长期金融决策的时候,如何考虑坏消息的影响,经济学家将开展无休止的争论。说老实话,对于不可期的未来某个时刻发生的难以想象的事件,无论学术界进行多少关于合适折扣比率的争论,都不能改变这样一个事实,那就是,气候动荡对经济的影响已经超出了只考虑人自身的测算。而且,这样的事件是真实的,也是很重要的,难以理解,也难以作出相对精确的预测。我们正进入极端天气不稳定的时期,给我们主流的经济理论和商业实践施加了很大的压力,而这些理论和实践在过去要求不严苛的时代,都是独领风骚的。[②]

简而言之,亚当·斯密及其忠实的信徒一味地假定人类社会能取得很大的、持续的进步,并用吨、英亩尺、立方尺、平方英尺、出

---

① 牛肉是最糟糕的,原因有很多。请阅读 Denis and Gail Boyer Hayes, *Cowed*(《牛肉的影响》)(New York:Norton,2015);Benjamin Cook et al.,"Unprecedented 21st Century Drought Risk in the American Southwest and Central Plains"(《美国西南部和中部大平原在 21 世纪有着前所未有的干旱风险》),*Science*(February 12,2015);Colin P. Kelly et al.,"Climate Change in the Fertile Crescent and Implications of the Recent Syrian Drought"(《新月沃土的气候变化和近期叙利亚干旱的影响》),*Proceedings of the National Academy of Sciences* 112,no. 11(2015).

② Colin Price, *Time, Discounting and Value*(《时间、折扣和价值》)(Oxford,Eng.:Blackwell,1993). 这是一个很有说服力的、很形象的案例,说明"通过一种统一的负指数函数让未来的物品、服务、资源、事件和经历等贬值是不能得到证实的"(第 345 页)。Nicholas Stern, *Why Are We Waiting?*(《我们为什么等待》)(Cambridge,MA:MIT Press,2015),pp. 152-184;William Sordhaus, *The Climate Casino*(《气候赌场》)(New Haven:Yale University Press,2013),pp. 182-194. 在对形势的紧迫性以及对新古典主义经济学教条的忠诚度方面,他们的立场是不一样的。关于经济学学界与生物物理现实的关系,我自己也有甚至更偏执的想法,见"Pascal's Wager and Economics in a Hotter Time", *Earth in Mind*(《大地在心》)(1994;Washington,DC:Island Press,2004).

售以及最为重要的指标——利润等来衡量物质的进步。他们很自信地希望，这样的进展会一直持续到遥远的未来，所依据的依然是假定的用之不竭的燃料、矿产、木材、土壤以及来自大海的慷慨资源。他们还希望生态系统会保持稳定，以及包括气候稳定在内的自然服务能够保持完备。他们对这一切条件都简单地想当然，而且以他们的认知只考虑他们那个时代，所涉及的只是很小规模的人口和经济。同样，他们还倾向于认为，英国和西方文化比所有其他文化都优越。俗话说，实践出真知，布丁好不好吃，尝尝才知道。他们是经验主义者，先尝了布丁，于是变成了乐观的资本主义拥趸。他们的思想、文化、技术和经济被认为是永恒的，至少是在一段时间被奉为至尊。①

经济理论的发展遵循着自己的轨迹。古典经济学和新古典经济学的几乎每一个假定，不论是预分析的还是其他的，都是工业世界到来之际当时条件发展的自然结果。理论所依据的，是那些假定不会改变的事实。呜呼哀哉，现实往往愚弄那些假定太多的人。

事情已经发生了很大变化。对于看起来越来越荒凉暗淡的地平线，人们的问题就冒出来了。比如，我们可能会停下来问，哪一个有用的经济理论可能更适合我们不同的经济状况，给我们复杂的经济问题提供有效的指导？当然了，问题不是说我们是否有一个经济或经济理论或是一门叫作"经济学"的学科，而是说我们需要知道我们拥有的是一个什么样的经济，有着怎样的规则，在有关经济及其在更广泛的人类生态学领域的地位等问题上谁具有好的业务素养和经验并给我们提供有益的指导。需要指出的是，在没有专业化的经济学家队伍的情况下，以前的社会也能发展得相当

---

① 比如，大卫·李嘉图（David Ricardo）曾经描述了"土地最初的、不可破坏的权利以及其他大量存在的大自然的馈赠"。Quoted in Gilbert Rist, *The Delusions of Economics*（《经济学的幻想》）（London: ZED Books, 2011）, p. 171.

好。而且,有些被我们认为是原始的、发展水平低的社会,竟然也能为其成员提供体面的生活,那个社会没有一帮高高在上的经济学家,也没有什么被当下备受尊敬的经济学院认可的经济理论。但是,在我们这个更加复杂的世界,经济学家如果再少说点,也许能够比现在发挥更有效的作用。正如约翰·梅纳德·凯恩斯(John Maynard Keynes)曾经建议的,经济学家的社会地位可能大致等同于牙医。[①]

可是,如果要准确地说经济学家必须集聚在什么样的旗帜之下或者说他们必须达到什么水平,那未免有点武断和专横。因此,我会避免此类高大全的问题,而是将自己的思考局限在我认为显而易见以及没有争议的问题上,只是这样会冒侵犯另一个批评极端的风险,被认为索然寡味、沉闷无趣。但是,说实话,不论是生态上的事实,还是经济上的事实,都是众所周知的,这就让情况变得更为诡异。因为,人们一直没有利用这些事实对经济进行修补,从而使得我们的经济更加美好,更加持久。所以,基于四个众所共知的原则,我就经济以及相关的商业实践提出以下建议。

1. 经济是生态圈的一个子系统,因此就要受到限制的制约,必须服从生物地球化学循环、能源缺陷以及主导地球及其组成部分的健康的生态功能。但是,两者之间的关系是完全不对称的。生态圈是不需要一位任性的、忘恩负义的房客的,当然也就没有什么感情。在数十亿年的时间里,生态圈中没有那个骄傲地自称为"智人"的长着纤细的腿、硕大的脑袋、自我陶醉的、永远都不尽职尽责的暴发户,也会一直都好好的,一切都相安无事。换句话说,经济

---

① John Gowdy, ed., *Limited Wants, Unlimited Means: A Reader on Hunter-Gatherer Economics and the Environment*(《有限的需求,无限的手段:狩猎采集经济学与环境学读本》)(Washington, DC: Island Press, 1998); Marshall Sahlins, *Stone Age Economics*(《石器时代经济学》)(Chicago: Aldine, 1972). 克兰德(Colander)和库波斯(Kupers)都相信,"社会上拥有一些优秀的经济学家并让他们提醒社会的基本规则,是很有用的。但是这并不能证明整个学科是完备的,因为它应该致力于解决更加综合的问题"。见 Colander and Kupers, *Complexity and the Art of Public Policy*(《复杂性和公共政策的艺术》), p. 73.

必须遵守它所在的更大系统的规则，否者，迟早会导致自己的毁灭。经济对资源与能源以及消化其废物的需求，包括大约十万种化学品和各种各样的合成化学品，都不能超出更大系统及其组成部分可以永远吸纳它们的限度。而且，这个更大的系统是"非线性的"，也就是说，是不可预测的，容易发生突然的变化。对于那些警惕性强和谨慎的人来说，不堪忍受的意外的可能性会让人加倍小心，做事留有很大的余地。对于莽撞的、幼稚的人来说，这种可能性会让人在闯入自然系统的时候保持克制，因为我们对自然系统的理解还只是初步的，还差得很远。但是，我们似乎生活在自信中，正如生物学家罗伯特·辛谢默（Robert Sinsheimer）所说，大自然不会对无所顾忌的物种设陷阱。①

问题是，任何子系统都不会在其所在的大系统中无限地增长，否则就会毁灭自己及其栖身的大系统。有人曾说，"永恒增长是癌细胞的思想"。尽管如此，我们依然相信经济能够在一个有限的"人满为患"的星球上无限增长，物质需求可以持续扩张，这种想法是我们这个时代的主旋律和主基调。"稳态经济"（Steady-state economy）是约翰·斯图亚特·穆勒在1848年提出的概念，但即便是简短地提一下这个概念，都会立即引发正统学者如海潮般的嘲弄以及充满优越感的鄙视。《增长的极限》（*Limits to Growth*）这本著作出版于1972年，至今仍被很多人斥责为犯了不可饶恕的错误，但事实上，它没有一点错。在这种言之凿凿的质疑的表层下面，我怀疑还有更多的猫腻，只是那些批评家不愿意说出来。只要经济一直滚滚向前，我们就可以延迟处理那些困难棘手的、争论不

---

① 赫尔曼·戴利是这个领域最权威的、最让人理解的经济学家。Anthony Baranosky et al., "Approaching a State Shift in Earth's Biosphere"（《了解地球生物圈的变化》），*Nature*, 486（June 2012）：52-58. 与其说我们聪明，不如说我们无知，也许会一直无知下去，鉴于此，关于无知的问题应该由那些学识渊博的人进行认真研究。除了《传道书》（*Ecclesiastes*），关于这个问题最好的书是比尔·维特克（Bill Vitek）和韦斯·杰克逊主编的书，即，*The Virtues of Ignorance*（《无知的好处》）（Lexington：University of Kentucky Press, 2008）；Robert Sinsheimer, "The Presumptions of Science"（《科学的预设》），*Daedalus* 107, no. 2（Spring 1978）：23-35.

休的问题,比如财富的公平分配、就业的影响以及我们制造并在相互之间售卖产品的影响等。如果是因为与地球的有限性相冲突或者是因为我们再也不能管理巨大经济体量所造成的越来越复杂的问题,以数量增加来衡量的经济增长难以为继,那么我们就不得不应对与财富高度分配不均衡相关联的很多问题,社会财富极度失衡与国内稳定也有着密切的联系。[①]

我们还要考虑这样的事实,那就是,我们没有我们自诩的那样富裕。我们买东西时支付的价格很少反映所有的成本。我们一直是把"另外的"成本转嫁到其他地方或其他时代的人身上。用朱丽叶·斯格尔 (Juliet Schor)的话说是:"如果我们最终完整地把渔业崩溃、土壤侵蚀、沙漠化、野火、热带森林丧失、毒物排放以及大量物种的灭绝等成本都加起来,物品的价格将会大大增加。"有些成本,比如气候动荡、土壤侵蚀、生物灭绝以及人类在某个时间点的掠夺等,都是难以估算的。如果我们的发展计划是当场支付型的,我们会不会实现不同形式的工业化?或者根本就没有工业化?或者也许我们以更加谦和的方式实现我们的"发展"?[②]

这都是事后诸葛亮。不过,同时,如果经济扩展永远进行下去,所有的经济尺度、标准和指标都会记录下来扩展历程。但是,扩展不能永远持续,理由是众所周知的。每年从地下挖出来并燃

---

① John Stuart Mill, *Principles of Political Economy*(《政治经济学原理》)(1848;London:Longman, Green, and Co.,1940),pp. 746-751;Donella Meadows et al., *The Limits to Growth*(《增长的极限》)(New York:Universe Books,1972);Donella Meadows et al., *The Limits to Growth:The 30-Year Update*(《增长的极限:30 年的进展》)(White River Junction, VT: Chelsea Green, 2004); Graham Turner, "A Comparison of the Limits to Growth with Thirty Years of Reality"(《增长的极限与 30 年现实的比较》)(Canberra, Austr.:CSIRO,2008);另见 Richard Heinberg's superb *The End of Growth*(《增长的终结》)(Gabriola Island, BC:New Society,2011);Kerryn Higgs, *Collision Course:Endless Growth on a Finite Planet*(《碰撞之旅:有限星球上的无限增长》)(Cambridge, MA:MIT Press,2014);Joseph Tainter, *The Collapse of Complex Societies*(《复杂社会的崩塌》)(Cambridge, Eng.: Cambridge University Press, 1988); Jared Diamond, *Collapse*(《崩塌》)(New York: Viking, 2005); and Thomas Homer-Dixon, *The Ingenuity Gap*(《智慧鸿沟》)(New York:Knopf,2000).

② U. Thara Srinivasan et al., "The Debt of Nations and the Distribution of Ecological Impacts from Human Activities"(《国家债务以及人类活动造成的生态影响的分布》), *Proceedings of the National Academy of Sciences* 105, no. 5(February 5,2008):1768-1773;Juliet Schor, *Plenitude*(《富饶》)(New York: Penguin,2010),p. 94.

烧从而为工业经济提供强大动力的4立方英里的原油,就是经济扩展的阿喀琉斯之踵。与我们以前的所有文明社会相比,我们文明社会的动力来自开发利用大自然一次性的馈赠,也就是化石燃料,那是数百万年地质活动形成的被吸收的、压缩的、致密的、便携的古老年代的太阳光。现代经济增长的巨大脚手架,是建立在脆弱的信念之上的。这个信念认为,石炭纪的资源馈赠是用之不竭的,而且可以毫无顾忌、不受惩罚地燃烧,也就是说,对于人、土地、野生生物和水等造成的健康危害,不需要支付任何费用。由此,美国人的能源消费从1850年到1970年增长了150倍。我们制造、使用、吃、穿、建造、冷藏、照明以及运输的一切东西,几乎都依赖燃烧化石燃料。但是,化石燃料除了为我们的工业化时代提供能源动力,还有着其他的影响,改变着我们对世界的体验。比如,黑夜变成了白天,距离缩短了,时间被压缩了。化石燃料作为动力的认知已经深深地嵌入到了我们的肌肉记忆和灵魂中,作为速度的认知也深深地嵌入到了我们的时空观里了。化石燃料燃烧改变了我们思维的方式和思维的内容。不知什么原因,化石燃料好像把我们烧糊涂了,把我们变成了迟钝的人,比如,不能清晰地思考事物的局限性和修复的工作量。正如历史学家鲍勃·约翰逊(Bob Johnson)所写的:“美国人不经意间绕过了能源的局限性,转向了太阳能源经济,所以就不愿意谈论生态约束。”①

不过,这是一个浮士德式的交易,魔鬼终究是要来的。碳一直被地质安全地封存着,可是我们把碳释放出来,排放到大气中,在今后很长的时间里都将造成全球性的混乱。但是,这个问题一直没有解决,还有别的原因。比如,能源分析家理查德·海因伯格(Richard Heinberg)追踪监测了发现、开采、加工和运输能源所需的能量,也就是说能源投入回报(EROI)。根据他的预测分析,随着

---

① Bob Johnson, *Carbon Nation*(《碳国家》)(Lawrence: University of Press of Kansas, 2014), pp. 5,12.

我们化石燃料储备的减少,能源投入的回报也会降低。一个世纪以前,如果在勘探、钻井、开采、冶炼和运输方面投入 1 个单位的能源,就会获得 100 个单位的能源。相比之下,今天传统石油的能源投入回报大约是 1:25,而且还在下降。随着能源矿藏被发现的地方越来越远、越来越深,特别是当地的人往往不喜欢我们,能源投入回报将会继续下降。在未来几十年来,如果没有科技上的突破,我们就会陷入难以解决的、成本昂贵的、无穷无尽的冲突矛盾之中,患上柏油娃娃综合症。换句话说,我们已经开发利用了容易得手的东西,现在必须花费更多的精力和财力去勘探、开发、寻找那些剩下来的难啃的骨头。大自然中的石油、天然气和煤炭,我们会用光吗?好像不会,但是我们已经把那些开采成本低、难度小的矿藏都开采出来了,剩下的矿藏如果开采,就要付出艰苦的努力。鲍勃·约翰逊写道:"在继承先辈留下来的能源方面,我们可以说是个败家子……现代自我已经处于危机之中。因此,悬崖勒马,也许还有救;亡羊补牢,也许还未晚。"[①]

通过极大地提高能源效率和利用多种形式的太阳能,我们能够为我们现在的文明提供能源动力吗?乐观主义者,比如卢安武,相信是可能的,前提是我们更加聪明地管理和利用先进的技术,不能有丝毫的瑕疵,要体现出完美的能力。我非常愿意相信这是真的。与此相反,奥齐·泽纳尔(Ozzie Zehner)写道:"要说替代能源技术能够完全地满足我们当下的能源消费需求,这是个幻想,没有什么有力的证据能支持它,更何况还有更多的人口,而且要求的生

---

① Richard Heinberg, *The Party's Over*(《派对结束》)(Gabriola Island, BC: New Society, 2003); Richard Heinberg, *Snake Oil*(《蛇油》)(Santa Rosa, CA: Post-Carbon Institute, 2013), p. 29; Heinberg, *Afterburn: Society beyond Fossil Fuels*(《燃烧之后:化石燃料以外的社会》)(Gabriola Island, BC: New Society, 2015), pp. 254-255. Vaclav Smil, *Power Density*(《能量密度》)(Cambridge, MA: MIT Press, 2015), pp. 254-255. 斯米尔(Smil)估计,维持现代文明所必需的能源投入回报率在 12—14 之间。他认为,这比太阳能和风能的能源投入回报率要高些。"未来几十年"的冲突可能是与那些拒绝按照昆斯伯里侯爵规则(the Marquis of Queensbury Rules)行事的人进行争斗。见 Michael Klare, *The Race for What's Left*(《争夺最后的资源》)(New York: Metropolitan Books, 2012); and Johnson, *Carbon Nation*(《碳国家》), pp. 173-174.

活水平也更高。”但是，即便我们能做到这一点，为什么要那样做呢？我们为什么选择维持一个基于废物、过度消费、生态毁灭、潜妄幻想、嗜瘾如命、盘剥大众、不公盛行的生活水准呢？特别是在偏远地区还常年存在着冲突。换句话说，我们为什么当初选择把效率和可再生能源都用在很多不需要做的事情上呢？也许，我们应该用可再生能源建设一个不那么狂热浮躁的社会，这个社会的重建紧紧围绕着效率、社会公平、节俭、长远的目标，正如甘地（Gandhi）所说，成为一个满足每个人的需求而不是贪欲的社会。人的贪婪在多数情况下是由这样或那样的恐惧引起的。不管那样的社会是资本主义，还是什么别的主义，目前还说不清楚。①

2. 经济是方式，而不是结果。好的经济的目的是提供生活条件，并公平地分配粮食、水、住房以及医疗等。它还应该提供教育等基本服务以及交通、通讯等基础设施，创造条件，让每一个人通过诚实劳动就能确保过上体面的生活，并不断提高人们的能力和竞争力。除了满足基本的生活需求，这个经济还要丰富每个人的精神生活，促进艺术、美学的发展，倡导仁爱、关怀和愉悦，而不只是增加物质财富。另外，在健康的经济中，价格应该真实地反映价值，包括所有的成本和外部效应。

但是，一个好的经济不能仅仅为了自己而发展，也不应该被广告催发的人为消费需求所推动。广告吞噬着我们的孩子，无情地利用着我们对于名誉地位、亲情关爱、交往联络的需求。几十年

---

① Amory Lovins et al. , *Reinventing Fire*（《再造火焰》）（Snowmass, CO: Rocky Mountain Institute）; Ozzie Zehner, *Green Illusions*（《绿色幻想》）（Lincoln: University of Nebraska Press, 2012）, p. 169. 不论是哪种情况，“摆脱化石燃料……是现代文明所面临的最困难的挑战之一，要求人类付出最持久的、管理科学的、全球合作的努力”。Gernot Wagner and Martin Weitzman, *Climate Shock: The Economic Consequences of a Hotter Planet*（《气候冲击：一个变暖星球的经济影响》）（Princeton, NJ: Princeton University Press, 2015）, p. ix. 在《我们唯一的世界》（*Our Only World*）（Berkeley: Counterpoint, 2015）中，温德尔·贝瑞写道：“我们必须理解这一点，化石能源必须被替换，不仅是被‘清洁’能源替换，而且要使用更少的能源。任何能源的无限制利用，都会和无限制的经济增长一样，是毁灭性的。”（第 71 页）Ted Trainer, *Renewable Energy Cannot Sustain a Consumer Society*（《可再生能源不能维持一个消费社会》）（Dordrecht, Neth. : Springer, 2007）, p. 7.

前,罗伯特·肯尼迪(Robert Kennedy)就发表了一个非常知名的言论,表达了同样的观点:

> 国民生产总值将空气污染、烟草广告以及清理高速路上伤亡人员的救护车都计算进去。它将我们门上的特制锁以及关押撬锁偷盗人员的监狱计算进去。它将红杉林的毁灭以及在城市混乱疯狂的扩展中丧失的大自然奇观计算进去。它将凝固汽油弹和核弹头以及警察镇压我们城市中暴乱的防弹车计算进去。它将惠特曼(Whitman)步枪、斯比克(Speck)刀具以及炫耀暴力从而将仿真玩具倾销给我们的孩子的电视剧目计算进去。但是,这个国民生产总值不计算我们的孩子的身体健康、教育的质量以及游玩的快乐。它不包括我们诗歌的美妙、我们婚姻的力量、我们公众辩论的智慧以及我们政府官员的正直。它既不考虑我们的机智,也不考虑我们的勇气;既不考虑我们的智慧,也不考虑我们的学问;既不考虑我们的情感,也不考虑我们对于国家的忠诚。总之一句话,国民生产总值会把一切都计算进去,唯独不计算那些让人生有价值的东西。①

西蒙·库兹涅茨(Simon Kuznets)是我们现在实施的国民生产总值体系的设计者,我们用他的这个体系来计算经济运行情况。他曾用没有什么诗意的话告诉我们,"因此,一个国家的幸福,是不可能从计算国家收入中推算出来的"。另一方面,有人认为,经济增长还是直接或间接地改善了人们的生活的。经济增长确实是将生活水平提高了,不论是以什么方式,的确是做到了。但是,经济

① Clive Hamilton, *Growth Fetish*(《增长迷恋》)(London: Pluto Press, 2004), pp. 91, 219; Robert Kennedy, speech at Kansas University, March 18, 1968.

增长掩盖了各种各样的矛盾，也遮蔽了大量对人类福祉以及人类未来有害的商品和服务。据说，为了获得利润，资本家可以出售一切东西。但是，有些东西，比如气候稳定、人类健康和尊严、神圣的丛林等，还有孩子、祖母，这些是给多少钱都不能出售的。[①]

好的经济会促进改善那个有些模糊但非常重要的关于社会健康的指标，它叫幸福。这个词的概念特别难定义，也特别难衡量。不过，我们知道的是，美国经济导致社会上出现了大量的抑郁症、自闭症、孤独症、暴力以及各种各样的瘾君子，但是并没有带来很多的幸福和满足。按照被大众广为接受的标准，美国社会的幸福度在 20 世纪 50 年代达到顶峰，而人们当时的物质财富要比现在少，可买的东西也比现在少很多。拥有的物质财富和幸福指数之间越来越大的差距，对于那些笃信物质和幸福同步增长的人来说，已经成为一个尴尬的现象，难以解释，无法说明。如果物质财富和幸福指数的同步增长是真的，那么在 1992 年 8 月 11 日上午 9 点左右，也就是美国购物中心第一次开门营业的时候，我们就已经跨过了幸福的大门，进入了永恒的极乐世界的状态。但是事实上，我们没有达到那个境界。不仅没有那样，物质财富增加和幸福指数不高之间越来越大的差距反而很能说明经济需求以及血肉之躯的需求之间的鸿沟。[②]

3. 经济必须是非暴力的。如果经济要在生态圈中和谐地生存发展，它不应该对其栖身的更大的宿主系统进行暴力伤害，否则就会玉石俱焚。同样，一个持久的、健康的经济也不能出现各种形式的暴力行为，否则就不仅伤害其宣称服务的人类，而且会伤害为人

---

① Jonathan Rowe, "Our Phony Economy"(《我们的骗人的经济》), *Harpers*(June 2008): 17-24, quotation on p. 23. Michael J. Sandel, *What Money Cannot Buy*(《钱不能买什么》)(New York: Farrar, Straus, and Giroux, 2012).

② 建筑师朗斯·霍塞(Lance Hosey)1994 年在报告中说，"美国出售的不同的消费品有 50 万种，现在只是亚马逊上卖的东西就有 2400 万种"。*The Shape of Green*(《绿色的形状》)(Washington, DC: Island Press, 2012), p. 96.

类福祉提供保障的社会和生态条件。我们经济理论所起源和发展的文化中,有着悠久的暴力历史,包括十字军东征、宗教裁判所、帝国主义、黩武主义、核武器以及争这争那的无休止的战争。核武器的制造是威胁,核武器的使用更是永恒的威胁。作为一个国家,我们通过暴力手段实现了富裕,把黑人带到这儿当作奴隶,把本土的印第安人赶到边远地方。通过对地形、土壤、森林和湿地实施严重暴力,有些人获得好处。在掠夺型的经济中,暴力是显而易见的,因为那样的经济是通过从地球中攫取财富以及对人进行剥削而实现繁荣的。科学创立的初期,暴力也是存在的。弗朗西斯·培根是伦敦皇家科学院的缔造者,他曾把科学方法表述为"把大自然放在架子上,从而把它的秘密炙烤出来"。从那以后,正如威廉·麦克多诺(William McDonough)所说,我们的座右铭就一直是,"如果野蛮的力量还不管用,那是因为你还没有把它用到极致"。特别是现代经济,其在很大程度上依赖研发、制造以及出售效率更高的杀戮手段。国防预算包括战争、"安全"、监视以及全球八百多个军事基地等费用,超过了一万亿美元。经济的很大一部分依赖于国防合同商,大量的钱财持续不断地、毫无争议地、稳稳地投向国防产业。我们在我们的电影、广告、政治以及体育中推崇暴力,所有的人都云淡风轻地忽略那些以我们的名义发生在关塔那摩监狱(Guantanamo)、阿布格莱布监狱(Abu Ghraib)以及"秘密基地"的暴力,那些地方关押着不为世人所知、不知来自何方的嫌疑犯。这些被拘留的人受到百般折磨,那些虐待他们的理由践踏了道德、逻辑、法律、理性以及身体和心灵。

我们的社会已经变成了一个充满暴力的、人人持枪的社会,这不是什么新发现。但是,暴力还以不怎么明显的方式渗透了更广的范围。我们餐桌上的肉都是来自工业化饲养在笼子里的牲畜,这样的方式效率高、利润高,同样也对被禁锢在笼子里饲养的牲畜直接造成了相应比例的伤害。机械化的、工业化的农业生产方式,已经破坏了美国大约一半的表层土壤。农场、森林和私人草坪是通过机械的、化学的方式进行管理的，也就是说，管理方式是粗暴的。现代药物也在人体上使用了工业化的方法。经过一个世纪以来化学狂飙突进式的发展，美国出生的每一个婴儿在降临到这个世界的时候，就在母腹中通过脐带被“提前污染”（pre-polluted）了好几百种化学物品。正如培根在《伟大的复兴》（*The Great Instauration*）中所倡议的那样，我们已经控制了自然，驯服了自然，“迫使（她）不再具有自然的状态，对自然进行榨取和重铸……对一切可能的东西都施加影响”[①]。

不过，其他的经济和科技可能性也在向我们招手。英国经济学家E. F. 舒马赫（E. F. Schumacher）写道：“智慧要求我们的科学技术走向新的道路，走向有机的、温和的、非暴力的、优雅和美丽的未来。”他提出“佛教经济学”（Buddhist economics）的前提就是“简朴和非暴力”。众所周知，在自然系统的农业和林业方面采取非暴力的办法，既是可行的，也是能盈利的。同样，仿生学可以改变制造的方式，它研究的是大自然如何在没有燃烧、有毒化学品、污染和生态毁灭的情况下把几乎所有的东西制造出来。有些最有前景的预防和治疗疾病的方法，代表着东西方文化实践和哲学的融合。[②]

4. 政治比经济还重要。换句话说，经济的规模、目的和内容等并不是首要的、最重要的经济问题，而是政治问题，涉及的是“谁得到什么、什么时候得到以及怎么得到”的问题。因此，“经济”就反映着创造财富和分配财富的法律、规章、税收政策、政府预算以及

---

① “提前污染”这个词来自总统癌症委员会的2008—2009年度报告“减少环境造成的癌症风险”（*Reducing Environmental Cancer Risks*）（Washington, DC, 2010），前言第7页。Francis Bacon, *The New Organon*（《新工具》）（Indianapolis: Bobbs-Merrill Co., 1960），p. 25.

② E. F. Schumacher, *Small Is Beautiful: Economics as if People Mattered*（《小即是美》）（New York: Harper Torchbooks, 1973），pp. 31, 54；关于甘地经济学，见J. C. Kumarappa, *The Economy of Permanence: A Quest for a Social Order Based on Non Violence*（《持久经济学：基于非暴力的社会秩序诉求》）（1946; Delhi: All India Village Industries Association, 2015）.

政治制度。卡尔·马克思则独辟蹊径,认为从更长的时间和更细的角度看,政治系统不过是经济发展的产物。如果不是多数,那也有很多新古典经济学家认为,经济学比政治学更为重要,经济学在很大程度上决定着我们的政治现实。这是莫大的讽刺。

经济和政治之间的关系当然是紧密的,也是相互促进的,但是如果真正实现了民主,再争论它们孰先孰后、孰重孰轻,就没什么用了。管理经济的规章制度应该由通过正常程序选举的、为选区人民服务的政府向社会公开发布,而不应该由寡头统治的政府关起门来制定。公众应该参与到诸如财富分配、风险、奖励以及整个人类发展可持续性等重大事项的决策之中。他们应该知晓经济和财政决策、税收、采购和投资等对社会、政治和生态的影响。正如经济学家卡尔·波兰尼(Karl Polanyi)所说,如果放弃这个责任,把那些决策的事情统统交给抽象化的市场,“那就会造成对社会的毁灭”。随着越来越多的人卷入非人性的系统之中,它还会造成更深层的危机。用瓦茨拉夫·哈维尔的话说,就是:

> 如果一个人受到消费价值体系的诱惑,如果他的身份消散在大众文化的滚滚红尘中,如果他在社会秩序中没有立身之本并对除了其自身生存之外的事都缺乏责任感,那么他就是个意志消沉、没有道德的人。这个体系所依赖的就是这种浑浑噩噩并不断深化,事实上,它就是礼崩乐坏在社会中的投射。[①]

目前的现状是,多数经济危机、衰退、萧条以及其他动荡不安不是偶发事件或异常现象,而是深嵌在经济系统规则中的逻辑所形成的正常结果。没有约束的、极少受管制的资本主义已经无情

---

① Karl Polanyi, *The Great Transformation*(《大转型》)(1944; Boston: Beacon Press, 1967), p. 73; Václav Havel, *Living in Truth*(《生活在真理中》)(London: Faber and Faber, 1990), p. 62.

地导致了财富的极大集中、经济垄断和更大的生态、社会以及政治危机。但是,经济学家很少公开地以普通大众能够听懂的方式讨论那些影响经济规划、结构和运行的体系规则。事实上,正如约翰·肯尼思·加尔布雷思曾经指出的,"娴熟地运用佶屈聱牙、晦涩难懂的术语,甚至可能会抬高一个人的学术地位"。这可能从某种程度上解释了普通民众面临越来越扩大的财富差距鸿沟时所表现的沉闷冷漠以及面对社会责任时的无动于衷。根据一份报告,在美国,最富裕的20个人的财富比低收入的1.52亿人的财富总和还多,而这些低收入人口占美国总人口的一半。从世界上看,最富裕的62个人的财富比低收入的36亿人的财富总和还要多。[①]

这样的事实一点也不会让卡尔·马克思感到惊讶,因为他以非凡的才华,彻底地分析了资本主义的发展动力以及财富往越来越少的人手里聚集的趋势。法国经济学家托马斯·皮凯蒂(Thomas Picketty)也以同样翔实的研究数据进一步更新了收入和财富的趋势。他的研究显示,"从1950年到1980年间,美国的财富不均达到了最低点",主要原因是实行了针对大萧条和第二次世界大战的政策。但是,1980年以后,财富不均"爆发",主要原因是税收和金融政策的转型。皮凯蒂与马克思不同,他不是决定论者。不过,他还是写道:"如果我们想重新获得对资本主义的控制,我们必须把我们所有的宝都押在民主上。"现在的问题是,财富不均已经侵蚀了民主社会的组织结构。理查德·威尔金森(Richard Wilkinson)和凯特·皮克特(Kate Pickett)在《精神层面》(*The Spirit Level*)这本书中表示,不论是犯罪还是肥胖症,几乎所有的坏的社会习气都与财富和机会、风险与回报的不均衡分配有着密切的联

① John Kenneth Galbraith, *Economics, Peace, and Laughter*(《经济、和平与笑声》)(New York: Signet Books, 1971), p. 32. Chuck Collins and Josh Hoxie, *Billionaire Bonanza: The Forbes 400 and the Rest of Us*(《亿万财富:福布斯400富豪与我们》)(Washington, DC: Institute for Policy Studies, 2015); "Wealth: Having It All and Wanting More"(《财富:欲壑难填》), Oxfam Issue Briefing(January 2015), p. 3.

系。现在的事实是,全球资本主义经济呈现着财富越来越集中的趋势,因此越来越可能摇摇晃晃地从一个危机走向另一个危机,从而导致普通民众越来越大的不满。很多人相信,苏联的解体不是因为那些让资本主义痛苦不堪的体制缺陷。但是实际上,共产主义和资本主义有着很多的相似性,包括都依赖于经济发展以及工业程式。这种工业发展程式根植于一种理性主义哲学,认为世界上有着那么多的物质材料,等着人们开发利用,然后在使用后被人们废弃,这并不对自然产生任何的影响。这两种思想是在同一个祭坛上被膜拜的,虽然它们对于谁拥有教堂争论不休。在更远的历史长河中,这只不过是小人国规模的争论。这两种思想在很多重要的方面当然有着不同,但是两个思想体系的缺陷却有着家族式的相似性,从而使得像瓦茨拉夫·哈维尔和简·雅各布斯这样有着截然不同观点的思想家都作出了同样的推测,也就是,苏联垮台了,资本主义的垮台也为时不晚了。[1]

其他的人则不这么确定,比如,大卫·哈维写道:"资本主义不会自己倒掉的,必须推,它才能倒掉。资本的累积不会罢休的,必须阻止,它才能停息。资产阶级永远不会自愿地交出权力,必须剥夺,它才能放弃权力。"可能是这样,但是其他人,比如生态学家霍华德·奥度姆(Howard Odum)就认为"能量、物质和信息的普遍系统原则相互作用,迫使社会进入到一个长远循环中的不同阶段"。不管是哪种看法,推动历史进程的诸多因素,比如人们越来越强烈的不满情绪、能源投资回报率的下降以及我们消费中对社会和生

---

① Thomas Piketty, *Capitalism in the Twenty-First Century*(《二十一世纪的资本主义》)(New York: Penguin, 2014), pp. 294, 573; Richard Wilkinson and Kate Pickett, *The Spirit Level: Why Equality Is Better for Everyone*(《精神层面——不平等的痛苦》)(London: Penguin, 2010);另见 Jill Lepore, "Richer and Poorer"(《更富的与更穷的》), *New Yorker*(March 16, 2015):26-32; Joseph Stiglitz, *The Great Divide*(《大分裂》)(New York: Norton, 2015); Anthony Atkinson, *Inequality: What Can Be Done*(《不平等:还能做什么》)(Cambridge, MA: Harvard University Press, 2015). 比如简·雅各布斯这样写道:"今天,苏联和美国各自都预期并希望对方经济的衰落,哪一方都不会失望。" Jacobs, *Cities and the Wealth of Nations*(《城市和国家财富》)(New York: Random House, 1984), p. 200.

态成本欠支的累积等，汇聚形成了一种力量，推动着系统的变革。[①]

我的家乡是俄亥俄州奥柏林市（Oberlin），往南150英里就是规模很大而且繁荣的阿米什人（Amish）居住区，该居住区位于赫尔姆斯（Holmes）县。那里的人主要是靠农业、建筑和手工艺品维持生计，出行的工具是轻便马车，有效活动半径是8英里，载重能力也就是几百磅，即便是下坡，每小时的速度也不超过20英里。他们耕作和生活，用的是马；买东西，用的是现金。他们没有社安号，所以自己给自己上保险。他们奉养老人，不论有多大的逆境，都能维护社区的繁衍生息；不论是灾年还是丰年，都一样过着平淡幸福的生活。八年级以后，他们就不上学了，但是众所周知，他们是终身读书者。在赫尔姆斯县图书馆，他们是最大的图书借阅人群。用吉恩·洛格斯登（Gene Logsdon）的话说就是作为农夫，他们“让美国现代农业极度尴尬”，因为美国农业认定，农场必须是大型的、资本密集型的、专门化的、需要政府补贴、依赖石化产品的“注入”，而且对土壤、水、生态、野生生物、公共卫生以及子孙后代所造成伤害的罪过，也应该得到谅解。[②]

对于阿米什人来说，农业是全家人都参与的事，规模不大，以步行几个小时的距离为限。阿米什人在生活的区域内都能得到相互的关照，对他们来说，“邻居”这个词是动词，即便是最远的，也是相邻的，能够进行走动的。将阿米什社区凝固在一起的黏合液源于四个世纪以前的再洗礼派（Anabaptists）。这是个宗教信仰，信奉者每天都践行，每周日都有小的聚会，家庭成员都参加，强化这个信仰。这种居住区的爱是严苛的，维系着里面的居民，但是对于那

---

① David Harvey, *The Enigma of Capital*（《资本之谜》）（New York: Oxford University Press, 2010）, p. 260；另见 David Harvey, *Seventeen Contradictions and the End of Capitalism*（《十七个矛盾与资本主义的终结》）（New York: Oxford University Press, 2014）. 在这本书中，他写道：“唯一的希望是，人类在腐朽走得太远之前看到了危险。”（第293页）Howard T. Odum and Elisabeth C. Odum, *A Prosperous Way Down*（《繁荣地走向衰落》）（Boulder: University of Colorado, 2001）, p. 4.

② Gene Logsdon, “Amish Economics”（《阿米什经济学》）, in *Living at Nature's Pace*（《按照自然的节拍生活》）（White River Junction, VT: Chelsea Green, 2000）, pp. 130-140.

些固执任性有其他想法的人,也是拒之门外的。这个宗教信仰允许青少年到外面去感受灯红酒绿的世界,给予青少年一定的时间去选择,但是多数暂时有着其他想法的人最终还是回到这个文化中。在吉恩·洛格斯登看来,阿米什文化:

> 能够抵御金融动荡……强化个人抗拒自身弱点的能力。这个文化崇奉农业美德,甚至将它神圣化,极力促进发展好的农业以及一切好的东西,比如珍爱生态,节制对金钱和物质的欲望,节俭,注重细节,养成良好的工作习惯,相互帮助(睦邻友善),同心同德。[①]

阿米什人穿着都差不多,简朴,一点都不招摇。他们用的是同样形式的轻便马车,如果维修得当,马车可以用一辈子。他们既不追求经典时尚,也不跟风最新款式。他们对手机等创新技术逡巡良久,考虑很长时间才决定是否采用。他们不是好的消费者,他们所购买的大多数是五金器械之类或其他非常实用的东西。换句话说,他们从内心控制住了傲慢这一恶念,避免了傲慢恶念的膨胀变大。他们是和平主义者,他们懂得如何原谅那些冒犯他人权利的人。[②]

他们还是精明的商人,不把所有的鸡蛋放在一个篮子里。一个典型的阿米什农场全年都会出售 12 种或更多的农产品,通常在那些过度资本化或多样化欠缺的农场主不断倒闭破产的时候,他们依然能持续地挣钱。他们在自己的小作坊中,雇佣一二十个人,生产制造马拉的农具,并将之卖给北美大地上的其他农民。一个

---

① Ibid. ,pp. 132-133.

② 在《阿米什的恩典》(*Amish Grace*)中,作者讲述了阿米什人原谅杀人犯并抚养他的家人的感人故事。凶手 2006 年在宾夕法尼亚州的尼克尔矿区(Nickel Mines)杀了十个阿米什女学生。这个故事反映了人们对于当前宗教仇恨和暴力以及反仇恨和暴力的宽恕。见 Donald Kraybill et al. , *Amish Grace*(《阿米什的恩典》)(New York:John Wiley & Sons,2007).

世纪以前，机械化和专门化浪潮还没有到来。与那时的所有农民一样，阿米什农民会制作很多很多的东西。他们是技术高超的修理师、建筑工人、庄稼汉、兽医，还是乐于助人的邻里。还有些人，就像是俄亥俄州赫尔姆斯市的戴维・克兰（David Kline）一样，还是水平很高的作家。

阿米什人生活区并不是完美的社区。他们实行家长制，生活保守甚至守旧，如果按照其他美国人丰富紧张的生活来衡量，他们的日子可能显得寡淡无味，难以用语言来形容。他们不出远门或不经常远行；他们拒绝看电视，不用推特或谷歌，也不用电子邮件；他们不在脸书里秀自己的照片；他们不建造大城市，也不制造 F-16 战机，更不飞向太空；他们也不制造核武器，发动战争，让海洋酸化，使气候变暖，把子孙后代的饭都给吃了。他们在这个地球上的生活，谦逊质朴，优雅慈悲，友爱相助。马就是他们社会生活中的速度极限。他们共同的文化植根于基督教义的应用，给他们个人和集体的欲望扎上了一道篱笆。现代世界到处充斥着光怪陆离，在不断加速的变化中焦虑不安，阿米什人的社区就像是这巨大现代世界海洋中的一个孤岛。

不过，在主流社会的眼里，阿米什人还被看作是可爱的、有风情的、具有乡间田园风格的，是迷人风景中的永恒亮点，最适合接待那些一拨又一拨的心情浮躁的游客。游客们开着 SUV，在"阿米什乡村"游览，心里会得到某种慰藉。但是，我们还会发现，在困扰其他人的事情上，阿米什人也给人以启示。第一，他们用自己的方式解决了让主流的、获得诺贝尔奖的、新古典主义经济学家百思不得其解的难题。比如，阿米什经济对于主导全球经济的盛衰循环不是特别脆弱。第二，他们的支出计算涵盖范围很宽，包括附带性的以及其他不能货币化的成本。他们拒绝"规模经济"这个标签的诱惑，因此就不会有"效率"无效率的困扰，而效率这个术语无疑是英语话语体系中最容易误导人的词。他们并没有把他们的"外部性”施加到处于下游或下风口的其他人身上。而且，他们对自己的社会进行了精心的组织，从而保持较小的规模。如果一个社区发展得太大了，一部分就会搬出去，在别的地方形成新的社区。没有任何一个阿米什社区或教堂的规模发展到所有成员作为邻里相互之间不认识的程度。阿米什的教堂没有特大型的，所以教徒中很少有人自以为是，也没有什么人因为商业利益而改变宗教信仰。所以，他们也就相应地感受不到更大的文化中所特有的寂寞和孤独的痛苦。第三，阿米什人避免了消费上瘾的诱惑。与美国主流文化不同，阿米什人不怎么看电视，所以也就很少受到每天五千条商业引诱和广告的狂轰滥炸，而那些诱惑和广告让其他人不胜其烦，同时又有购买的欲望。所以，对于广告商来说，阿米什人不是他们很好的猎物。

阿米什人与土地、动物和工具还有紧密的、难以撼动的关系。他们的很多时间是在户外度过的，所以并没有理查德·洛夫（Richard Louv）所说的“自然缺失症”（nature-deficit disorder）以及室内社会生活因为围绕醉生梦死和虚幻空间而滋生繁荣的百无聊赖所带来的痛苦。换言之，他们的心智正常植根于一个特定的区域以及实际的生活需要，而不是更多地依赖获得金钱和花费金钱。在阿米什人生活的地方，在纽约或圣塔莫尼卡（Santa Monica）等地事业做得风生水起的心理师、治疗师、私人教练以及形形色色的培训师是没有用武之地的。[①]

最后，阿米什人成功控制了在更大的社会中经常被忽视的问题。他们不沉溺于追求生活的快节奏以及不断地搬家或升迁，所以对于伟大的美国人因为生活节奏快而导致的冷漠疏离的病症，就基本上是免疫的。因此，他们就不是化石能源出售商青睐的对象，也不大受公路承建商以及把大自然弄得千疮百孔的开发者的

---

① Richard Louv, *The Last Child in the Woods*（《失去山林的孩子》）（Chapel Hill, NC: Algonquin Books, 2005）；Richard Louv, *The Nature Principle*（《自然法则》）（Chapel Hill, NC: Algonquin Books, 2011）.

待见。不过,需要指出的是,阿米什的轻便马车并没有把小汽车、皮卡车拒在千里之外。恰恰相反,现在常见的是同一条路上既有轻便马车,也有卡车和小汽车,这是有点让人伤感的。面临选择外扬、奢华以及快节奏的生活还是选择内敛、俭约以及舒缓型的生活的难题时,阿米什人很早以前就有了答案,那就是后者。这样的结果是,扎根在一个地方生活的人们,睦邻友好,相互支持,他们懂得丰俭由人的道理,知道如何因陋就简,靠山吃山,靠水吃水。[①]

阿米什人在有些方面是不完美的,却是我们美国在发展可持续的、有韧力的经济和文化方面最好的范例。不过,那只是很多文化安排之一,它们在发展持久的、繁荣的经济的同时,并没有禁锢于繁复的理论大杂烩中,没有陷入世事忙碌的恶性循环。乔治·斯图特(George Sturt)在他的经典之作《轮匠店》(*The Wheelwright's Shop*)中,描述了他的公司,那是英国农村最后制造四轮运货马车的小公司之一。它是一个乡村企业,主要生产当地农民需要的产品,所以他写道:"我们与本地老百姓的特定需要密切相关……我们选择的业务范围,我们开发产品的路径,都受到这个或那个农场的土地特点、这个或那个山丘的梯度、这个或那个客户的脾性甚至是对马的爱好的制约。"如果没有本地社区的支持,斯图特坦承,他的买卖"很快就破产了……如果那时人们的性情像现在的人一样贪婪、急功近利和激烈竞争,他的生意很快就完蛋了"。但是,他的客户都不愿意"利用我的无知",他也拒绝降低其制作的轻便马车的质量。这是一种文化,"英国人穷毕生之力,努力使自己越来越亲近地融入英国大地之中",而斯图特就是其中的一份子。这种文化留存了悠久的记忆,崇尚其存在的价值,创造了"特别的产品和技艺、特殊的耕作方法以及淳朴的风情和本土味道浓郁的佳肴"。

① Mark C. Taylor, *Speed Limits*(《速度极限》)(New Haven: Yale University Press, 2014);另见 Peter Toohey, *Boredom*(《枯燥乏味》)(New Haven: Yale University Press, 2011).特别是图希(Toohey),他对我们时代的枯燥乏味进行很有趣的审视,认为如果能"对某些可能危及我们生活的状况提供早期的警示信号"(第 174 页),那也许会有帮助。

考古学家雅克塔·霍克斯(Jacquetta Hawkes)写道:“我不能不得出结论,(人类和土地之间的)关系在大约两百年前达到最亲密的程度,也是最敏感的节点。18世纪中叶,人类已经彻底胜出,土地变成了人类的财产,但是还没有被征服和肆虐。”对这样的描述,读者普通的反应是,那纯粹是年少无知,痴人说梦,但是霍克斯还写道:“那个时代,人们从其继承的土地上制造的每一样东西都浸润着专心不二的工匠精神,既称手实用,又美观好看,如果对这样的成就视而不见,那就是另一种形式的年少无知,痴人说梦。”①

当然,我既不希望,也不建议读过此前几段文字的读者马上跑出去加入什么阿米什社区,或者是做制造轻便马车的生意。我只是想表明伟大的经济学家肯尼思·博尔丁曾经说过的“不论是什么,一切皆有可能”的观点。阿米什经济以及很多其他与斯图特描述相似的经济现在就存在着,或者不久前还存在着,就说明了这一点。因此,他们是社区规模节俭、韧力、稳定、速度以及实用技能的样板,所有这一切都是在和谐团结的社会里实现的,没有怎么得到经济学家、专家学者和顾问指导的帮助。在每一个案例中,有能力的人们通过多种方式在人类的尺度内繁衍生息,发展了商业,成为更大主体内的和谐融洽的一部分。

如此说来,问题不是我们不知道有更好的选择,而是我们不认为那些选择是可能实现的现实,我们只是把它们看作是离奇古怪、无聊透顶的事情,因为我们依然生活在被速度、累积和便利所奴役的社会中,因为我们相信,即便旧经济的生物物理和道德基础已经在我们眼前崩塌,但是如果利用更先进、更聪明的技术,还是能够解决一切问题的。甚至最近还有人妄言,预测世界末日都比预测资本主义的消亡容易些。不过,发展更好的经济,不管是资本主义

① George Sturt, *The Wheelwright's Shop*(《轮匠店》)(1923; Cambridge, Eng.: Cambridge University Press, 1984), pp. 18, 53, 66; Jacquetta Hawkes, *A Land*(《土地》)(New York: Random House, 1951), pp. 143-144. 关于对相似技艺的工艺器材厂的描述,见 Matthew B. Crawford, *The World beyond Your Head*(《你想象不到的世界》)(New York: Farrar, Straus and Giroux, 2015), pp. 209-246.

经济还是其他形式的经济，其核心不仅是要看我们判断那些有可能但没有尝试过的措施的能力，而且还要看我们回忆和整合更古老的、有时是更加理智的做事方式的能力，这些古老的、明智的做事方式由于淡出人们的生活视线而没有得到很大的改进。尽管谈论以前的话题，比如 1995 年以前的事，或谈论任何比光速慢一点点的通讯交流形式，都会冒着被认为是老古董的风险，但我还是要清楚地说出这样的观点，正如威尔士人类学家阿尔文·里斯（Alwyn Rees）曾经所说的："当你到达深渊边缘的时候，唯一明智的选择是往后退一步。"①

现在已到了这种地步，站在了一个深渊的边缘，还有可能后退一步并建设一个有韧力的、公平的、繁荣的以及持久的经济吗？唯一的有用的回答是不确定的或有条件的"有可能"。说是不确定的或有条件的，是因为法律、规章、税收制度、政治、媒体、广告商、大众习俗、法理推演、想象力丧失以及纸醉金迷的绝大威力会摈弃对人类生存来说更好的机会，把对人类来说更急迫的事情弃置在一边。说是不确定的或有条件的，还因为我们美国人虽然相信自己是上帝的选民，但现在仍然不知道我们希望未来为后人所铭记的是作为历史上最热情的、最豪爽的消费者以及地球上最热心的、最聪明的破坏者，还是希望在以下领域的贡献为后人所称道：艺术、文学、音乐、激情、富有幽默感、高质量的学校、公平、聪明的治理、伟大的城市、对乡村的热爱、子孙后代的健康、有韧力的繁荣、远见卓识、我们的生存方式、我们对人类尊严的忠诚。不论我们选择哪一条路径，我们的经济可能会更好，也可能会更坏，但都会最清晰地描绘我们是什么样的人以及我们会变成什么样的人。也许我们会变得更好，也许我们会变得更坏。在这样的问题上，我们依然存

---

① 历史既悠久，又悲惨。这样的案例包括苏格兰的高地大清洗（Highland Clearance），也包括苏联的农庄集体化。Rees quoted in Leopold Kohr, *The Breakdown of Nations*（《国家的崩溃》）（1957；New York：Dutton，1978），p. 221.

在着分歧。[①]

我们文化中的默认值就是“乐观”,强烈地相信“未来比你想象的要好”。未来大概会变得更好,部分原因是不需要我们的愿望和行为有新的变化,也就是说,我们自己不会进行什么大的改变。换句话说,我们的生活将会一如既往地进行,但是我们的罪孽将通过技术的“突破”而得到宽恕。这就是走在悬崖边上仍然表现出来的乐观主义,或者也许是另一种形式的半夜经过墓地时所发出的口哨声。纯粹的乐观主义者与仅仅对未来抱有希望的人不同,他们没有丝毫怀疑地认定,我们有能力从自我导致的、技术扩大的、越来越复杂的困境中走出来。他们幸福快乐,好像生活在仙境里,里面都是好玩的、炫丽的东西。仙境里能够洗净钱,生发钱,增加钱,赚到钱,你会推测,那就是社会进程的驱动器。尽管我们的现状已经很严峻,但是他们依然不愿意“利用我们的想象力”,极具讽刺意味地把我们在政治、伦理、道德甚至经济领域的创造力都排除在外了。不过,他们还是愿意促进技术创新的,比如,对于可口可乐公司最近在水资源保护方面取得的技术突破,他们由衷地感到高兴,尽管该公司为了赚钱要出售更多的含咖啡因的糖水饮料,从而造成了地下水的枯竭。岂不知,那些买可乐的人更需要水合作用、营养以及自己控制自己的土地、水和生活,而不是糖、垃圾食品中的卡路里以及公司控制他们的土地、水和生活。这样的乐观主义者一直把与他们意见相左的人断然斥责为“卢德分子”(Luddite),认为那些卢德分子会让我们倒退到阿米什人的生活水平,从而错失“技术进步带来”的“巨大”利益。有人怀疑,关于卢德运动的真实历史,至今仍没有人读过,就像关于福岛(Fukishima)核泄漏、博帕尔(Bhopal)毒气泄漏、内分泌干扰物、核武器、古拉格群岛以及奥

---

① 正如著名经济学家尼古拉斯·乔治斯库-罗根曾经所说:“人的本性就是这样,人类的命运是选择一个真正伟大但是简短的人生,而不是一个漫长和乏味的人生。”见 Nicholas Georgescu-Roegen, *The Entropy Law and the Economic Process*(《熵的定律和经济过程》)(Cambridge, MA: Harvard University Press,1971),p. 304.

斯维辛(Auschwitz)集中营的著作没人读一样。美国国家安全局(National Security Agency)、中央情报局(CIA)以及巨型信息技术公司之间甜蜜美满又阴险狡诈的关系还没有写出来,即便写出来,也不会有人读到。这些纯粹的乐观主义者渴望的是“技术突破”,而且一定会摆出假装的淳朴无邪或世界一流的天真烂漫,认为如果发生技术突破,那么这些技术突破不会产生隐形成本,也不会带来不可预见的连带性的破坏。他们是技术原教旨主义者,他们的思维方式,与其他的原教旨主义者一样,对包括深层次的、首要的、最重要的人类、道德和政治等问题在内的所有问题只提供一种解决方案,而且是同样的。不过,对于那些难以解决的困境,他们是避而远之的。[①]

在一切都是新奇的而且依然光彩照人的文化中,没有多少触目惊心的废墟和不断恶化的心理创伤会昭示人类曾经犯下的错误、表现出的愚蠢,当然还有包藏的祸心。因此,对于以上所说的重大问题,人类要想保持清醒冷静,是非常困难的。美国白人还很年轻,太过自信,行为举止上就像盛气凌人、鲁莽幼稚的愣头青,还没有受到历史的足够历练。在人类的记忆中,有钩心斗角、尔虞我诈以及各种各样的分崩离析,还有很多事与愿违,计划得很好,结果却出人意料。

如果真的有改进,不管是经济上的,还是其他方面的,我认为首先必须摈弃幻想和奇谈怪论,不能罔顾我们的历史,不能有意地忽视地球承载力、复杂性以及我们的无知所带来的限制。如果确实有改进,如果真的发生了改进,那么我相信,这些改进将从权力和财富的边缘开始,从很小的不被注意或很不重要的没有引起有组织的反对的地方和情况下开始。不过,就像那些在恐龙的脚之间仓皇游动的老鼠大小的哺乳动物一样,这些最初的改进几乎吸

---

① Peter Diamondis and Steven Kotler, *Abundance: The Future Is Better than You Think*(《富足:未来比你想象的更美好》)(New York: The Free Press, 2012), pp. 302-304.

引不了公众的注意。事实上，在乡村与城市的小区和社区里，几十年前，转变就已经发生了，不仅是这儿，其他地方也发生了。这种发展势头还在加剧，但是，在整个发展框架内，没有一个整体的战略能够包括所有下列人员：涉及可持续农业和慢食运动以及小额贷款的人、城市农民、绿色建筑者、风电场工人、太阳能安装工、骑行者、城区内商业人员、环境教育工作者、各种各样的先锋者和拓荒者、公务员、宣传人员、组织人员以及那些希望促进经济公平竞争的人员。随着时日的推进，从边缘掀起的变化浪潮可能会在更大的范围内改变文化，也许有一天，还会导致政治结构的变革。①

最终，在省州和国家层面上，也必然会发生所有权、税收、投资、金融、公共政策等领域的重大的宏观性的变革。对于这些变革，我将留给居庙堂之高者以及更具智慧的人去描述。但是，在可能发生的那些变化中，我们需要一个标尺，来明确我们的核心理念，让我们知道哪些变化是真正重要的。我知道，再没有谁比约翰·拉斯金说得更好了。他说："伟大的、显而易见的、不可回避的事实，即所有经济的规律和根基，（是）一个人拥有了某个东西，另一个人就不会拥有它了；任何一种物质的原子，不管是什么种类的，不管是使用了还是消费了，都要消耗人类很多的生命……如果某项工作做得很有智慧，那么就会获得很多生命；如果某项工作做得很愚蠢，那么就什么也得不到；如果某项工作做得缺德，那么就会有很多死亡。"据此，一个好的经济应该：

· 在人类可控制的范围内生存；

· 与效率相比，优先考虑充裕；

· 除非是为了救命，明确不能进行购买和出售东西的日子；

---

① James Howard Kunstler, *Too Much Magic*（《太多的魔幻》）（New York：Atlantic Monthly Press，2012）；Rob Hopkins，*The Transition Towns Handbook*（《城镇转型手册》）（Totnes，Eng.：Green Books，2008）.

·帮助人们成长，而不是让他们掉入陷阱、依赖他人以及轻信上当；

·包括债务宽恕，也就是实行犹太教的五十年节，并把它作为一项通行的措施；

·提供好的工作，让人感到高贵和体面；

·对广告进行课税，禁止那些旨在利用孩子的广告；

·彻底杜绝通过制造和销售武器获得利润；

·公平地分担成本和风险，公平地分享收益；

·要求物品价格包括产品或服务中的所有成本；

·帮助我们实现从获取性文化向共存性文化的转型；

·保护气候、野生生物、土地和水等这些人类共同的遗产。[①]

如果是在只强调市场行为的地区或争论如何更好地达到自我

---

① 比如，James Gustave Speth，*American the Possible：Manifest for a New Economy*（《美国无所不能：新经济的显示》）（New Haven：Yale University Press，2012）；Gar Alperovitz，*American beyond Capitalism*（《超越资本主义的美国人》）（Takoma Park，MD：Democracy Collaborative，2011）；Gar Alperovitz and Lew Daly，*Unjust Deserts*（《不公正的沙漠》）（New York：The New Press，2008）；Herman Daly and John B. Cobb，*For the Common Good*（《为了共同的利益》）（Boston：Beacon Press，1994）；Jeff Gates，*The Ownership Solution*（《所有权解决方案》）（Cambridge，Eng.：Perseus Books，1999）；Jeff Gates，*Democracy at Risk*（《处于危险中的民主》）（Cambridge，Eng.：Perseus Books，2000）；J. David Korten，*Agenda for a New Economy*（《新经济议程》）（San Francisco：Berrett-Koehler Publishers，2010）；Juliet Schor，*Plenitude*（《富饶》）（New York：Penguin，2010）；David Schweickart，*After Capitalism*（《资本主义之后》）（New York：Rowman & Littlefield，2002）；Michael Shuman，*The Local Economy Solution*（《本地经济解决方案》）（White River Junction，VT：Chelsea Green，2015）；John Ruskin，*Unto This Last*（《留给这个后来者》）（London：Dutton，1968），pp. 192，202；Kirkpatrick Sale，*Human Scale*（《人性尺度》）（New York：Coward，McCann，& Geoghegan，1980）；Wolfgang Sachs et al.，*Greening the North*（《绿化北部》）（London：ZED books，1999）；E. F. Schumacher，*Good Work*（《好工作》）（New York：Harper Colophon，1979）；Eric Gill，*A Holy Tradition of Working*（《神圣的工作传统》）（Ipswich：Golgonooza Press，1983）. 罗伯特·斯基德尔斯基与爱德华·斯基德尔斯基把广告定义为"有组织性的创造不满意"（*How Much Is Enough*？p. 40）。克莱夫·汉密尔顿建议"所有公共场所禁止张贴广告，宣传厂家，并在电视和广播上限制广告时间"，同时进一步改革税收法律，不能把广告费用作为一项可充抵交税基数的支出。见 Clive Hamilton，*Growth Fetish*（《增长迷恋》）（London：Pluto Press，2004），pp. 91，219. 汉密尔顿教授真是太仁慈了。但丁（Dante）会把那些广告制作商、承办商、推动商放在地狱的底层。Erich Fromm，*To Have or to Be*（《占有还是存在》）（New York：Bantam Books，1976）；David Bollier，*Think Like a Commoner：A Short Introduction to the Life of the Commons*（《像普通人那样思考：共同体生活简介》）（Gabriola Island，BC：New Society Publishers，2014）.

利益，不论在什么规模上，都不会发生这些变化，也不可能发生这些变化。前面说的那些对于文明薪火相传至关重要的条件，要求有更丰富的法律、规定和理解，从而可以适应生物物理的现实、跨代和跨种类的道德、文化、历史以及公众参与。正如赫尔曼·戴利所描述的，既需要有宏观的控制，也需要有微观的差异性。只有这样，我们才能希望“尽可能地减少（人类）的疯狂带来的伤害”[1]。

---

① 这句话来自布莱士·帕斯卡（Blaise Pascal）的《思想录》（*Pensées*）。

治　理

> 但是，政府本身若不是对人性最大的反映，又是什么呢？如果人人都是天使，就不需要任何政府了。如果是天使统治人，就不需要对政府有外来的或内在的控制了。在组建一个人统治人的政府时，最大困难在于必须首先使政府能管理被统治者，然后使政府能管理自身。[①]
>
> ——詹姆斯·麦迪逊(James Madison)
>
> 到 2100 年，人类很可能灭绝，或者是苟延残喘在屈指可数的几个地方，幸运地逃脱了核毁灭或全球变暖的致命影响。[②]
>
> ——布莱恩·巴利(Brian Barry)

化石燃料燃烧和气候变化之间的联系是 1897 年发现的。118

---

① James Madison, *The Federalist Paper*(《联邦党人文集》), No. 51.

② Brian Barry, *Why Social Justice Matters*(《为什么社会公正很重要》)(Cambridge, Eng.: Polity Press, 2005), p. 251.

年以后,国际社会最终在巴黎召开《联合国气候变化框架公约》第21次缔约方大会暨《京都议定书》第11次缔约方大会,确定开始向低碳未来的漫长转型,希望以此来阻止气候变化产生最严重的后果。这次会议达成的《巴黎协定》促进国家首脑、立法者、金融家、公司高管以及各个层次的负责人启动早就应该实施的政策和金融改革。所以,2015年国际社会形成的《巴黎协定》,从历史上看,可能会成为一个转折点。不过,即便是这样,也只是个开始。

同时,美国依然没有制定有约束性的国家气候政策。美国的人口仅占世界人口的4%,但是历史上排放的二氧化碳占全部的28%。对于面临气候变化的不作为造成的严重后果,国际社会发出了如海潮般的警告,这些警告既有权威性,又非常迫切。即便如此,美国也没有出台碳税或限制碳排放的政策。美国在这个问题上拖延推诿,似乎听起来简单无知,事实上,不仅仅如此,用格斯·斯佩思的话说,那"可能是美利坚合众国历史上最大的国家责任的放弃"。国际社会已经达成了《巴黎协定》,但是我们的世界依然处于一个漫长危机的最初阶段。这个危机就像一个女巫一样,把不同空间和时间规模上存在的越来越恶化的、没有解决的生态和社会问题,都汇集到一个巨大的旋涡中。这是两个"非线性"系统的碰撞,一方面是生物圈和生物地球化学的循环,另一方面是人类的机制和组织系统。[①]

尼古拉斯·斯特恩(Nicholas Stern)说,气候危机是"世界所经历的最大的市场失败"。其实,此前很久,世界就已经经历了很大的政治和政府失败。碳排放迟早会威胁文明的生存,对此,人类几十年前就已经知道或怀疑了。但是,美国联邦政府只是最近才采取行动。政府消极应对气候变化,有很多原因。气候变化是个"完

---

① Rick Heede, "The Climate Responsibilities of Industrial Carbon Producers"(《工业碳生产者的气候责任》)(Cambridge, MA: Union of Concerned Scientists, 2005); for the quotation by Speth, see Letter to the Editor, *New York Times*(May 14, 2014).

美的问题”(perfect problem),科学上很复杂,政治上争议大,经济上成本高,道义上各持一端,而且非常容易进行否认或者是在时过境迁之后将责任推给别人。

但是,气候变化被置之不理,还有一个原因。半个世纪以来,西方民主国家的政府受到众口一词的攻击,特别是在美国和英国。这些攻击可以追溯到古典自由主义更加不满的言论,曾经慷慨激昂地批评根深蒂固的皇权力量。美英两国这种声音的代表,一是罗纳德·里根(Ronald Reagan),一是玛格丽特·撒切尔。里根总统秉承“政府就是问题所在”的理念,重振了共和党和美国政治;而撒切尔夫人在担任首相期间坚定地认为,没有什么社会这一揽子事,只有原子化的自我利益。其他的社会力量和派别也加入这个怪异的联盟之中,有思想家、埃克森美孚等公司、媒体狂人以及米尔顿·弗里德曼(Milton Friedman)等经济学家。这些人称自己是“保守分子”(conservatives),但是从各方面考虑,他们选择用保守分子这个词,是比较怪异的。[①]

其他因素已经掏空了西方式的政府。特别是在美国,战争和巨大的军费开支极大地导致了财政赤字、公共领域投入的困乏以及公共机构可信度的下滑。跨国公司的兴起壮大,也形成了政府权威和力量的对立来源。选举腐败、操纵欺骗、右翼媒体更是火上浇油,进一步增加了公众对政府、政治、完全民主以及公共向好理念的敌意。由于缺乏资金,由于受到困扰,很多联邦政府部门的士气和效率已经降低,从而强化了人们关于政府总是比不了市场的认识,事实上,政府也是在公众的选择下建立的。在互联网的相助下,公众因为思想意识的不同而被分成不同的群落,而这些群落之间似乎也难以进行有效的对话。

---

① Edmund Fawcett, *Liberalism: The Life of an Idea*(《自由主义:一种思想的生活》)(Princeton, NJ: Princeton University Press, 2013). 准确地说,自我标识为保守经济学家所希望保护的东西,是有争议的。它不可能是当前的社会或生态现状。那么,人们就会断言,那只能是社会系统的规则,而那些规则是让富人变得更加富裕的规则。

但是,对政府的攻击并不是它声称的那样。事实上,那个攻击不是针对过度臃肿的政府,而是一场有钱人支持下的运动,其目的只是为了裁撤那些致力于改善公共卫生、交通、教育、环境质量以及我们共同的基础设施的政府部门。[1] 那些右翼的斗士曾经是财政上的保守主义者,他们毫无疑问会减少公司和富人的税负,大量地补贴化石燃料工业,同时急切地借钱,从而发动战争、制造武器、加强国内监控,所有这些都会增加他们极力批评的国家债务。

由于对政府的攻击,我们解决公共问题的能力大大地萎缩了,而私营银行、金融机构和企业的能力却增强了。难怪就会出现这样的结果,民主政府的抗衡和监管能力受到了削弱,同样受到削弱的还有公共机构预见、规划以及行动的能力,也就是说,治理的能力。

美国政府治理能力的式微是在很糟糕的时代发生的。我们依然是世界上军事化程度最强、财富最多的国家,但是我们对善行仁爱的影响却呈下降趋势,这在很大程度上是 2003 年入侵伊拉克(Iraq)那场灾难所引起的。除了各方的人员死亡以及大约高达 3 万亿美元的花费,那场战争的后果还进一步加剧了本来就不稳定的地区的动荡,进而导致伊拉克和大叙利亚伊斯兰国(ISIS)的兴起以及恐怖组织向该地区之外的蔓延。由于气候的快速变化、人口的持续增长以及生活贫困、财富差距的巨大差异,全球系统受到越来越大的压力。当今世界,有些国家拥有着核武器,有些国家固守着古老的宗教和民主仇恨,有些国家则紧紧依靠着自己的经济和政治优势,这一切都将使得前面的问题雪上加霜。所有的问题综

---

① Jane Mayer, *Dark Money*(《黑钱》)(New York: Doubleday, 2016); and Zephyr Teachout, *Corruption in America*(《美国的腐败》)(Cambridge, MA: Harvard University Press, 2014).

合起来,就会以某种方式威胁颠覆社会秩序。[①] 在不太遥远的将来,治理还会面临其他的、完全前所未有的挑战。这些挑战是人工智能系统的兴起所引发的,而人工智能"有可能成为一切事物的最终控制者",所以有可能要求"彻底重塑我们的政治体系"。[②]

气候变化已经对世界很多地区造成了严重的损害,但是如果看看未来,更大的损害还在后头呢。温度越来越高、酸度越来越强的海洋,将降低支撑人类的能力。更大的风暴、抬高的海平面、更高的气温、更久的干旱以及正在涣散的生态已经对农业、水系统、公共卫生和提供交通、电力、应急服务的城市基础设施造成了破坏。气候动荡将在未来很长的时间里变得更加严重。即便我们到本世纪中叶稳定了二氧化碳排放的水平,大量已有碳排放的影响将持续数百年,甚至是上千年,没有任何一个社会、经济或政治体系能逃过此劫。[③]

因此,我们应该做好充分的准备,应对今后到来的灾难的"完美风暴":

> 1. 由于化石燃料的燃烧和土地利用的变化,地球将经历重大的、快速的气候变暖过程,升高的温度不少于2 ℃,也有可能会更高,这一气候变化将持续数百年,甚至数千年。

---

① Harald Welzer, *Climate Wars: Why People Will Be Killed in the 21st Century*(《气候战争:为什么人们会被杀于 21 世纪》)(Cambridge, UK: Polity Press, 2012); Center for Naval Analysis, *National Security and the Threat of Climate Change*(《国家安全以及气候变化的威胁》)(Washington, DC: the Center for Naval Analysis, 2007); The Defense Science Board, *Trends and Implications of Climate Change for National and International Security*(《基于国家和国际安全的气候变化趋势以及影响》)(Washington, DC: Office of the Under Secretary of Defense, 2011). 在边注上,亨利·基辛格表示,希望撰写一部关于世界秩序的畅销书,但不提及气候变化,这就像写一个剧评,但不提第二幕中剧场倒塌的事儿。Henry Kissinger, *World Order*(《世界秩序》)(New York: Penguin Books, 2014).

② George Zarkadakis, *In Our Own Image*(《在我们自己的镜像里》)(New York: Pegasus Books, 2015), p. 269. 扎卡达基斯认为,在全球禁止人工智能研究是"非常可能的",可以终结人工智能时代到来所导致的多种威胁。(第 302 页)

③ Lisa-Ann Gershwin, *Stung*!(《蜇人》)(Chicago: University of Chicago Press, 2013).

2. 温度升高将极大地促进全球系统的动荡,导致大规模的干旱和极端天气,更多的暴风雨,更高的海平面,更多物种的丧失以及不可预测的生态转变。①

3. 气候动荡可能引发粮食、能源和资源的短缺,从而破坏政治、社会和经济的稳定,扩大恐怖主义的影响,强化国家与国家、动乱地区与动乱地区、区域与区域之间以及各自内部的矛盾冲突。

4. 地球的气候何时进入不可控制的衰退点,这个还不清楚,但是有充分的科学理由让我相信,如果大气中的二氧化碳浓度达到400ppm到500ppm之间,那么我们就超越了灾难不可逆转的阈值。当前,大气中的二氧化碳浓度已经超过了402ppm,而且每年增长2ppm。这是噩梦一般的前景,表示着气温已经达到很高的水平,可以让冻原融化,让海洋变暖,从而释放出巨量的甲烷。甲烷比二氧化碳的温室效应能力更强,不过,它是一种短命的温室气体。②

5. 在联系越来越紧密的全球系统内,不可预测的、重大的("黑天鹅")并对全球造成不可逆转的、长期影响的事件,将会继续增多。③

6. 在现在的地球上,海洋仍然扮演着热量稳定器的角色。因为这个原因,最近的气候变化导致的天气异常

① James Hansen et al., "Ice Melt, Sea Level Rise and Superstorms"(《冰融化、海平面升高和超级风暴》), *Atmospheric Chemistry and Physics Discussions* (2015); Kevin Trenberth et al., "Attribution of Climate Extreme Events"(《气候极端事件的归因》), *Nature Climate Change* 5(2015):725-730; James Hansen et al., "Perceptions of Climate Change"(《对气候变化的认知》), *Proceedings of the National Academy of Sciences* 109, no. 37(2012); Mark New et al., "Four Degrees and Beyond"(《4度以及更高》), *Philosophical Transactions of the Royal Society*(November 29, 2010).

② Anthony D. Barnosky et al., "Approaching a State Shift in Earth's Biosphere"(《了解地球生物圈的变化》), *Nature* 486(June 7, 2012).

③ Nicholas Taleb, *The Black Swan*(《黑天鹅》)(New York: Random House, 2010); John Casti, *X-Events: The Collapse of Everything*(《X事件:一切的崩塌》)(New York: William Morrow, 2012).

> 现象，都是大约30年前二氧化碳排放所造成的结果。随着海洋温度的持续变暖以及酸度的增强，海洋在气候变化方面的缓冲作用将会变弱。

当下，我们还没有拥有每年能够从大气中去除90亿吨碳的技术，也没有从自身看是碳中和的、能付得起的、可以推广使用的，同时在规模和进度方面不会导致严重的全球混乱的技术。对大气实施地球工程所引发的未知问题，远远超过我们现在的知识范围以及预测能力，其达到的最好效果也只不过是把问题往后推一推。采取行动，避免最坏后果的发生，是很难的，因为非线性系统极其复杂，原因和结果之间有着很长时间的延迟。还有一个原因是，化石燃料工业会利用它们的政治以及经济力量，阻挠对气候变暖进行及时的更正行动，因为那样会极大地损害它们的利润。[①] 遗憾的是，由于我们应对气候变暖的延迟，我们的子孙后代将承担更大的压力，这将成为历史上最大的道德瑕疵。[②] 因为，气候动荡不仅仅是技术和政策问题，还是更深层问题的表征，这些问题植根于我们的范式、哲学、公众错觉以及我们的大脑演化处理差异性和威胁性信息的方式之中。[③]

摆在我们面前的迫在眉睫的完美政治风暴将是多种因素融合

---

① Jorgen Randers, 2052: *A Global Forecast for the Next Forty Years*（《未来四十年的全球预测》）（White River Junction, VT: Chelsea Green, 2012）, pp. 117-118. 兰德斯写道，到2052年，"将有更多的干旱、洪涝、极端天气以及蚊虫横行。海平面将升高0.5米，北极的冰将全部融化，新的天气将对农学家和度假者带来困扰……在2052年，面临本世纪下半叶发生的更多气候变化，这个世界将充满焦虑。自我强化的变化将成为天字第一号的恐惧，冻原融化后释放的甲烷气体将导致更大的温度升高"（第44、117页）。

② Stephen M. Gardiner, *A Perfect Moral Storm: The Ethical Tragedy of Climate Change*（《完美的道德风暴：气候变化的伦理悲剧》）（New York: Oxford University Press, 2011）. 根据道德哲学家约翰·布鲁姆（John Broome）的计算，富裕国家过着正常生活的人所产生的碳排放，"会减少一个健康人6个多月的寿命。每年，你所排放的碳会摧毁一个人几天的健康生活。这些是严重的危害"。John Broome, *Climate Matters: Ethics in a Warming World*（《气候很重要：越来越热的世界里的伦理》）（New York: Norton, 2012）, p. 74.

③ Daniel Kahneman, *Thinking Fast and Slow*（《思考，快与慢》）（New York: Farrar, Straus, and Giroux, 2011）; Jonathan Haidt, *The Righteous Mind*（《正义之心》）（New York: Pantheon, 2012）.

汇聚导致的,它们是:不可避免的不断恶化的气候变化,不断扩大的生态混乱(包括森林砍伐、土壤流失、水短缺、物种丧失以及海洋酸化),人口增长,越来越不公平的经济成本和风险以及收益的分配,国家和民族紧张局势等。所有这一切因素,都会因政治无能以及人类舛误的问题而变得复杂。特别是,今后几十年的政府将不得不应对下列问题的影响,承担相关的代价。

·随着河流、水井以及地下含水层的干涸,将会出现越来越长久、越来越严重的干旱;

·农作物歉收以及越来越频繁的饥馑;

·气候变化导致的暴风雨、龙卷风、飓风、海啸、洪涝以及尘暴发生后的应急救援;

·受海平面上升、洪涝以及长久干旱影响地区的数百万居民的搬迁;①

·气候难民的管理,据估计到 2050 年将达到 2.5 亿人甚至更多;

·争夺水和粮食的国内与国际冲突越来越多,并在古老民族冲突的影响下变得更复杂,在生物和核武器扩散的背景下变得更可怕;

·由于缺少冷却水和(或)燃料而造成的停电;

·经济增长停滞的可能性加大,特别是在社会最需要经济增长的时候;

·在越来越动荡不安的条件下维持公共秩序;

·管理争论,比如是给富人生产燃料,还是给所有其他人生产粮食;

·构建更有韧力的粮食、能源和水系统;

① Mathew Hauer et al. ,"Millions Projected to Be at Risk from Sea-level Rise in the Continental United States"(《海平面上升让美国大陆数百万人处于危险境地》),*Nature Climate Change*(March 2016).

·处理"搁浅资产"(stranded asset),主要是那些燃烧后就造成全球灾难风险的化石燃料资源以及在开采、加工、运输、销售以及燃烧石油、天然气和煤炭过程中对基础设施造成很大成本支出的资源;

·创建公平的、可持续的以及有韧力的社会和经济秩序。

为避免最坏情况的发生,我们需要大幅度减少二氧化碳排放,努力到21世纪中叶实现零排放。不过,不论我们怎么做,我们可能都会接近气候变化失控的那个阈值。但是,死马当活马医,为了躲避气候变暖那颗子弹,我们必须尽快地处理那些不能安全燃烧的化石燃料储藏。我们的选择大致有:

1. 从矿藏主那里征用化石燃料;

2. 对矿藏主给予补贴,而不是像19世纪英国在加勒比海地区结束奴隶制度时的所作所为;

3. 尽快地部署使用替代技术,使得化石燃料变得没有竞争力;

4. 对大气实施地球工程,从而降低温度,为寻找更好的解决办法争取时间;

5. 综合采取以上策略。[①]

我们暂且不考虑政策的特殊性和复杂性,在文明社会一直延续的情况下,我们必须永久地把煤炭、石油、油砂以及天然气这些矿藏从经济资产类别中分离出去,同时也不能导致全球经济的倾覆。

---

① Bill McKibben,"Global Warming's Terrifying New Math"(《气候变化的新数字令人恐惧》),*Rolling Stone*(July 21,2012). 比尔·麦克基本推测,如果要避免让地球变得更热,我们需要去除20万亿美元的化石燃料"资产"。另见 www.carbontrackerinitiative.com.

二氧化碳会在大气中停留多长的时间?这个问题从广度、难度和长度来说都是系统性的。对于这样系统性的问题,没有任何一个国家的政府显示出要解决它的远见、愿望、能力或者创造力。当下,没有任何一个国家的政府愿意或有足够的能力以既有人性也有合理性的方式做出“悲剧性的选择”(tragic choices)或做出那些难以避免的两害相权取其轻的决定。美国和其他国家的“保守主义者”,信奉自由意志主义哲学,对于石油、燃气和煤炭公司感激涕零,这些公司不仅不帮助政府,反而一直致力于摈除政府解决大规模问题的能力,因为很多问题都是这些企业恩主造成的或使之恶化的。目前,当气候动荡与传统经济智慧发生碰撞冲突时,没有任何一个国家的政府显示出反思自己国家治理使命的能力。传统经济智慧深嵌于奉行“新自由主义”(neo-liberalism)的“华盛顿共识”(Washington consensus)之中,特别推崇经济增长。就国际社会的治理来说,情况亦是如此。用马克·马佐尔(Mark Mazower)的话说,就是:“真正的世界挑战以气候变化、金融动荡等形式向我们迫近,(但是)没有一个组织能够协调对全球变暖的应对措施。”①

从《联邦党人文集》(*The Federalist Paper*)以及其他著作来看,詹姆斯·麦迪逊的文章是反映治理艺术和科学最杰出的思想之一。他对于民主的长远前景不乐观,部分原因是他称之为“党派”(faction)的群体围绕获得利益而组织的控制问题。他提出的解决方案包括将党派混入幅员更大、民族更多元的国家,并构建政府,从而利用一个党派反对另一个党派,在联邦层面上进行三权分立,同时在联邦政府和各种各样的地方政府之间进行分权。这样做的

① 托马斯·荷马-迪克森在他的书中充分地描述了问题可能会超出我们智慧的很多原因。见 *The Ingenuity Gap*(《智慧鸿沟》)(New York:Knopf,2000);Mark Mazower,*Governing the World*(《治理世界》)(New York:Penguin,2012),p. 424.

结果是建立了对抗性的体系,使其很难发生迅速的、大型的变革,也不容易发生一个党派或某个政府部门主导其他党派或政府部门的现象。但是,麦迪逊所开的药方中,似乎有一种能够自我完善的药,而这种药恰恰会使得他要解决的问题变得更严重。用政治学家史蒂芬·卡尔曼(Steven Kelman)的话说,就是:"设计建立你的组织机构,从而获得自我利益……你可能会获得更多的自我利益。你得到的自我利益越多,那么你设计建立的组织机构为了防止出现坏政策就一定会变得更加严苛。"①

人类受到很多东西的诱发,在不同的政治文化和不同的时代,自我利益的内涵都可能不一样,有时比较窄,有时比较宽。因此,人类在设计建立政治机构和出台政策时,都要尽可能地在不强制的情况下引导公共向好的行为。②

如果詹姆斯·麦迪逊再回到这个世界上来,他会很惊讶,因为在他离开226年后,他汲汲于为农业时代设计的政府,依然或多或少地在工业和技术推动着的、有着70多亿人的世界上发挥作用。我相信,当看到我们各个社会中堆积下来的未解决的问题时,他还会感到沮丧,因为从某种程度上说那些问题大部分是由于政府和政治失误造成的。但是,对于当下人们不再对政府抱有幻想,对于阻止我们解决我们最急迫难题的超级党派之争,他是一点都不会感到奇怪的。与我们相比,麦迪逊面临的问题微乎其微,但是即便如此,他也是如历史学家理查德·马修斯(Richard Matthews)所说"被噩梦驱赶着",并相信他积极推动的治理试验注定要失败,也许是在一百年以内就失败。③

---

① Steven Kelman, "Why Public Ideas Matter"(《公共意见为什么重要》), in Robert Reich, ed., *The Power of Public Ideas*(《公共意见的力量》)(Cambridge, MA: Harvard University Press, 1990), pp. 47-51; Jane Mansbridge, ed., *Beyond Self-Interest*(《超越自我利益》)(Chicago: University of Chicago Press, 1990), pp. 3-22.

② Richard Thaler and Cass Sunstein, *Nudge*(《轻推》)(New York: Penguin Books, 2009).

③ Richard K. Matthews, *If Men Were Angels*(《如果人是天使》)(Lawrence: University of Press of Kansas, 1995), pp. 8, 212.

作为政治思想家,麦迪逊的主要成就是精辟地分析了《邦联条例》(*Articles of Confederation*)的致命缺陷,指出了邦联面临的可怕局面,提出了建设更加强有力的中央政府所需要的令人信服的、令人耳目一新的原则。美国《宪法》(*Constitution*)在1787年通过,尽管很了不起,但也有着严重的不足。为了确保这部法律的通过,立法起草人员回避了奴隶制问题,这是美国最为根本、最为深重的罪孽。他们还忽略了女人和土著居民,从而将女人和土著居民排除在这部宪法之外。他们偏爱财产拥有者和富人,并给予特权。他们选择不怎么民主的方式进行总统和参议员选举。他们对小(人口少)的州和不具代表性的城市州赋予了太多的权力。随着时间的推移,宪法的一些缺陷得到修复,但是其他的缺陷依然给人带来创痛。[①]

尤其是,麦迪逊没有能够预见到,党派的问题有朝一日变成了专横暴虐的一种形式,特别危险,又特别有诱惑力,这就是有限责任公司。慢慢地,这个公司就会变成腐蚀民主的特洛伊木马,购买不当影响力,要求得到巨额补贴,扭曲经济发展方向,扰乱新闻媒体自由,破坏自由选举,构建资源密集型的消费社会,威胁人类自身的生存。

更为严重的是,在前面说过的圣克拉拉县诉南太平洋铁路案件将近一个世纪后,美国最高法院在"巴克利诉瓦莱奥"(*Buckley v. Valeo*,1976)的案件里裁定,政治竞选运动中的经费支出,是自由言论的一种形式,受到第一修正案的保护。在联合公民诉联邦选举委员会(*Citizens v. FEC*,2010)的案件中,最高法院裁定,竞选资

---

① Sanford Levinson,*Our Undemocratic Constitution*(《我们不民主的宪法》)(New York:Oxford University Press,2006);Sanford Levinson,*Framed*(《架构》)(New York:Oxford University Press,2012);Robert A. Dahl,*How Democratic Is the American Constitution*?(《美国宪法有怎样的民主》)(New Haven:Yale University Press,2002);Steven Hill,*10 Steps to Repair American Democracy*(《修复美国民主的10个步骤》)(Sausalito,CA:PoliPoint Press,2006);Harold Myerson,"Foundering Fathers"(《国父》),*American Prospect* 22,no. 8(October 2011):12-17.

金的支出没有上限,也没有披露支出的法定要求。由此而造成的结果是,资金潮水的闸门开得大大的,涌进了大笔的、秘密的竞选献金,既有来自个人的,也有来自公司的。毫无疑问,这些献金以不民主的方式对政治制度产生了极大的影响。

麦迪逊和其他合众国缔造者们不可能预见到大型公司的规模或其腐蚀民主的影响。但是,他们不可想象的未来已经变成了我们的现实,公司在当下的政治和经济风景中已经成了主导性的角色。不过,公司是否以及如何适应民主的要求,这个问题依然悬而未决。查尔斯·林德布洛姆(Charles Lindblom)是耶鲁大学在政治学和经济学领域最为精明的学生之一,作为政治学家,他在自己的名著《政治与市场》(*Politics and Markets*)中认为,"大型私人公司契合的是稀奇古怪的民主理论和远景。其实,它根本就不适应民主"。除非是从内部先进行民主化,并按照对公众负责任的要求进行重组而且服务于公共利益,否则公司内部尽管在表面看起来像是民主共和国的内部,但实际上一直是专制的、强大的、非民主的采邑。[①]

岁月的流逝,显露出宪法其他的缺陷:

> 美国宪法将权力碎片化,导致了环境立法的困难,正如政府法律学者理查德·拉撒路斯(Richard J. Lazarus)所说,宪法"没有为联邦制订环境保护法律提供清晰明确的、确凿无疑的条文基础"。恰恰相反,宪法优先支持"去

---

① Charles E. Lindblom, *Politics and Markets*(《政治和市场》)(New York: Basic Books, 1977), p. 356 (emphasis added). 但是,在任何一个社会,公司可能会以更基本的形式显得与人的要求格格不入。正如法律所声称的那样,如果把公司看作是一个人,有人就会问公司是什么样的人。一种可能是,公司的行为最像2004年加拿大电影《公司》(*The Corporation*)中塑造的一个精神病患者的行为。根据联邦调查局在精神病患者方面的专家罗伯特·海尔(Robert Hare)博士的观点,精神病患者的特质包括"对别人的感情漠不关心、不能维持长久的关系、对别人的安全置若罔闻、欺骗成性并反复撒谎、不知羞耻、不遵守社会规范和法律",似乎可以在这些特质上面再加上一条,乐于毁灭地球。

中心化的、碎片化的、渐进的立法……这使得采取综合性的、全面性的立法措施解决问题非常困难”。依据宪法建立各个国会专门委员会使得责任、观点和立法草案进一步碎片化。[①]

相对于公共利益和财产,宪法对私人利益和资产赋予太多的权利。宪法中没有提到环境保护,也没有提到保护土壤、空气、水、野生生物以及气候的必要性,因此没有为环境保护提供清晰明白的法律基础。

贸易条款(commerce clause)是制定主要环境法令的基础,这个条款在环境保护方面提供的法律基础是大而无当的,也是模棱两可的。由此造成的结果是,“在考虑问题以及从空间和时间的维度为环境保护制定法律解决方案方面,我们的立法机构显得特别没有作为”[②]。

我们的立法机构同样没有作为,还体现在保护我们子孙后代的生活、健康以及环境方面。子孙后代只是在宪法序言里被提到一次,此后再也没有提及。在制定宪法的那个时代,忽略子孙后代是可以理解的,但是在我们这个时代,就是一个异乎寻常的失误。那个时代的人生活在农业社会,当时地球上人造的速度最快的东西,只不过是在强风中行驶的帆船;最致命的武器,只不过是能将一个20磅的铁疙瘩打到不足半英里之远的大炮。那个时候的人一点都不会想到,若干年以后,有一代人可以不经正当的程序或者什么说得过去的理由,就可以剥夺所

---

① Richard Lazarus, *The Making of Environmental Law*(《环境法的形成》)(Chicago: University of Chicago Press, 2004), pp. 30, 33, 42.

② Richard Lazarus, “Super Wicked Problems and Climate Change”(《超级复杂问题和气候变化》), *Cornell Law Review* 94(2009): 1153-1234; Jonathan Z. Cannon, *Environment in the Balance*(《平衡中的环境》)(Cambridge, MA: Harvard University Press, 2015). 阅读乔纳森·Z. 坎农(Jonathan Z. Cannon)的《平衡中的环境》(*Environment in the Balance*),就禁不住疑问,为什么对生态和科学都有深刻认识的最高法院不那样作出裁决呢?

有其他人的生命、自由和财产。用托马斯·伯利的话说，“已经可以确定的是，我们的子子孙孙将生活在工业世界的基础设施废墟之上，生活在自然世界本身的废墟之上，这是确凿无疑的。美国宪法对于我们的后代没有提供一点保护”[①]。

罗伯特·海尔布隆纳是经济学家，他在 1974 年出版的著作《人类前景探寻》(*An Inquiry into the Human Prospect*)中写道：“我不仅进行预测，而且还提出解决问题的药方，那就是权力的集中化是解决我们受威胁的、危险的文明社会延续问题的唯一措施。”海尔布隆纳关于人类前景的描述不仅包括全球变暖，而且还包括更宽范围内的对工业文明的其他威胁，比如我们最后不再怎么关心保护我们子孙后代的可能性。不过，权力集中到什么程度，在很大程度上取决于习惯于富足和消费的人类进行“自愿自律”的能力。但是，他在“历史上没有找到很多的证据，没有证据鼓励私有利益从属于公共利益，特别是在物质利益和个人利益推动的工业文明条件下组织起来的国家的历史中”。最后，与很多其他学者一样，海尔布隆纳没有发现可以乐观的理由。他的结论和其他学者在很多方面都是相似的，比如英国社会学家安东尼·吉登斯(Anthony Giddens)建议“返回到更大的国家干预中”，但是国家的作用只应该是促进者、推动者和保证的实施者，他的这番话尽量不让人有浮想联翩的感觉。吉登斯相信，气候危机将激发政府与公司和社会建立新的合作关系，不过政府还是那个政府，只是变得更大、更好了。[②] 罗伯特·罗特科普夫(Robert Rothkopf)也认为，国家的作用必须朝着拥有更大、更具创新精神的政府的方向演进，“建立更强

① Thomas Berry, *Evening Thoughts*(《夜思》)(San Francisco: Sierra Club Books, 2006), p. 95.
② Anthony Giddens, *The Politics of Climate Change*(《气候变化的政治》)(Cambridge, Eng.: Polity Press, 2009), pp. 91-128.

大的国际组织是保护国家利益的唯一可能的方式”。从这个方面看,美国落在了其他资本主义国家的后面。[①]

不过,如果看一下集权化政府和公司的历史,情况并不鼓舞人心,特别是在关于长期应急的条件下。政府在发动战争方面往往是高效的,在解决经济问题方面有时也是有效的。但是,白纸黑字的历史表明,多数情况下,政府是僵化的、迟钝的、低效的,甚至是极度官僚化的。如果没有威权政府,如果没有难以避免的政治妥协和荒谬混乱,如果没有对个人道德和牺牲的依赖,在稳定气候和实现公共目标方面,可能会有更快的、更敏捷的、不那么愚笨的措施吗? 如果有,那么这些措施可以在长久的时间跨度内使用并重新稳定气候条件吗? 大致说来,我觉得有三种可能性。[②]

第一个可能性来自那些笃信市场威力和先进技术的人。他们建议利用市场的力量和技术的创新来解决气候危机,从而避免出现政府的困境。他们相信,公司对市场和价格的合理反应,可以达到很多同样的环境目标,而且速度更快,成本更低,还不需要作出痛苦的牺牲、道义的姿态,而且也不会有迟缓的、拙劣的以及专横的官僚主义。这个潜在的解决方案取决于广为知情的自我利益与能源效率和可再生能源革命的结合。能效和可再生能源革命使得可再生能源比有着高额补贴的化石燃料更便宜,更有效,更安全,

---

① Giddens, *The Politics of Climate Change*(《气候变化的政治》), p. 96; Robert Heilbroner, *An Inquiry into the Human Prospect*(《人类前景探寻》)(1974; New York: Norton, 1980), p. 175. 威廉·奥福尔斯(William Ophuls)有着同样的结论,“特别是生态不足,看起来对政治系统造成了极大的压力。根据当下的标准来衡量,平心而论,那些政治系统都是权力主义的”。见 Ophuls, *Ecology and the Politics of Scarcity Revisited*(《生态学和匮乏政治学再览》)(New York: Freeman, 1992), p. 216. 神学家托马斯·伯利表达了相同的担忧:“人类共同体最大的危险可能是人类在自己群体内部丧失了坚持远大的、神圣的目标的意愿。危险是内部活力的丧失和生命能量的冷却。”见 Thomas Berry, *Evening Thoughts*(《夜思》), pp. 7, 71, 136. Robert Heilbroner, “Second Thoughts on the Human Prospect” (《关于人类前途的再思考》), *Challenge*(May-June 1975): 27; 另见 Peter Burnell, “Climate Change and Democratization”(《气候变化和民主》)(Berlin: Heinrick Böll Stiftung, 2009), p. 91. 同样,剑桥大学天文学家马丁·里斯认为,人类能生存到 2100 年的几率是 50%。Rees, *Our Final Hour*(《我们最后的时刻》); Giddens, *The Politics of Climate Change*(《气候变化经济学》); Robert Rothkopf, *Power Inc*(《权力与公司》)(New York: Farrar, Straus, and Giroux, 2012), p. 360.

② David W. Orr and Stuart Hill, “Leviathan, the Open Society, and the Crisis of Ecology”(《巨兽、开放社会和生态危机》), *Western Political Quarterly* 31, no. 4(December 1978): 457-469.

更赚钱。比如,卢安武等人在其影响深远的经典之作《再造火焰》(*Reinventing Fire*)中问道:"美国到2050年能够实现停止使用石油和煤炭的目标吗?在向提高能效以及使用可再生能源的巨大转型中,重视经济利益的企业能够导夫先路吗?"书中给出的回答是"是",他们给出的理由和罗列出来的数据掷地有声。①

但是,依赖市场力量来解决导致长期应急的难题,会让人产生很多的疑问。如果一个公司,特别是从事矿产开采业的公司,得到很多的补贴,一直有很高的利润,而且还能将气候变化的成本转嫁到现在或未来的其他人身上,那么,它为什么同意实现向可再生能源的转型呢?在这个问题上,埃克森美孚的历史是有启发性的。如果没有受到国家的强制要求,公司会为了公共利益而采取行动吗?如果被国家要求弃置它们的未开发的矿产,当然也是避免失控的气候变化而必需的,那么石油公司和煤炭公司会要求补偿吗?更为绿色、能效更高的太阳能公司会继续利用它们的金融力量来左右各地的公众意见、削弱法律法规、反对其他为了在长期应急中公平地分担成本和风险以及分享利益而进行的必要变革吗?在整个全球经济中,是否都存在着同样的逻辑?不论怎样回答这些问题,事实是,当气候变化导致的灾难发生时,毋庸置疑,灾难一定会发生,受害者不会打沃尔玛的全球免费电话,而是打911或其他相关的电话,急迫地希望有人能接他们的电话,特别是希望接电话的人精明干练、宠辱不惊、能力超群而且是来自管理卓然有序的联邦

① 为了得到这样的结论,我们必须审视那些一再发生的公司挥霍浪费、贿赂腐败、行为失当以及创新乏力等情况,记住安然公司(ENRON)、世通公司(WorldCom)、雷曼兄弟(Lehman Bros.)等企业以及2008年银行倒闭期间的企业共谋和以扩大市场份额或规避政府监管的名义每天都做的那些违法事情。我们不需要把人妖魔化,但是应该对系统规则所造成的有害影响保持警醒。我们的系统规则旨在将股东短期价值最大化,基本不规范其他方面的事情。Amory Lovins et al., *Reinventing Fire*(《再造火焰》)(White River Junction, VT: Chelsea Green, 2011), p. ix. David Coady et al., "How Large Are Global Energy Studies?"(《全球能源研究知多少》), International Monetary Fund working paper WP/15/105 (May 2015). 关于美国能源补贴的历史,见 Nancy Pfund and Ben Healy, *What Would Jefferson Do? The Historical Role of Federal Subsidies in Shaping America's Energy Future*(《杰斐逊该怎么办?影响美国能源未来的联邦政府补贴的历史作用》)(San Francisco: DBL Investors, 2011).

政府部门。[①]

再追问一句,我们究竟要建设一个什么样的社会? 这就是第二个可能,我们会设想建立一个公司主导的、超高效率的、以太阳能为动力的、可持续的、法西斯式的社会。有些人认为,那就是我们要前进的方向,是完全按照市场交易规则而组织起来的安·兰德(Ayn Rand)地狱。其结果是,正如卡尔·波兰尼曾警告过的,这会摧毁我们的社会。但是,我们的观点再重复一次,有些东西是永远也不能出卖的,如果出卖,有时是因为会侵犯基本的人权;有时是因为触犯了法律和公开公正的程序要求;有时是因为会对社会产生不利的影响;有时是因为损困损弱而资肥,包括损害子孙后代的利益;有时是因为所出卖的东西是属于全人类的共同遗产,所以也就没有具体的所有者;有时是因为有些东西,不管是在什么条件下,都不能出卖,比如政府本身。[②]

如果不实行威权主义,另一个选择是保罗·霍肯所描述的"幸福的动荡"(blessed unrest)。它是全球性的各种团体、基金、组织和网络的风云际会,他们以不同的方式促进经济可持续发展,太阳能利用,公正、透明以及更进一步的社区运动,从而从底层开始建设一个全球新秩序。这就是第三个可能。在霍肯所说的那数千个团体组织中,有很多是相互联系的,斯蒂夫·瓦德尔(Steve Waddell)称之为"全球行动网络"(global action networks),是围绕某些特定主题组织起来的,主要是"提供一个平台,让更小的团体围绕更专门的地域和更具体的内容组织起来"。这类网络,最早的例子有国际红十字会(International Red Cross)和国际劳工组织(International Labour Organization)。最近,成立的行动网络涉及的主题有管理共

---

① Steve Coll, *Private Empire: ExxonMobil and American Power*(《私人帝国:埃克森美孚公司和美国力量》)(New York: Penguin Press, 2012).

② Karl Polanyi, *The Great Transformation*(《大转型》)(1944; Boston: Beacon Press, 1967), p. 73; Michael J. Sandel, *What Money Cannot Buy*(《钱不能买什么》)(New York: Farrar, Straus, and Giroux, 2012); Robert Kuttner, *Everything for Sale*(《一切都能出售》)(New York: Knopf, 2000).

同资产资源、对地方项目提供全球金融支持、水资源、气候、政治运动、信息共享等。随着互联网的普及,全球行动网络发展得无处不在。它们反应快、敏捷、参与性广、聚焦性强。与公民发起的其他活动相比,全球行动网络的管理和行政成本很低。但是,与其他的草根行动一样,全球行动网络也没有执法、课税或防御的权力,因为那些都是国家的特权。由于主要依靠志愿者和低工资的雇员,全球行动网络常常缺乏长久生存的能力。用马克·马佐尔的话说,就是:“在任何一个集合体看来,很多全球行动网络表现得太雾里看花,太不具代表性。”至于“慈善资本家”的努力,马佐尔认为:“慈善资本家将商业手段应用于社会问题,会夸大技术的作用,忽略社会和机构制约的复杂性,时常浪费了本来可以更好地花费的资金,并因为缺乏了解而对现存的社会建构造成破坏。”尤其是,与政府相比,他们对于腐败的免疫力一点都不多,他们也一样傲慢自大,但是他们在运作中很少有或根本没有责任心以及透明度。①

这又让我想起了海尔布隆纳。是否有可能他的错误不在于他对我们为了改善未来而不得不做的那些事情的评判,而在于他对民主的评判?美国宪法的立法起草者将终极的权力赋予“我们人民”,但是多数时候,宪法又不给我们人民这样的权力,甚至否认我们人民有这样的权力。而且,宪法是建构在两个相互矛盾的原则之上的。一方面,宪法推行权力碎片化,切实控制国家政府的权力。另一方面,宪法赋予各州各种权力,实施“中央政府被限制实施的强制行为”。在历史学家加里·格叟(Gary Gerstle)看来,这种矛盾“可能昭示着国家的衰退”,其原因是国会的瘫痪无能、公司以及用来影响国家政策的无数私人钱财的作用、最高法院限制联邦政府实施国家政策的决定。尤其影响政府作出反应的是,“对联邦

---

① Paul Hawken, *Blessed Unrest*(《看不见的力量》)(New York: Penguin, 2007); Steve Waddell, *Global Action Networks*(《全球行动网络》)(New York: Palgrave-Macmillan, 2011), p. 23; Mazower, *Governing the World*(《治理世界》), pp. 418, 420. 另见 hymn to billionaires by Matthew Bishop and Michael Green: *Philanthropocapitalism*(《慈善资本主义》)(New York: Bloomsbury, 2008).

政府实施公共权力报以持续不断的敌意……只能是损害政府应对21世纪国家所面临问题的能力”①。

事实是，我们的框架性文件以前是不民主的，现在依然是不民主的。正如哈罗德·迈尔森（Harold Myerson）所说，“问题不是我们太民主了，而是我们还不够民主”。在迈尔森看来，问题是我们很久以前就将我们拥有的一切权力都拱手送给企业、石油公司、官僚以及这样或那样的经理们，从而获得一点他们可怜的支持。在增长的经济中，这样的臣服或屈从在多数时间里对多数人来说好像是还不错的。但是，在缓慢增长或萎靡不振的经济中，问题就暴露出来了。我们能够期望那些在上坡途中繁荣致富并踌躇满志的人为处于经济停滞或下坡中的公众提供服务吗？他们能考虑公共利益吗？②

哥伦比亚大学教授、《纽约时报》（*New York Times*）专栏作家托马斯·埃兹尔（Thomas Edsall）认为是不可能的。在他看来，“美国保守运动已经先发制人，采取行动，将导致缓慢但肯定的崩塌”。当下的空气中弥漫着衰退的气息，“经济气候已经对慷慨大方的本能给予了致命一击，进一步强化了贪婪、冷漠和自我保护的本能”。个中的原因深深根植于人性和贪婪、恐惧以及短视的特质之中，这些特质被气候动荡大大地放大了。③

那么，下面该怎么做？加拿大作家纳奥米·克莱因描述了前方的道路：

> 对气候变化进行响应，要求我们打破自由市场世

---

① Gary Gerstle, *Liberty and Coercion*（《自由与强制》）（Princeton, NJ: Princeton University Press, 2015）, pp. 1, 340, 350.

② Dahl, *How Democratic Is the American Constitution*?（《美国宪法有怎样的民主》）. 埃里克·纳尔逊（Eric Nelson）在《王权派的革命》（*Royalist Revolution*）（Cambridge, MA: Harvard University Press, 2015）中也提出了大致相同的观点。Myerson, *Foundering Fathers*（《国父们》）, p. 16.

③ Thomas Edsall, *The Age of Austerity*（《紧缩的时代》）（New York: Doubleday, 2012）, pp. 149, 185.

> 界中的每一项规定，而且要求我们以时不我待的急迫感去做。我们需要重建公共领域，扭转私有化局面，对经济主体进行重置，减少过度消费，恢复长远规划，对企业进行严加管理和课税，也许还要对一些企业实行国有化，削减军费开支，承认我们对南半球国家的义务。当然，如果不大规模地、大范围地、大幅度地减少公司对政治进程的影响，所有这一切是没一点希望的，是不可能发生的。如果要发生，那至少意味着竞选经费从公共资金中支出，剥夺法律赋予企业的“人”的地位。①

她接着说：“气候变化引爆了当代保守主义赖以栖身的意识形态脚手架。彻底完全的市场自由是有问题的，解决这个问题，需要在前所未有的规模上采取集体行动，需要大力约束产生和深化危机的市场力量。如果一个信仰体系既诋毁中伤集体行动，又推崇倡导需要集体行动来解决问题的市场自由，那是没有办法进行平衡的。”

就民主本身来说，如果不进行重大的深化和转型，想象这样的事情以民主的方式发生，基本上是不可能的。政治理论家本杰明·巴伯（Benjamin Barber）把这种转型的民主称为“强势民主”，意思是“公民的自治，这些公民团结在一起，不是因为有着相同的利益，而是因为公民教育。他们能够为了共同的目标而采取相互的行动，靠的不是他们的利他主义或良善本性，而是他们的公民态度和参与性体制”。这种属于主动的、审慎的公民的参与性民主，与托马斯·杰斐逊曾经提出的主张很相似，与约翰·杜威（John Dewey）后来提出的观点也有异曲同工之妙。巴伯认为，强势民主

① Naomi Klein，“Capitalism vs. the Climate”（《资本主义与气候》），*The Nation*（November 21，2011）；另见她的著作《这改变了一切》（*This Changes Everything*）（New York：Simon & Schuster，2014）。

最主要的障碍是,缺乏"地方公民参与的全国性体系"。为了弥补这一缺陷,他提出了很多建议,其中一个是建立由社区议会组成的国家体系。①

在强化民主体制和公民特质方面,还有很多其他的建议。比如,艾米·古特曼(Amy Gutmann)和丹尼斯·汤普森(Dennis Thompson)就提出了"协商民主"(deliberative democracy),由公共经费支持的各类机构组成,"在这样的机构中,自由而平等的公民(以及他们的代表)在民主决策的议程中相互提出自己的理由,得到双方的认可和大致的接受,目的是达成共识,形成决议,从而对现在所有的公民进行约束"。她们建议在公共场合对重大问题进行讨论,比如在公司、在学校,其形式令人想起古典的希腊民主,也令人想起近代尤尔根·哈贝马斯(Jürgen Habermas)提出的建议。他们都希望提高关键抉择的合法性,改进公共知识,扩大公民言论。他们承认,这个建议在很大程度上取决于"支持者是否能开展和创建并维持促进协商民主良好运作的实践与体制"。他们建议在整个公民社会扩大协商民主的实践,但是认为中小学、学院和大学是最重要的地方。同样,政治学家布鲁斯·阿克曼(Bruce Ackerman)和詹姆斯·费什金(James Fishkin)建议设立一个新的全国性节日,叫"协商日"(Deliberation Day),全国公民在这一天集会,围绕重大问题和候选人进行有组织的对话。他们相信,"普通公民愿意而且能够接受正常年代公民协商的挑战",只是社会大环境的构造要恰当,能够"促

① Benjamin Barber, *Strong Democracy*(《强势民主》)(Berkeley: University of California Press, 1984), pp. 117,151;另见 Michael Shuman, *The Local Economy Solution*(《本地经济解决方案》);Thad Williamson, David Imbroscio, and Gar Alperovitz, *Making a Place for Community*(《给社区留点空间》)(New York: Routledge, 2002).所有这些都令人信服地说明在地方所有权中有着民主的基础。见 Barber, *Strong Democracy*(《强势民主》), p. 269.

进人民对于政治群体面临的抉择有真正的了解”。①

法律学者桑福德·列文森(Sanford Levinson)在建议的道路上走得更远,提出召开全国性大会,纠正美国宪法中存在的结构性缺陷。在他看来,这些结构性缺陷使得美国国家宪法在民主程度上比不上五十个州任何一个州的宪法。如果不能进行一场革命,他退而求其次,呼吁公民更加积极地参与,改革国家宪法中那些导致未来更加困难的条款。更好的领导、更有参与意识的公民、更加有活力的政治文化、媒体的改变以及竞选筹款改革等,这些都是好的想法,但是如果不克服我们宪法结构中的严重缺陷,依然不会有什么效果,即便实行了,也等于白费精力。这是一个有缺陷的宪法,从结构设计上就让人难以改变,而且旨在保护已有的、固化的利益。②

尽管学者呼吁改革,但问题是,这儿以及其他民主地区的人,作为公民,是否具有必要能力,是否可以在长期应急中发挥建设性的作用?从民主自身错综复杂的历史和政治理论的复杂性中,也许能找到一个答案。古代雅典的民主有着自己的局限性,只延续了二百年的时间。政治哲学家约翰·普拉门纳茨(John Plamenatz)曾经这样写道:“只有具备某些条件后,民主才是政府最好的形式。”但是,这些条件,很多已经式微了,在未来的长期应急中可能起不到作用。造成这种局面的原因,有很多。③

---

① Amy Gutmann and Dennis Thompson, *Why Deliberative Democracy*(《为什么需要协商民主》)(Princeton, NJ:Princeton University Press,2004),pp. 7,59. 政治学家詹姆斯·费什金曾经建议建立协商投票程序,就像是法院陪审团那样,随机召集公民参加,为政府机关评审政策措施。见 James Fishkin, *The Voice of the People: Public Opinion and Democracy*(《人民的声音:公众意见和民主》)(New Haven: Yale University Press,2004),p. 171. Beth Simone Noveck, *Smart Citizens, Smarter State*(《智慧公民,更智慧的国家》)(Cambridge, MA:Harvard University Press,2015). 诺维克(Beth Simone Noveck)对民主理论的批评是很重要的。她建议利用网络的力量,让公民专家真正参与到政策制定上来。

② Levinson, *Framed*(《架构》),p. 389.

③ 见 John Keane, *The Life and Death of Democracy*(《生死民主》)(New York: Norton, 2009); Paul Woodruff, *First Democracy: The Challenge of an Ancient Idea*(《第一民主:美国思想的挑战》)(New York:Oxford University Press,2005); and John Plamenatz, *Democracy and Illusion*(《民主和幻想》)(London:Longman,1973),p. 9.

比如,现代民主起源于历史学家沃尔特·普雷斯科特·韦布(Walter Prescott Webb)曾经描述的"伟大边疆"(great frontier),其中有着丰富的土地、能源、资源等。特别是美国的民主,在很大程度上归功于丰富的土地和资源。用历史学家大卫·波特(David Potter)的话说就是,我们已经成为习惯舒适和充裕的"富足人士"。但是,长期应急要求人们纪律严明,要求牺牲奉献,不能再像以前那样过舒适、富足的生活。在更为艰难的时代,民主如何实施,这是个未解决的问题。简而言之,没有人知道民主程序或治理结构是否能够成功地演化,从而管理未来的挑战。政治分析家彼得·伯纳尔(Peter Burnell)提出警告,"民主化并不一定让国家减缓气候变化变得更容易,也有可能变得更困难"①。

即便是在最好的状态,有代表性的民主政治也很容易受到怠政、形势变化、腐败以及人类判断弱点的影响,会逐渐退化,变得效率低下,堕落成为权贵和富豪的代言人。特别是,民主国家很容易受到意识形态不同的党派的影响,那些党派拒绝遵从折中妥协和公平竞争的规则,而这些规则是保持民主国家的稳定所必需的。对于所有侵蚀政治智慧的力量,民主国家都是难以招架的。埃里希·弗洛姆(Erich Fromm)曾经问:"为什么会这样呢?"

> 为什么人们在个人以及社会事务中看不到最清晰明显的事实?反而会一再地坚持无休止重复的陈词滥调,而且也不质疑?智慧除了包括天生的才华,在很大程度上是独立、勇气与活力的体现;而愚蠢则是屈服、恐惧和

---

① Walter Prescott Webb, *The Great Frontier*(《大前沿》)(1951; Austin: University of Texas Press, 1964); David Potter, *People of Plenty*(《富足的人们》)(Chicago: University of Chicago Press, 1954);另见 Andrew Bacevich, *The Limits of Power*(《权力的限制》)(New York: Metropolitan Books, 2008), pp. 15-66; Robert Putnam, *Bowling Alone*(《独自打保龄球》)(New York: Simon & Schuster, 2000); and Burnell, "*Climate Change*"(《气候变化》), p. 40. 约翰·基恩(John Keane)认为,民主"正在梦游般地进入深层麻烦之中", Keane, *The Life and Death of Democracy*(《生死民主》), xxxii.

内心消沉的结果。[①]

保守哲学家理查德·沃维(Richard Weaver)曾描述"被宠爱孩子心理学"(spoiled child psychology),民主国家对此也很容易受影响。这种心理学指的是"一种心智过程的不负责任……因为(那些人)不需要考虑生存的问题……从这些人典型的思考中可以看出他们对现实的蔑视"。沃维于20世纪40年代观察到的这种孩子被宠爱的行为演变成了全面的自我放纵的狂欢,这有着充分的证据。心理学家简·腾格(Jean Twenge)和基思·坎贝尔(Keith Campbell)现在把这种现象描述为"自恋风行"(narcissism epidemic),意思是"将大量的时间、注意力和资源从现实转向虚幻……侵蚀破坏了人际关系"。由此造成的结果是,"人的关系从深层转向表层……社会信任受到损毁,特权和自私不断膨胀"。在一天二十四小时一周七天都充斥着虚幻妄想和娱乐消遣的社会中,如果有人警醒我们"正处在与现实的冲突之中……(而且)即便现实还没有失去,也可能正在失去"。这一点也不令人奇怪。[②]

我们已经进入一个僵局之中。简而言之,要么是更小的政府无所作为,要么是我们心甘情愿地在越来越不安全的时代降低我们对安全的期望,减少对良善社会的期待,任由其向自由的、持枪的、血腥的混乱状态发展。如果我们希望有其他的期待,那就需要

---

① Thomas Mann and Norman Ornstein, *It's Even Worse Than It looks*(《它比看起来还要坏》)(New York: Basic Books, 2012); Theda Skocpol and Vanessa Williamson, *The Tea Party and the Remaking of Republican Conservatism*(《茶党和共和保守主义的再造》)(New York: Oxford University Press, 2012); Jill Lapore, *The Whites of Their Eyes*(《他们眼睛的眼白》)(Princeton, NJ: Princeton University Press, 2010); Eric Fromm, *Beyond the Chains of Illusion*(《超越幻想的锁链》)(1962; New York: Continuum, 1990), p. 119; Richard Hofstadter, *Anti-Intellectualism in American Life*(《美国生活中的反智主义》)(New York: Vintage, 1962); and Susan Jacoby, *The Age of American Unreason*(《美国非理性的时代》)(New York: Pantheon, 2008).

② Richard Weaver, *Ideas Have Consequences*(《思想的后果》)(1948; Chicago: University of Chicago Press, 1984); Jean Twenge and Keith Campbell, *The Narcissism Epidemic*(《自恋时代》)(New York: The Free Press, 2009), p. 276; Christopher Lasch, *The Culture of Narcissism*(《自恋文化》)(New York: Norton, 1979); and Ian Mitroff and Warren Bennis, *The Unreality Industry*(《非现实产业》)(New York: Oxford University Press, 1989), p. 21.

我们的政府担当主动、创新和高效的代言人。做到这一点，必须有精明而持续的关爱、公众的参与、国民的智慧、宽容忍耐、折中的意愿、不时闪现的一点灵光以及公共警惕性，这一切都是麦迪逊和杰斐逊最初希望推动的。在民主国家，政府是公众决定公正、公平、平等、环境质量、公共卫生、机会平等、战争与和平、市场不愿意也不提供的公共投资等重大事情的工具。如果恰当正确地引导、管理和资助，政府可以做那些仅靠我们自己而不能完成的事情，因为那些事情需要集体解决方案和远见卓识。但是，正如麦迪逊所指出的，建设有能力的、称职的政府，需要一些必要条件，包括：(1) 为了解情况的、积极参与的公民提供服务的真正自由的新闻媒体；(2) 自由、公平与开放的选举；(3) 抗衡各种党派和利益集团的可靠措施。我再加上另外两条。

第一条是将民主实践与生物设计和仿生学的重大进展联系起来，因为这些进展正在对农业、建筑、工程、城市设计、交通、建筑等多个领域施加着影响。如果再加上能效与可再生能源方面的创新，从技术和金融的角度看，那就有可能设计出主要或全部用太阳能提供电力的经济适用的楼房、社区和城市，一方面降低了成本，另一方面也增加了欢乐，促进了繁荣，增强了韧力，扩大了地方控制。在此基础上，将分布式可再生能源与当地农业和基于生态的设计结合起来，就有可能促进经济的转型并带来利润，极大地降低对政府管理的需求，同时也满足保守派人士和自由派人士的要求。再也没有遥远的可能性，但是目前显现的现实可以极大地改进建筑设计、食品系统、交通网络、制造设施、城市地区，从而更和谐地与自然系统融为一体，提高生活和经济的质量，同时又不扩大政府的规模。虽然海尔布隆纳认为扩大政府规模是必需的，但是没有一个人愿意那样做。换句话说，从实践上和经济上有可能设计出灵巧的解决方案，消除污染，加快向可再生能源的转型，减少对政府管理和联邦支出的需求。政府在这个情势下的作用在很大程度上与其在互联网经济中的作用相似，是创始者、推动者以及研究和推广的早期投资者，而不是所有者和管理者。[①]

第二条直接来源于几百年前的托马斯·杰斐逊，他展望了一个农业社会，作为公民，每个农民都拥有自己的土地。这一思想的核心是普遍的财产所有权，如此一来，就没有人会屈从于无端的、无缘无故的权力。到了我们这个时代，这一思想就意味着经济中有着普遍的民主，最为重要的是，那些被称作公司的专制封邑中要有普遍的民主。工人所有权是老生常谈，很好地照顾到了工人、管理人员以及公司的利益。但是，为什么民主的实践停滞于公司或工厂的大门之前呢？

与好莱坞的电影不同，现实生活中的故事并不总是有大团圆的结局。恰恰相反，人类的历史，记录的大多是舛误、悲剧、不公正以及愚蠢笨拙，间或有一些小的、常常是相互矛盾的改善，偶尔也有一些胜利。有一位主修历史的大学生曾经观察到这一点，说是历史中"全是他妈的一件接一件的'操蛋'事"，其说法广为人知。在这些"操蛋"的事中，有一个是周期性的崩溃。如果不能看到前方出现的大问题并及时地组织时贤精英来解决，所有的社会和文明就会以各种各样的方式崩溃。不管有什么样的独特性，导致崩溃的主线都包括社会精英统治阶层的无能和不负责任，那些精英统治阶层往往沉湎于一厢情愿的想法，耽于否认，习惯于群体思维，因为社会的规则是鼓励个人牟利，而不是集体成功。换句话说，社会和文明的崩溃肇始于治理和政治的失败。治理和政治必

---

① 玛丽安娜·马祖卡托（Mariana Mazzucato）在她的著作《企业型国家》（*The Entrepreneurial State*）（London：Anthem Press，2014）中令人信服地提出，国家要进行有风险的早期投资，因为在那个阶段私人资本不愿意投资，不可能投资。近年来，政府的这一作用被有意地、大大地诋毁，真实的历史就被抹掉了。

须解决好“谁得到了什么，什么时候以及如何得到”的问题。[①]

长期应急也没有例外。它首先而且最重要的原因是政治上的，不是技术上的，也不是经济上的，但是那些原因还有更深层的指向，“一场严重的人类危机已经嵌入到我们文明的核心深处”。简而言之，在也许有多达110亿人居住的被核武器武装的地球上，如果我们希望有任何从气候动荡的严峻考验中生存下来的机会，那就必须立刻考虑治理、政治等棘手问题，以及如何用同样的忠诚、坚守、智慧和魄力等品质取得更大的目标。我们人类曾经用那些品质缔造了美利坚合众国，终结了南非的种族隔离制度，创建了欧盟。难吗？绝对难。但是，解决这些问题要比维持一个不可为继的现状容易得多。[②]

事实是，我们正在掠夺地球，从中攫取的远比它能给予的多，而且我们的攫取往往是为了一些蝇头小利，然后就将获得的利益不公平地分掉了。我们剥夺了子孙后代的生活、自由和财产以及生存在富饶、美丽世界的权利。但是，我们还是有可能不那样做的，而且能在大自然的资源限度内优雅而公平地生活。如果我们那样做，就需要对我们是谁的问题有更加宏阔、更加深刻、更加谦卑的认识。我们起草制定的法律和宪法，好像只针对和保护当下的一代，只针对和保护人类以及人类的事件和财产。制定法律，如果采取更加包容和准确的视角，就应该像法律学者克里斯托弗·斯通（Christopher Stone）曾经建议的那样，应该包括上帝所有的创造，将法律的权利延伸到各个物种、河流、风景以及树木。用托马斯·伯

① Jared Diamond, *Collapse: How Societies Choose to Fail or Succeed*（《崩溃：社会如何选择成败兴亡》）（New York: Viking, 2005）, p. 438. 根据贾雷德·戴蒙德，社会在不能预见问题的时候会崩塌，在问题出现而看不见的时候会崩塌，在看见问题而不试图去解决的时候会崩塌，在试图解决而失败的时候会崩塌。有些问题发展到社会能够解决的能力之外，进入到托马斯·荷马-迪克森所说的“智慧鸿沟”（ingenuity gap）。另外可参考 Harold Lasswell's classic definition of politics in *Politics: Who Gets What, When, and How*（《政治：谁在什么时候如何得到什么》）（1958; Cleveland: Meridian Books, 1968）.

② Dianne Dumonski, *The End of the Long Summer*（《漫长夏天的结束》）（New York: Crown, 2009）, p. 216.

利的话说，就是，“我们人类已经建立了治理体系，但是几乎没有考虑到与我们的星球本身的功能体系相融合的需要”，使得“地球在面临它的人类居民和人类创建的公司的野蛮攻击下变得招架无力”。事实上，从我们的身体到我们的全球文化，是一个世界范围内的集合，包括一切生物、系统以及我们还不理解的力量，我们只不过是这个集合的一部分。我们是过去所有存在的同类，也是将来所有存在的同类。我们的身体是很多有机体的汇聚，历经过野性的千锤百炼。我们是用从宇宙星河中爆裂而出的材料制成的，是数百万年进化的产物。我们的种族、社会和国家之所以能生存延续，全拜自然系统所赐。认识和珍视这种深层次的相互关系，就应该激发和推动我们将我们的情感、关爱和保护延伸到我们人类自身的小圈子之外。[①]

---

① 比如，见 James Gustave Speth, *American the Possible*: *Manifest for a New Economy*（《美国无所不能：新经济的显示》）(New Haven: Yale University Press, 2012); Gar Alperovitz, *American beyond Capitalism*（《超越资本主义的美国人》）(Takoma Park, MD: Democracy Collaborative, 2011); Jeff Gates, *Democracy at Risk*（《处于危险中的民主》）(Cambridge, Eng.: Perseus Books, 2000); Tim Jackson, *Prosperity without Growth*（《没有增长的繁荣》）(London: Earthscan, 2009); Peter Victor, *Managing without Growth*（《没有增长的管理》）(Northhampton, Eng., Edward Elgar, 2008); Christopher Stone, *Should Trees Have Standing*?（《树木有权利长在那儿吗》）(Los Altos, CA: William Kaufman, 1972); 另见 Cormac Cullinan, *Wild Law*（《荒野之法》）(White River Junction, VT: Chelsea Green, 2011); and Thomas Berry, *Evening Thoughts*（《夜思》）(San Francisco: Sierra Club Books, 2006), p. 44.

心 智

唯有连接![1]

——爱德华·摩根·福斯特（E. M. Forster）

思考就是将事情联系起来,如果不能联系起来,思考便停止了。[2]

——G. K. 切斯特顿(G. K. Chesterton)

旋转(Gyre):一个环形运动或转弯,转动,回旋,旋涡,涡流。

——《牛津英语词典》(*Oxford English Dictionary*)

在北太平洋中部,距离西雅图以西 1500 英里,有一个环流,叫北太平洋环流(North Pacific Gyre)。环流中有大片的塑料垃圾和化学品沉淀物,据推测其面积有美国大陆 48 个州的大小,悬浮在

---

① Epigraph to E. M. Forster, *Howards End*(《霍华兹别墅》)(London,1910).

② G. K. Chesterton, *Orthodoxy*(《回到正统》)(New York:Image Books,1959),p. 35.

从100—1000英尺深的大洋中。没有人确切地知道这个垃圾环流到底有多大,有多深,只知道面积很大,而且还在增长。人类制造的一些神奇东西在里面漂浮着,主要是以从地表深处开采的石油为原料制造的。当然,石油开采是另一个说来话长的故事了。这些垃圾对于海洋生物和海洋生命的影响,有着很少的记录,但是一般认为介于祸患和大灾难之间。有些垃圾被鸟类和鱼类吞食,因为它们误把那些漂浮的塑料玩意儿当作食物了。有些垃圾进一步分解成可以存在很久时间的有毒化合物。不过,尽管这个北太平洋垃圾环流很大,对生态影响很坏,但是离我们很遥远,眼不见,就心不烦。①

还有一个气体环流,在我们头顶之上6英里的地方环绕着地球。这个环流是我们每年燃烧4立方英里的原始粘性物燃料的后果。那些原始粘性物燃料以煤炭、石油、天然气、页岩油和油砂的形式凝结着远古时代的阳光。大气中的残留,主要是二氧化碳,现在浓度已经超过了402ppm,据说是过去80万年里浓度最高的,但也许是过去几百万年里浓度最高的。大气中的二氧化碳环流正在改变着地球的热平衡,这在地质年代上就是一瞬间,却已经锁定了我们的未来气候。我们将面临极热、干旱、更大的风暴、海平面上升、生态变化等,这些将对我们的经济、公共卫生以及社会和政治稳定带来越来越大的危险。

第三个环流是流经我们血液系统的长久化学物的循环,有些

---

① Jenna Jambeck et al.,"Plastic Waste Inputs from Land into the Ocean"(《从陆地排到海洋的塑料垃圾》),*Science* 347,no. 6223(February 13,2015),pp. 768-771. 根据一项研究,90%的海鸟内脏里有塑料制品,见 Chris Wilcox et al.,"Threat of Plastic Pollution to Seabirds Is Global, Pervasive, and Increasing"《塑料污染对海鸟的威胁是全球性的、普遍的、日益增长的》,*Proceedings of the National Academy of Sciences*(2015);available online at http://www.pnas.org/content/pnas/112/38/11899.full.pdf(accessed February 25,2016). Peter Kershaw, in *Biodegradable Plastics and Marine Litter*(《生物降解塑料和海洋垃圾》)(Nairobi:UN Environmental Programme,2015)。该报告分析了生物降解塑料在解决这一问题方面的局限性。根据世界经济论坛(World Economic Forum)以及艾伦·麦克阿瑟(Ellen MacArthur)的一份报告《新塑料经济》(*The New Plastics Economy*,2016),到2050年,塑料总重量将超过全世界海洋中的生物总重量。

化学物已经永远地留在了我们的脂肪组织里。那些化学物存在于我们的空气、水、食物、每日用品以及很多孩子玩具中。用总统癌症委员会(President's Cancer Panel)的话说,我们的孩子在出生以前就"被污染了",通过脐带传送的有害物质而中了毒。人体中的取样表明,身体里面平均含有两百或更多的化学物。这被证实或怀疑会导致癌症以及细胞变异,破坏内分泌系统。这些侵害性的化学物或单个或多个还可能导致人的行为异常。环保署对于化学物的影响的评估是单个进行的,所以我们对于我们所暴露其中的成千上万个化学物或直接食用、吸收、吸入的数百个化学物组合在一起可能产生的影响了解得不多。[①]

这三种环流有很多共同的东西。它们是狠毒的环流或"邪恶"的问题,都很复杂,都是长期性的,都是非线性的,用一个形象的说法就是,它们都充满着未知,不可预测。它们几乎涉及大学的每一个学科,还涉及传统课程以外的很多知识。但是,它们并不是用足够的钱和付出足够的努力就能解决的问题,因为它们本身就是那种不能或看起来不能解决的困境。不过,如果有远见卓识,每一个环流都是可以避免的。[②]

每一个环流的影响都会持续很长的时间。有毒的、放射性的垃圾会在未来几百年里威胁人的健康和地球的生态。气候变化、污染和过度开发推动的生物多样性丧失将是永久的。大气中的二氧化碳对地球的影响将会持续数千年,要求我们以前所未有的警惕来对待,不论是社会,还是个人,都要如此。重金属和持久性有机化学物会在人体里驻留终生,有些还会遗传到我们的下一代。

---

① 总统癌症委员会年度报告,*Reducing Environmental Cancer Risks*(《减少环境造成的癌症风险》)(Washington,DC,2010),note 154.

② 还有其他的系统和过程表现着与环流相似的特质,比如,在金融市场,每天都有上万亿美元环绕着,游荡着,寻求短时期的高额利润。再比如,在工业化管理的农业生态和海洋死亡区中,环绕着很多石化产品。就每个情况来说,其显著标志是经济和人类的毁灭,是人类地平线的缩短。

人们很久以前就知道导致这些环流的原因。实际上,不需要多么高深的预见性就能看出,我们堆积的如山一般的垃圾总有一天会来纠缠我们的。化学物质的滥施滥用对健康带来的危害,至少从1962年就受到人们的关注了,当时,蕾切尔·卡逊出版了《寂静的春天》。关于迫在眉睫的气候变化的第一份警告报告,1965年就被递交给了时任总统林登·约翰逊(Lyndon Johnson)。但是,时间过了半个世纪,我们依然没有制定国家气候政策,二氧化碳在大气中累积的速度比以前还快。

如果不是后知后觉,污染环流的影响是很难理解的。用温德尔·贝瑞的话说,"我们不知道我们正在做什么,因为我们不知道我们正在不做什么"。即便如此,我们也了解了更多的情况。很久以前,我们就知道还有其他好的选择,比如循环利用、能效、太阳能技术、自然系统农业。这些技术近年来都有了很大的改进。但是,受到资金、政治不作为以及缺乏创新的阻碍,这些替代技术没有得到广泛的采用。由此造成的结果是,秉承用过就扔的理念所创建的一次性经济带来了利润,而开采、出售和燃烧化石燃料更是带来了滚滚财源,但这却使人类的未来变得昏暗。污染我们的空气、食品、水以及损害我们的健康,这都是有利可图的。所以,换句话说,这三个环流既不是意外事故,也不是反常情况,而是深深植根于我们文化、政治、经济、技术和教育体系中的系统思想观念与哲学的必然结果。

导致这三个环流的原因曾一度被认为是经济繁荣的证据,是衡量经济增长的指标。但是,我们的财富中有很大一部分是具有奸诈性的。我们只是简单地把污染和环境破坏的成本转嫁到生活在其他地方的人或以后的人身上。我们是自我欺骗和顺手造假账的受益者。[①]

---

① U. Thara Srinivasan et al.,"The Debt of Nations and the Distribution of Ecological Impacts from Human Activities"(《国家债务以及人类活动造成的生态影响的分布》),*Proceedings of the National Academy of Sciences* 105,no. 5(February 5,2008):1768-1773,note 166.

由于破坏了生态平衡、气候温度和我们的生殖潜力,这三个环流成为现在已经发生的“第六次物种大灭绝”的主要原因。不过,这一次物种大灭绝,被灭绝的不是恐龙和翼龙,而是我们人类。通往物种毁灭的路,用让-皮埃尔・迪皮伊(Jean-Pierre Dupuy)的话说,是“一系列的破裂、断绝和基础结构的变革……生物之间相食,用同类的血肉壮大自己……(导致发生)一个史无前例的暴力的时代”。换句话说,覆巢之下,岂有完卵,危险是所有人的,但是,对于毁灭海洋、生态系统、气候稳定和人类健康,以及公司将整个文明社会置于风险中以追求利润的行为,现在还缺乏有效的法律制裁手段。我们没有保护属于我们子孙后代“生活、自由和繁荣”的权利。我们也没有认可与我们同乘地球这座宇宙飞船的其他乘客的生活的权利。对于那些正在苦苦挣扎的人以及由于我们滥用权利而注定要遭受损害的人的困境,我们的法庭是视而不见的。的确,世界上还没有什么国家或国际法律机制,来处理相应的人类困境或跨际之间对于生态公平的诉求。①

尤为重要的是,如果你现在就追溯每个环流形成的原因,你会看到教室里汲汲于学的学生,他们在掌握了技能和树立了观念以后,能够在促进环流形成的攫取式经济中无动于衷地工作。这些学生是笛卡尔、培根、伽利略以及我们这个时代所有梦想全面征服自然的人的忠实信徒,但是他们却对此一点也没有意识到。我们的教育者已经给我们的毕业生武装了扩大人类帝国所必需的工具和技术,但是没有教给他们理解这样做所带来的影响的智慧。因此,一代又一代的大学毕业生学会了如何从我们的世界中攫取资源并制造形形色色的东西,但是不知道为什么那样做往往是个坏主意或者如何修复那样做所造成的损害。我们教会他们如何操

---

① Jean-Pierre Dupuy, *The Mark of the Sacred*(《神圣的标志》)(Stanford, CA: Stanford University Press, 2013), p. 21; Mary Christina Wood, *Nature's Trust*(《自然的托管》)(New York: Cambridge University Press, 2014).

控、制造、创新,如何在世界范围内沟通交流以及在阳光下售卖一切,但是没有教会他们如何思考这样做对于他们和其他人所带来的影响;我们培养训练了一批又一批的律师和说客,让他们拥有了捍卫掠夺权利的技能,但是没有教他们如何扩大代际之间和物种之间的公平正义;我们教会了未来知名公司的领导人如何超乎想象地发展他们的企业,但是在关于人类财富规模的物理、生态和道德限度,以及关于足够和充裕的概念方面,我们没有给他们一点点的指导。

围绕州际高速公路系统的建设,汤姆·路易斯(Tom Lewis)就抓住了这一问题:

> 工程学校的课程极度专门化,极少关注人文和社会科学。尽管学生们参加实施了世界历史上最大的土木工程项目,但是对于他们的行为对数百万人所造成的影响却几乎一无所知。[①]

简而言之,他们的老师没有为他们所教授的内容提供一个背景。其结果是,学校培养了具有高技能的工程师队伍,这些工程师对于所从事工作的伦理、生态、文化、社会以及国际上的意义不关注,也没有任何情感。学生只是被培养成技术人员,而不是思考者,因为我们的文化一直以来就是长于知道怎么做,而短于知道为什么那样做。

这种情况,可以说是西方文化的墓志铭。从大的方面说,这是一种教育制度的结果,学生学习了他们不能从伦理或生态角度理解的东西。知识学习是个迅速的过程,但是理解知识的局限和恰当的应用,也就是说,获得智慧,则需要更长的时间。

---

① Tom Lewis, *Divided Highways*(《分道公路》)(New York:Penguin Books,1999),p. 133.

我的意思是说，破除垃圾环流不是没受过教育的人的事儿，而是那些拿着博士学位、MBA、法学学位、硕士学位、学士学位的人的活儿。换句话说，我们在我们周围看到的生态和气候混乱，反映了我们此前在如何思考以及我们思考什么方面的混乱。这就使得破除垃圾环流成为在“教育行业”谋事的我们所有人的工作，因为我们都声称要改进思考。但是，为了改进思考，我们必须解决教育的问题，而不仅仅是解决教育中的问题，从而超越学习中的工业技术模式。浅尝辄止，小修小补，是解决不了问题的。

当然，具有讽刺意味的是，威胁我们在地球上生活的教育、科学和技术，恰恰又是它们给我们提供辨别我们行为后果的能力。我们可以测量污染的程度，并精确到十亿分之一；我们可以很精准地绘出二氧化碳在大气中的累积图，并准确地测量地球的温度；我们可以非常详细地了解长期暴露于有毒物质所带来的很多生物方面的影响。既然我们知道我们在做什么，我们就能够决定怎样去做得更好。

不过，从长远历史的观点看，我们不知道西方高等教育的模式总体来说在人道社会和可持续文明演变中是积极的力量，还是仅仅作为更先进智慧的培训基础，只是服务于对地球更加强大的、更具破坏力的控制。如果说教育要在向可持续全球文明的“大转折”(Great Turning)中发挥正面的作用，我们的目标必须是让我们的未来一代将他们的学习与对生命的敬畏结合起来，教育他们具有分析的、实践的和情感的技能，从而成为有能力的、有爱心的生态圈守护人。但是，很难做到这一点，因为我们处在技术至上和技术狂飙的狂欢时代，几乎每一个领域都不断涌现出“技术突破”。特别是，当思想和沟通被压缩到140个字以内的推特信息中，做到上面说的那样，就更难。在充斥着无意义的、脱离背景的信息海洋里，那140个字的推特信息就像是漂浮的废物。如果考虑到正在长大的一代每天待在电子屏幕前的平均时间是9个小时，正如汉娜·阿伦特（Hannah Arendt）曾经所说的那样，他们可能变成“拜倒在每一个技术小玩意裙下的没有思考的动物”，那么困难就更加复杂了。半个世纪以后，苏珊·雅各比（Susan Jacoby）不禁痛惜“非理性的新时代”，在这个时代中，“反理性主义和反理智主义在混浊大潮中蓬勃兴起，这股大潮中，有对信息娱乐的迷恋，有各种形式的迷信和轻信，还有一个不仅教不好基本技能也教不好技能背后的逻辑的教育系统”。①

不过，过错远在教育系统之外，它有着深深的文化根源，包括理查德·洛夫称之为“自然缺失症”的病理学。自从电视时代的到来，年轻人越来越多地待在家里，沉湎于一个完全是人造的世界之中。由此造成的伤害是很多的，伤害了智力的发育，伤害了年轻人的现实感，伤害了他们基本的归属感，伤害了生物学家爱德华·威尔逊所说的将我们与自然连接起来的“心灵之线”（psychic thread）。洛夫认为，“日常生活的再自然化是强化身体、心理和智力健康的重要因素……是强化父母、孩子与祖父母之间关系的重要因素”。经验和大量的数据表明，在户外度过的时间和实践技能的获取是强化学习的情感动力。②

教学大楼的设计也是这样。不管读书学习的人年龄有多大，在有着阳光、植物、白噪音、新鲜空气和自然材料的地方，他们学习的效果更好，工作更加愉快。这不是特别令人惊叹的发现，只不过是承认，我们在与我们进化而来的环境相似的空间中，一切会做得更好。将光线、植物和树木、水、风、岩石以及动物整合进教室、楼

---

① David Korten, *The Great Turning: From Empire to Earth Community*（《大转折点：从帝国到地球社区》）（San Francisco: Berrett-Koehler, 2006）；Hannah Arendt, *The Human Condition*（《人的境况》）（Chicago: University of Chicago Press, 1970）, p. 3；Susan Jacoby, *The Age of American Unreason*（《美国非理性的时代》）（New York: Pantheon, 2008）, p. 307.

② Richard Louv, *The Last Child in the Woods*（《失去山林的孩子》）（Chapel Hill, NC: Algonquin Books, 2005）；Richard Louv, *The Nature Principle*（《自然法则》）（Chapel Hill, NC: Algonquin Books, 2011）, p. 142.

房和风景之中的设计，不是一种奢侈品，而应是一种必需品，就像回到我们从骨子里就认识的家园里。

不过，更深层次的挑战是，围绕我们从未经历过的快速动荡不安的生态圈，改革教育的内容和程序，首先是尽我们最大的可能，满足正在成长的新一代的急迫需求。我们不知道他们需要了解什么，不知道应该教他们什么，但是我们知道他们需要能够使他们跨越旧的学科界限、地域、民族、种族、宗教和时间的教育。他们需要在学术知识上很敏锐，同时不能失掉地方感（sense of place）和根源感（sense of rootedness）。他们需要跳出各种各样的原教旨主义，包括那些笃信更多的、更好的产品或不断增长的经济会拯救我们的理论。他们需要有一个伦理基础，旨在保护各种生命和未来人口的权利。他们将重新发现古老的真理以及生物化学家埃尔文·查戈夫（Erwin Chargaff）所说的“被遗忘的知识”（forgotten knowledge）。他们需要知道如何将知识的不同领域连接起来，需要知道如何进行“模式求解”（solve for pattern），需要知道如何设计可以用正反馈和正协同相乘的系统解决方案。我们必须教育他们成为另一种环流的设计者，将邪恶的循环变为良善的循环，以便有一天改变我们的政治、经济、城市、大楼、设施、风景、交通、农业、技术以及我们的心灵和心智。我们需要有一代人从绝望或异想天开的思维中冲出来，把世界看作是一个由系统、模式和可能组成的网络，从而为希望提供一个真正可靠的基础。[①]

换言之，如果高等教育的目的是服务于人类的利益和今后长期应急的生活，那么就必须进行转型，首先是我们教育的理念和我们的思想以及学科化的知识所服务的目标需要有一个改变。塞缪尔·约翰逊（Samuel Johnson）曾说，如果一个人确切地知道两周后

---

① Erwin Chargaff, “Knowledge without Wisdom”（《没有智慧的知识》）, *Harpers Magazine*（May 1980）: 41-48; Wendell Berry, “Solving for Pattern”（《模型化解决方案》）, in *The Gift of Good Land*（《大地的礼物》）（San Francisco: Northpoint Press, 1981）, pp. 134-145; Fritjof Capra and Pier Luigi Luisi, *The Systems View of Life*（《对生命的系统观照》）（Cambridge, Eng.: Cambridge University Press, 2014）.

就要上绞刑架，那么他的思维就会异常地集中起来。同样，文明就要崩塌的前景应该也能让我们集中思考教育的内容和进程，我们应该把前面的时间看作是“我们最后的时光”。我们应该能够更好地了解我们是如何走到这一步的，也应该知道我们能够做什么，来扭转未来可能发生的最坏的局面。

可以预料，批评人士会说，拯救地球，或者拯救人类，就是这么个事吧，不是教育者的活儿，但是他们又拒绝说那到底是谁的活儿。纯正主义者(Purists)认为，那样做会涉及价值判断，而大学应该是价值无涉的，如果它本身就是价值，就会容易地臣服于促使我们漠然无视的力量。悲观主义者会说，改革大学是个好主意，但是没有可行性，所以不应该尝试。学校的理事们不愿意冒犯有权有钱的人，因此宁可冒破产的风险也要避免进行改革。渐进主义者总是考虑自己，建议稳妥谨慎，一点一点地改进，希望改革一定要完美。传统主义者的眼睛总是往后看，不论出现什么情况，都不愿意进行改革。

但是，我们再也没有维持现状的奢靡资本了。当下教育的光景，包括铺天盖地的电视和电子媒体，正在快速地发生变革，并改变着我们文化的精神领域。远程教育、网上资源以及非大学提供的培训已经重新定义了教育的内容、程序、意义和经济效益。它们提供的大多是可以廉价获取的技艺以及快餐似的职场证书，非常适合弱肉强食的经济中的动荡不安的就业市场。不过，那只是精神上的垃圾食品，而不是有价值的营养。它们不会，也不可能提供有深度、有广度的真正自由的教育，因为真正自由的教育总是劳动密集型的、引人思考的，只有进行深思熟虑的思考，才能理解复杂的、宏大的、重大的理论。快餐性的教育者既没有时间，也没有意愿，对教育进行深刻的思考，更不会培养他们的学生对思考行为进行思考或者围绕我们当代的重大问题给学生提供有用的指导。他们的教育模式就是商业计划，他们的评判尺度就是现金流,他们的学生只是顾客而已,他们的老师越来越成为拿着过低报酬、受到过度剥削的附庸者,他们的教育就相当于生产线。

因此,从教育上来说,对于我们这个时代的危机的合情合理的反应,就只有那些更加彻底自由的、更加全面开放的教育。神学家爱德华·龙这样解释:

> 没有大学和学院的世界将是一个可能性不断减少、前景不断萎缩的地方……(它们)是智识资源的守护者,如果没有智识资源,这个世界就会陷入知识的黑暗之中,世界上的居民从文化上就遭到了遗弃……失去学者和教育的世界,将是一个被剥夺了最有可能了解其历史重要性的世界,是一个缺乏洞察其现在的工具的世界,是一个缺乏认知未来远景的急功近利的世界。[①]

这样的观点必须基于以下的认识,消除环流首先要改变已有的思维,告别过去的想法。所有的教育都要以这样或那样的方式涉及生态圈。通过包括什么、不包括什么,我们教育学生哪些是生活及其创造的一部分,哪些应该排除在生活及其创造之外。我们需要一个持续的方法和程序,将知识整合起来,将不同的文化视点融入生态明确的世界观之中。正如米歇尔·克劳(Michael Crow)所观察到的:

> 学校不愿意完全接受多种多样的思考方式、不同的学科文化、不同的主张以及不同的解决问题的方法。这些不同的思维方式、学科文化、主张和方法,是在数百年,

① Edward LeRoy Long, Jr. , *Higher Education as a Moral Enterprise*(《作为道德事业的高等教育》)(Washington, DC: Georgetown University Press, 1992), p. 220.

甚至是数千年的知识演化中发展起来的。我们的科学存在着文化上的偏见和隔离。[①]

事实上,多数大学和学院已经开始减少能源利用、材料浪费,在建筑方面采取了更加严格的标准,这被称作“高等教育的绿色化”。这项运动在高等教育领域已经开展起来,因为从经济上来说是有效益的,也是“应该做的正确的事情”。但是,我们的授课、课程安排以及科学研究中的生态和社会的假定是隐含的,是分析前的假定。我们关于课程改革的讨论引起广泛的关注,主要是因为那些都是细微具体的,但也是容易被人忘记的。围绕学分、停车费、补贴、工资和福利、晋升标准等,我们争论了很多,但就是没有围绕地球环境恶化、人类命运等问题研究我们的课程设置。尽管如此,我还是相信,只要发展真正自由的教育,我们就能将自己从当代的自杀式幻想中解放出来,做得更好。简言之,教育可以是问题的一部分,也可以是大转折的基础。但是,如果教育确能导夫先路,那么,对于现在占据主流地位的教育范式和高等教育体制,我们需要做出哪些变革呢?[②]

答案可能有很多,由于每个大学、学院都有着自己的特点,所以并没有统一的变革规划。不过,对于那些致力于自由之思想的学校来说,变革的起点是围绕我们这个时代的重大问题进行长期的、全校参与的对话。那些重大问题没有容易的答案,所以会迫使我们走出舒适区,超越我们思维和研究的传统桎梏。既然思想和

① David W. Orr, *Earth in Mind*(《大地在心》)(1994; Washington, DC: Island Press, 2004); *Ecological Literacy*(《生态素养》)(Albany: State University of New York Press, 1992); Michael Crow, “None Dare Call It Debris: The Limits of Knowledge”(《没有人敢叫它垃圾:知识的局限》), *Issues in Science and Technology*(Winter 2007).

② C. A. Bowers, *Educating for an Ecologically Sustainable Culture*(《面向生态可持续文化的教育》)(Albany: State University of New York Press, 1995); C. A. Bowers, *Education, Cultural Myths, and the Ecological Crisis*(《教育、文化神话和生态危机》)(New York: State University of New York Press, 1993).

技术会产生影响,那么我们对我们散播到这个世界上的思想和技术,负有怎样的责任呢?对于我们周围的生态混乱,我们是否有共谋的嫌疑?那些放任人类主导自然的"资源""进展""自然资本""生态服务"等语言和词汇,对生态产生了怎样的影响?我们有什么权力来征服整个生态圈,并导致物种的灭绝和生物栖息地的毁灭?我们怎样才能约束我们"预测、管理、控制自然"的痴望?对于我们能够知道,抑或是应该知道的,有没有体制、政治和道德上的限制?我们是否应该拒绝接受来自某些公司或整个产业的投资或资助?我们是否应该暂停研制那些有自我复制能力或可能获得自我复制能力的东西?同样,我们是否应该给那些超越人类的项目提供技术支持?因为那些项目将用更加智慧的人工智能替代我们现代人,而智能机器人有可能将来某一天发现我们人类很愚蠢,只适合干那些卑贱的工作。同样的道理,我们是否应该帮助创造没有进化经历的合成生命形式?这类事情,谁来做决定?如果我们试图限制这样的行为,会不会危及其他重要的价值观?如果我们对这类研究不施加任何限制,又如何从体制机制上进行防范?在技术创新狂飙突进的大潮中,我们如何才能维持我们古老的对话,继续追寻卑微地与上帝同行的意义,甚至是探寻公正、负责任、更好地活着的意义。①

还会产生其他问题。在进入"人类世"的旅途中,需要哪些知识?智慧、良心、手之间合适的平衡点是什么?我们怎样将激情与精明融合在一起?我们如何来改进教学课程或改革教育,从而使我们的学生能够更好地应对他们将来一定会面对的新挑战?我们

---

① Eileen Crist, "On the Poverty of Our Nomenclature"(《关于我们术语命名词汇的贫乏》), *Environmental Humanities* 3(2013):137;Crow,"None Dare Call It Debris"(《没有人敢叫它垃圾:知识的局限》);Robert Sinsheimer,"The Presumptions of Science"(《科学的预设》),*Daedalus* 107,no. 2 (Spring 1978):23-35; Roger Shattuck, *Forbidden Knowledge*(《被禁止的知识》)(New York: St. Martin's Press, 1996).汉娜·阿伦特写道,这些是"摆在第一秩序的政治问题,所以根本不可能由专业的科学家或专业的政治家作出决定",见 Arendt, The *Human Condition*(《人的境况》)(Chicago:University of Chicago Press,1970),p. 3.

如何围绕气候动荡采取相应的措施开展人文科学、社会科学和自然科学研究？我们如何能够在艰难的岁月里保持我们或我们学生的士气，并让人类怀有炽热的希望？面对残酷无情的、不断严重的生物物理现实，我们怎样才能校准我们对于公正和公平的焦虑？[①]

还有一些实际的问题，这些问题与我们对我们生活其中的社区的责任有关。哪些可以很好地用来发展基于可再生能源以及当地农业和粮食体系的持久性的经济？哪些可以滋养体面的、公平的社区？我们应该怎样将公共机构的资产投入和投资到地方，从而促进可持续的发展？[②]

通过这样的讨论，可能会得出很多的结果。我只提出两个最明显的建议。第一个是要求我们的学生，如果不切实掌握世界作为一个物理系统是如何运作的，不了解其对他们生活的重要性，就不能从大学或学院里毕业。如果我们的学生既不会读，也不会算，那么让他们毕业，我们会感到尴尬和窘迫。同理，如果我们的学生对生态一无所知，也就是说在生态学、热力学和系统动力学的基本知识方面简直就是文盲，那么我们应该感到耻辱，因为生态学、热力学和系统动力学都是我们文明社会和人类社会的基岩条件。在学生毕业离开大学校园以前，他们还应该了解我们目前出现困境的社会、政治、经济和哲学方面的原因，应该掌握建设一个持久、韧性、体面世界所需要的伦理、分析和实用工具。简言之，我们要培养学生具有整合不同科目和专业的能力，树立统一的、以生态为根本的世界观。[③]

我的第二个建议是关于机制运行和管理的。大学和学院不能

---

① James Lovelock, "A Book for All Seasons" (《一年四季都可读的书》), *Science* 280 (May 8, 1998): 832-833.

② 见 the special January 2014 issue of *Solutions*, which is devoted to the Oberlin Project, as well as Chapter 12.

③ Fritjof Capra and Pier Luigi Luisi, *The Systems View of Life*(《对生命的系统观照》). 见 C. A. Bowers on ecological intelligence; Bowers, *University Reform in an Era of Global Warming*(《全球变暖时代的大学改革》) (Eugene: Eco-justice Press, 2011), pp. 155-188.

仅仅推进对其他人的教育，还要重视自身的教育，持续学习了解生态圈作为一个物理系统是如何运作的，并努力在这个物理系统中变得更加有责任心。彼得·圣吉（Peter Senge）把这描述为"学习型组织"（learning organization），让可持续性成为正常的事，成为容易做的事，也就是说，成为我们从事教育、建设、支出、投资和规划的必然的背景。与其他机构比较起来，大学和学院有着保护我们的星球可居住性的义务，那是我们的栖身之所，也是我们的学生要继承的栖身之所。从具体操作上，这需要建立激励机制，倡导更有效地利用能源、水、土地和材料，鼓励推广使用可再生能源，奖励保护环境。同时，这还要求改变现在的规定和程序，从而可以长期地使组织作为生态可持续系统来运转。学习型组织要求准确和及时的信息与反馈，我的同事约翰·皮特森在开发校园能源和水资源利用报告表时就说明了这一要求。最为重要的是，学习型组织在设计建设生态可持续系统时要把学生、老师、管理人员都调动起来，积极参与，从而创建完全由可再生能源提供电能的机构和社区，而且一点不排放废气废物。①

这个转型的过程需要坚韧和勇气，但是所有的变革都是从马丁·路德·金所说的"现在非常紧迫的时刻"开始的。"这个事情已经太晚了。拖延依旧是时间的窃贼。生活常常把我们丢在那儿，让我们一无所有，衣不蔽体，郁郁寡欢，因为我们失去了一次机会。我们呼天抢地地呐喊，期望时间暂停一下，但是时间对一切恳求置若罔闻，继续向前奔驰。在无数文明的皑皑白骨和乱石遗址上，写着令人悲愤的三个字'太晚了'。"

爱德华·福斯特关于"唯有连接"的告诫，与事实是不符的，因为我们已经连接起来了。20 世纪最伟大的发现显示，我们以多种方式交织在一起，有些交织，我们自己甚至都不知道。

---

① Peter Senge, *The Fifth Discipline*（《第五项修炼》）（New York：Doubleday, 2006）.

·尽管我们不同的人是有区别的,但是我们与我们的兄弟民族有着99.5%相同的基因,即便与我们人类的近亲大猩猩和倭黑猩猩相比,我们之间也有着98%相同的基因;

·我们干体重的90%实际上不是我们的,而是一帮细菌、病毒和其他搭便车的生物的汇聚;

·我们的心智通过演化可以照见彼此的情感,也可以相互同情;①

·我们每一口呼吸都包括苏格拉底、老子(Lao Tzu)、莎士比亚、索杰娜·特鲁斯(Sojourner Truth)以及伊迪·阿明(Idi Amin)等人曾经呼吸过的分子;

·我们对生命都有天生的依恋,哈佛大学生物学家爱德华·威尔逊称之为"热爱生命的天性"(biophilia);

·我们所有人,身体的每一块材料,都曾经来自星球;

·植物以网络的形式连接在一起,通过化学信号进行沟通,彼此间相互帮助的方式与利他主义很相像;②

·我们现在通过社交媒体、电子邮件、智能手机等形式实现了全球连接,我们所在的通讯和信息网络越来越密集。这是过去从来没有过的。对此,很久以前,神学家和哲学家德日进(Teilhard de Chardin)就曾预言过。③

---

① 马修·利伯曼(Matthew D. Lieberman)写道:"我看到,有很多神经系统相互交织在一起,把我们紧紧地束缚在一起。"见 Lieberman, *Social: Why our brains are wired to connect*(《社交天性:人类社交的三大驱动力》)(New York: Crown, 2013), p. 302.

② Janine Benyus, lecture at the Omega Institute, September 6, 2013; Michael Pollan, "The Intelligent Plant"(《有智慧的植物》), *New Yorker*(December 23 and 30, 2013):92-105; Stefano Mancuso and Alessandra Viola, *Brilliant Green*(《聪明的绿色植物》)(Washington DC: Island Press, 2015).

③ Teilhard de Chardin, *The Phenomenon of Man*(《人的现象》)(New York: Harper Torchbook, 1965), pp. 180-184.

简言之,随着时间的推移,我们越来越紧密地连接在了一起,成为生命这个巨大家族的一小部分。生命可以追溯到38亿年以前,而且只要我们有着更好的自然、运气和阳光,生命还会延续到未来。问题不是要连接起来,而是认识到我们已经连接起来的现实,并采取行动。

福斯特还有进一步的观察,那就是我们连接的能力"全都围绕情感转",这听起来有点稀奇古怪和风马牛不相及。情感是心智计算的对立面,与心智计算有关的是理性的经济行为、精明的职场决定以及波及"我"这一代的自足性的自我陶醉。情感与现代研究型大学的设计也是格格不入的,因为大学的特点是,与仁慈良善相比,更重视合理性;与服务他人相比,更重视个人成功;与谦卑恭敬相比,更重视操纵控制。除了那些需要限制和约束的理论,情感认可太阳底下的每一个理论。情感是复杂的,也是矛盾的。不过,情感是在启蒙后的自我利益、利他主义、远见卓识相遇的岔路口上兴盛起来的。情感源于感情、同情以及放大的自我意识。它认为,没有什么东西,也没有什么人能够成为一个自足的孤岛。每个东西、每个人都和大陆连接着。[①]

情感会改变我们认为是重要的、琐碎的或危险的东西的认识。它改变学习的内容和过程,推崇多元化,回避统一化和生产线式的教育。情感要求我们根据学生的个性和学习方式更好地因材施教。它会让当代教育从狂躁和忙乱中安静下来。情感会帮助我们拾起耐心,把教育看成一个终生的过程,不能与现在正常的教育混为一谈。在情感的引导下,我们不会轻易地将信息与知识混淆起来,也不会将合理性与通情达理混淆起来。情感的基础会帮助我们理解,思考常常是被高估了,而直觉常常是被低估了,真正的学习是不能通过分数和学位来证明的。一次情感历程甚至可以帮助

---

① Forster, *Howards End*(《霍华兹别墅》), p. 248.

我们理解和调节我们自己大脑中左半区和右半区之间的进化差异。[①]

情感考虑总体情况,包括那些费解的和神秘的部分。它会引发一种感情,芭芭拉·麦克琳托克(Barbara McClintock)称之为“情有独钟”(feeling for the organism)。它将我们与我们自己的创新、艺术、音乐、幽默、直觉、感情的一面连接起来,那些品质只有在正式课程的缝隙和大学与学院的偏僻胡同里才能兴盛起来。阿尔伯特·爱因斯坦(Albert Einstein)是这样说的:“直觉的认知是神圣的天赋,理性的认知是忠实的仆人。我们创立的社会将荣耀送与仆人,但是忘却了天赋。”

因此,情感让我们拥抱神秘,为我们打开了通向奇迹的道路。除了弥漫在大学里的事实、数据、理论和分析以外,剩下的都是无法解释的。我们所知道的知识就像大海里的一滴水,而我们不知道的知识则是大海。深层次的知识是难以捉摸的,是最隐蔽的东西。与其说我们聪明,而且以后总是聪明,不如说我们是更加的无知,无限的无知,这才是事实。就是这样。D. H. 劳伦斯(D. H. Lawrence)抓住了事情的本质,他通过观察认为,“水有两个氢原子,一个氧原子,但是还有第三个东西,才形成了水,只是没有人知道第三个东西是什么”。可能永远也不会有人知道。[②]

情感允许我们宽容我们自己的不完美以及别人的不完美。情感并不只是在太平盛世才需要。在充满矛盾、荒诞和悲剧的世界里,情感可以减缓人的浮夸自负,可以刺破人的虚幻谵妄。情感是

① Iain McGilchrist, *The Master and His Emissary*(《主人和他的使者》)(New Haven: Yale University Press, 2010). 该书对于心智和大脑令人困惑的复杂性以及两者可能不是统一的可能性进行了非常精彩的讨论,这两者之间或者是处于竞争状态,或者甚至是处于敌对状态;如果我们死后还有一部分生存下来,也就是通常说的灵魂,那又是什么呢? 面对这些虚无缥缈的但可能是真实的科学解释不了的存在,玛丽莲·罗宾逊(Marilynne Robinson)和约翰·洛克(John Locke)提出建议,“我们必须‘在有些时候满足于我们的无知’”。见 Robinson, *The Givenness of Things*(《事物的已知性》)(New York: Farrar, Straus and Giroux, 2015), pp. 14-15, 189.

② Bill Vitek and Wes Jackson, eds., *The Virtues of Ignorance*(《无知的好处》)(Lexington: University of Kentucky Press, 2008).

慈善的,宽容的。清晰可见的情感有助于我们获得西班牙哲学家米格尔·德·乌纳穆诺(Miguel de Unamuno)曾提及的"生命的悲剧意识"(the tragic sense of life)。这种意识既不是屈服恭顺的,也不是悲观沮丧的,而是恰恰相反,能让我们自嘲,也相互嘲笑。它是掌握了技艺和科学的宫廷小丑、弄臣、傻瓜,因为有了技艺和科学,我们才能在这个有缺陷的世界快活地生活,从事着我们的事业。这种哲学让我们在过去战胜了悲剧,今后还将继续为我们这样做提供支撑。

被情感所规训的智力与被原始的智商、偷偷摸摸的好奇或为了成功而生发的万丈雄心所推动的智力是不一样的。哲学家玛丽·米奇利(Mary Midgley)曾经解释"为什么聪明是不够的":

> "智力"崇拜的核心是,认为人类的聪明智慧是最高级的价值……(但是)看看我们周围吧,我们会发现人们都在努力通过逻辑分析或者是获取信息来解决那些只有通过改变心态,也就是改变态度、新政策和方向才能解决的问题。但是,以后将不会是这样……在当代文化中,我们纯粹认知能力所表现的激情洋溢的、近似宗教的兴奋,当然会对这种尴尬的事实构成一个防御机制。[1]

将聪明置于类固醇之上只会让事情变得更糟。恰恰相反,情感会让我们认识到我们智力的局限性,让我们怀疑所有的那些我们言之凿凿认定的确定性。有时,那些确定性是真实存在的;有时,它们只有部分是真实存在的;有时,它们在某些情况下是真实存在的,但在其他情况下是不存在的;有时,它们是毫不相干的;有

---

① Mary Midgley,"Why Smartness Is Not Enough"(《为什么只有聪明是不够的》),in Mary Clark and Sandra Wawrytko,eds. ,*Rethinking the Curriculum*(《对课程设置的在思考》)(Westport,CT:Greenwood Press,1990),pp. 39-52.

时,它们完全是错的。看到差异被称为敏锐、判断或者是谦逊,这些都是我们经过摔倒、再站起来并争吵后学到的特质。那么,情感会让我们看到正确,或者是满腔热忱地自认为是正确的,与真正正确并能让世界变得更好一点之间的差异。换句话说,情感会让我们变得对确定性不那么确定,但是对于我们的信念变得更清晰了。它会有助于我们认识到,好的意图,包括我们自己的意图,并不是足够的。有的时候,它们反而是问题。

情感带着笑容,可以自嘲,有着倒车档,很少以急速前行。它不急不忙,从容有度。它友善仁慈,温文尔雅,其举止体现在马丁·路德·金、特蕾莎修女、纳尔逊·曼德拉(Nelson Mandela)、阿尔贝特·施韦泽(Albert Schweitzer)等人身上。它从来没有不敬,从来不失礼。

最后,情感有助于我们看到事情的本质,看到事情的变化。情感让我们期待改进。期待是个动词,就像我们每天要做的事情一样,要捋起袖子加油干,而不仅仅是一种愿望,或只是纸上谈兵。它是一种训练,要求具有技艺、能力、坚定和勇气。它是切实可行的,它将我们彼此黏合在一起,将我们与真实的地域、动物、树木、水和风景连接在一起。有成功希望的人是耐心的,不是消极的。他们是积极变革环流的创造者,能够慢慢地弥补人类的未来。他们是那些知道如何将我们与今后更好可能连接在一起的人。

善　心

慈善：希腊语写作"philanthropia"。对人类的爱；促进同族人幸福和富裕的性格或努力；实际的捐赠。

——《牛津英语词典》

慈善几乎可以说是人类能够赞许的唯一美德。[①]

——亨利·戴维·梭罗

在这个可怜的、贫瘠的地球上，什么也没有，只有礼物。[②]

——切斯拉夫·米沃什(Czeslaw Milosz)

1982年3月，位于纽约市的习技公司(Learning Annex)创始人兼董事长威廉·詹克(William Zanker)宣布，他要从帝国大厦的86层撒下一万美元，都是小额的钞票。他希望以此感谢纽约市民对

① Henry David Thoreau, *Walden*(《瓦尔登湖》)(Princeton, NJ: Princeton University Press, 2004), chapter 1.

② Czeslaw Milosz, *The Separate Notebooks*(《拆散的笔记簿》)(New York: Eco, 1986), n. p.

他的继续教育学校的支持,同时也从中获得一点知名度。但是,命中注定,28 岁的艾迪·朱沃尔(Eddie Jewel)和他 34 岁的同伙萨罗·邦迪斯(Salo Bandes)也选择了这一天,抢劫位于帝国大厦一楼的银行。抢劫和慈善是矛盾冲突的,但是彼此之间也没必要形同陌路。抢劫犯先动了手,继而被便衣警察一路追到第 34 层,后边还跟着一大群摄影记者。这些记者本来是用镜头记录送钱慈善事件的,现在却抓住了绝佳机会,记录一个抢钱的事件。几分钟后,詹克先生和他的同事赶过来,带着五个透明的塑料袋子,里面装着一万美元。因为担心分不清哪些钱是从银行偷的,哪些钱是从上面撒下来送给老百姓的,帝国大厦管理人员拒绝詹克先生和他的同事上大楼的电梯。但是,帝国大厦大堂里的"游人盯着钱袋子,希望能得到一张",所以就敦促詹克先生和他的同事。就帝国大厦管理经理来说,他郑重其事地宣称,"今天下午和任何时候,帝国大厦都不能容忍从瞭望台往下撒美元"。从那以后,这个谨慎的政策一直严格执行到今天。根据《纽约时报》的报道,这位业余慈善家乘一辆警察巡逻车离开了,同时宣布他要研究"其他的分享利润的方式"。慈善是"人类之爱",呜呼,在具体操纵的层面,并不总是容易的。[①]

事实上,良好的慈善愿望产生的效果往往没有预料得好。比如,为了防止群体饥饿,洛克菲勒基金会(Rockefeller Foundation)在 1941 年发起了"绿色革命"计划。不过,从后来的情况看,即便只做一件事,也很显然是不可能的。这是一个案例,其他案例包括大量农民的迁移、城市移民、地下水位下降、过度依赖化石能源和化学物质、水污染、公司操纵等,其中大部分是预料不到或被人忽略的,而农民迁移则破坏了古老的文化模式。这个绿色革命显示了降福

① Paul L. Montgomery, " A Failed Giveaway Meets a Foiled Getaway"(《失败的送钱遇到受挫的抢钱》), *New York Times*(March 13, 1982).

和厄运的混杂,这种情况一直持续到今天。[①]

满腔热情的"慈善资本家"遇到的情况大致也是这样。事实显示,如果有人拥有获取财富所必需的才能和好运,那么他也会拥有解决复杂社会问题的智慧。这些社会问题大多是由于技术开发和使用造成的,只是,造化弄人,那些技术是慈善家自己可观财富的来源。从多数情况看,慈善行为的结果差异很大,有的微不足道,有的则具有重大的,甚至灾难性的影响。但是,亿万富翁与微笑的弱势儿童在一起的合影照片,永远都是感人至深的。脸书创始人马克·扎克伯格(Mark Zuckerberg)贸然捐资涉入纽瓦克教育系统,为他站台的有新泽西州州长克里斯·克里斯蒂(Chris Christie)和纽瓦克市市长克里·布克(Cory Booker)。扎克伯格将巨资捐赠到灾难地带,最大限度地造成政治影响,然后很快抽身而退,这已经成为一个教科书般的案例。看起来,政客们和慈善资本家们有着比帮助孩子更加高级的优先事项。值得一提的是,据说扎克伯格要进行第二次捐赠,慈善对象是旧金山湾区学校(San Francisco Bay Area schools)。你可能会说,很多类似的高尚的慈善想法都应该到南方实施。看起来,慈善总是会伴随着讽刺、矛盾以及意料不到的影响。但是人们总是希望,下一次的捐赠会是不一样的,同时捐赠的数额也是与捐赠者的财富成比例的。[②]

事实上,给予的行为是人类关系中最为复杂的行为之一。给予是容易的,但是给予得好且有好的效果,是非常难的。给予正确

---

① Mark Dowie, *American Foundations: An Investigative History*(《美国基金会:历史性考察》)(Cambridge, MA: MIT Press, 2002), pp. 106-140.

② Diane Ravitch, *The Death and Life of the Great American School System*(《伟大的美国学校系统的生与死》)(New York: Basic Books, 2010), pp. 194-222; and Ravitch, *Reign of Error* (New York: Knopf, 2013), pp. 10-43. 林赛·麦戈伊(Linsey McGoey)在《没有免费的礼物:盖茨基金会和慈善事业的代价》(*No Such Thing as a Free Gift: The Gates Foundation and the Price of Philanthropy*)(New York: Verso, 2015)一书中特别记录了慈善资本主义极具讽刺意味的一面以及盖茨基金会含混不清的项目资助,另见 Dale Russakoff, *The Prize* (Boston: Houghton Mifflin Harcourt, 2014)。扎克伯格已经许诺将捐出其脸书公司 99% 的股份,但是很明显,这些钱是捐给一家有限责任公司,而且是由扎克伯格所控制的公司,捐款以后会降低他们的税负,见 Cynthia Powers, "Corporate Charity Is Corporate Power"(《公司慈善是公司权力》), www. truthout. org (December 24, 2015)。

的东西,找到正确的接收组织或个人,拿出恰当的数额,把握正确的时间,这是一种艺术,需要有判断、智慧和运气。捐赠需要满足某个特定的需求吗?那个需求是否毫无价值?如果受捐人通过自己努力来满足需求,是否更好些?如果再晚一点捐赠,是否更好些?或者如果多捐赠些,是否更好些?如果少捐赠些,是否更好些?捐赠后的效果是否能测量?不能测量的重要的效果,有哪些?问题有很多。所有这些不确定性的背后是这样的事实:我们根本不知道某项捐赠将在世界上带来什么,也不知道会给捐助者或受赠者带来什么。唯一可以确定的是,我们不能理所当然地回避这个几乎在每一个层次上都渗透到每一种人类关系中的话题。

在人类的大部分历史中,正如玛格丽特·阿特伍德(Margaret Atwood)所写的那样,“我们欠地球的债一直铭记在心”。“每一种宗教都致敬地球的神圣,认为人们吃的、喝的、呼吸的一切都来自地球,都是上帝的恩惠。如果人们对于来自大自然世界的馈赠不尊重,不遏制自己的挥霍浪费和贪婪,上帝就会不高兴,就会让干旱、疾病和饥馑降临人间。”同样,给予可以理解为互惠系统的一部分,其中给予者和接受者都是相互地参与。这是社团内部和社团之间维护和平的一个途径。一个馈赠、一个礼物,不应该是被囤积起来的所有物,而是应该传递下去,给另外的人。不过,这样做的目的,远远超越了给予者和接受者。玛丽·道格拉斯(Mary Douglas)解释道:“不能促进团结的礼物,就是个矛盾。”这是个完整的系统,其中的每一个东西,不管是精神的,还是物质的,都是属于整个群体的每一个人。按照这种古老的理解,礼物在从一个人手里传递到另一个人手里的过程中,是伴随着人类灵魂的历史的,它们所植根的社会很高兴地进行公共给予,慷慨支出,乐善好施,载歌载舞。因此,给予的生态学就要求礼物不能囤积,而是要传递下去,并不断扩大,不断改进。路易斯·海德(Lewis Hyde)在他的经典著作《礼物》(*Gift*)中说:“礼物必须传递下去。”他写道:“当我们明白我们是自然循环中的演员时,我们就会理解,自然能给予我们的,是受我们能给予自然的影响的……我们最终会认识到,我们自己是一个很大的自我管理系统的一部分。”与此相反,资本主义假定物品的稀缺性,所以鼓励私人积累,也就是说,囤积。但是,多数“原始”文化中并没有稀缺性这个词。用海德的话说,就是:“如果市场的运作主要是为了利润,主导的理念不是‘拥有就是给予’,而是‘适者生存’,那么财富就会失去它的流动性,从而积聚在一个个孤立的地方……因此,即便是财富保持增长,也可能变得很稀缺。”因此,市场交易变成了商品交换,不论是商品,还是服务,都会有一个价格。与此相反,在真实的礼物关系中,人们对自己施加约束,对所在的群体有着永恒的义务。有些礼物必须被拒绝,因为其关系,也就是义务,是不对的或邪恶的。礼物关系在相对较小的规模中实施起来效果最好,因为“如果群体成员太大,我们的感情就会减弱”。根据海德的观点,那是“现代世界无法解决的困境……商品帝国会无限制地扩展,直到……所有的东西,从土地到劳动,甚至色情、宗教和文化,都可以像鞋子一样进行买卖”①。

那么,在更为古老的观念里,给予的目的是为了社会的凝聚,不一定非得是善行,或者是那个特定礼物的实用性以及价值。正如海德和道格拉斯所解释的,给予的目的不是效用,甚至不是愉悦,而更可能是为了秩序和避免冲突。给予礼物是为了实现更大目标的一种手段,即,将人们团结聚合起来,维护和平。时代已经发生了变化。在大部分岁月里,我们不再生活在部落和小的群体中,而是在空间巨大、人口稠密的都市里。我们人与人之间的关系受到市场的理念、铺天盖地的广告、强势来袭的技术等因素的影

---

① Margaret Atwood, *Payback*(《债与偿》)(Toronto: Anansi, 2008), p. 179; Mary Douglas, foreword to Marcel Mauss, *The Gift*(《礼物》)(New York: Norton, 2000), pp. vii-viii. 根据道格拉斯和马塞尔·莫斯(Marcel Mauss),如何将此转化为依法创立以及税收资助的社会安全和健康保险等公共政策,依然是一个没有解决的问题。见 Mauss, *The Gift*(《礼物》), p. 69; Lewis Hyde, *The Gift*(《礼物》)(New York: Vintage, 1983), pp. 19, 23, 89, 139.

响，这些因素引发了商品的浪潮，释放了商业的欲望，再也不受互惠的制约。由此，斤斤计较、个人主义以及物质主义占了上风，压倒了更为古老的群体凝聚的观念。现在的礼物只不过是购买的商品，常常是一些小东西，不再具有更大的意义或为了实现公共的目的。它们的给予只是作为暂时的消遣，或者是作为某种社会地位的象征，比如从帝国大厦 86 层楼往下撒钱，很少有更多的想法。事实上，真正了解给予会导致什么，是很困难的。就西方文化来说，情况尤其如此，因为给予是单向的、一次性的转移，给予者和接受者之间没有特定的公共目的，没有必须应尽的义务，也没有强制性的互惠。

即便没有古代的背景和公共的义务，礼物关系也已经变得更加复杂和矛盾。在给予中，人们会假设那个礼物会满足一定的真实需要，也就是说，礼物不是多余的，不会带来麻烦，不可能导致意料不到的或不希望发生的后果。比如，把一辆强动力跑车的钥匙给一个十几岁的小男孩，就可能导致麻烦，因为小男孩的自制能力和跑车的大马力是不相配的，所以会有问题。给予礼物会很快地演变为一种无意识的但又有着某种期待的获取，同时也会剥夺礼物接受者学会自我约束的机会以及在更大意义上应该学会在世界上自我生存的能力。辨明自我需求，是需要自我认知的，而礼物接受者可能不具备这种认知。因此，深思熟虑的给予者必须有判断、眼光和智慧。而且，给予行为必须有个前提，那就是认定接受者能将礼物很好地利用。如果存在欺骗，那么一个单纯的礼物赠予就可能变成一个诅咒，比如以撒（Isaac）本来是要给以扫（Esau）礼物的，结果被以扫的弟弟雅各（Jacob）给冒领了。莎士比亚戏剧中李尔王（King Lear）把他的国土分给了他的两个女儿，这个礼物成了后来悲剧的根源，因为作为给予者，李尔王没有智慧和仁爱来判断两个女儿的性格以及接受这一礼物的能力。

给予也可能是诱惑的一种形式。希腊联军送给特洛伊人的特洛伊木马,就是伪装成礼物的一个阴谋。同样,陀思妥耶夫斯基笔下的宗教大法官这样说到老百姓:“噢,他们永远、永远都不能养活自己。最后,他们就会放下他们的自由,匍匐在我们的脚下,恳求说‘让我们当你们的奴隶吧,但是要给我们东西吃’。”食物这个礼物已经不再是礼物了,而是一种控制接受者的手段,完全无视接受者的权利、尊严和潜能。与此相对照,一个真正明智地给予的礼物可以帮助接受者增加机会,让接受者,甚至是整个世界都变得好一点。

因此,给予者和接受者之间的关系就涉及一些模糊不清的角色,给予者的行为可能导致这种或那种诱惑,也可能在有意和无意间让接受者平添了依赖的心理。在归还哈姆雷特(Hamlet)的礼物时,莎士比亚让奥菲利娅(Ophelia)说了这样的话:“如果给予者心态不善良,那么贵重的礼物就变得轻贱。”但是,一个人也可以以下面这种方式实施给予行为,那就是接受者的态度就是对给予者的回报。比如,一个孩子在得到新玩具时表现出来的天真烂漫的快乐,就是一种回报给父母的礼物,而孩子的快乐就给父母带来了快乐。所以,即便没有古代的群体义务或责任,礼物关系中依然不能缺少人类的、心理的复杂性,在每一次礼物给予行为中,都要有给予者和接受者。一个人在给予的时候,可以是自私的,因为他也期待成为获得者;同时,他也是给予者,因为他是真诚的、慷慨的。而另一个人,作为获得者或接受者,就会有一定的义务或责任,在将来某个时候以某种方式,将礼物回报给其他人。

我们还不能忽视这样一个事实,作为给予和接受的双方,可以是我们个人,可以是机构,可以是经济体,可以是社会,可以是国家,我们也正在逐渐认识到,还可以是物种。在每一个层面,我们都是我们所给予和我们所接受的总和。也许,在冥冥之中的某个宇宙会计办公室里,会有某种力量维系着给予和接受之间的平衡,不时地分发着账单。[1]

现代生活的规模越来越大,改变了礼物给予和接受的方式,改变了我们计算礼物给予和接受双方所付出的相对代价和获得的相对收益的方式。路易斯·海德认为,这是个“无法解决的困境”,也就是说,“我们如何能在一个大众社会中保持真正的社区,因为大众社会中的主流价值观是交换价值,大众社会中的道德观念被写成了法律条文”。事实上,在这么大的规模上进行精确计算,我们还不是很擅长,主要是因为,截至目前,我们还没有怎么认真计算过,即便我们认真计算,也是很困难的,计算结果也总是有争议的。[2]

但是,不管怎么说,现代社会也许给予的比以前更多。善行在社会上得以实施,主要是通过大规模的政府资助项目,比如福利、社会安全以及医保等,但是这些项目对于社会来说是净收益,还是净损失,这是自由主义者和保守主义者争论的问题。不管是哪种情况,正如莫斯所说,“都充满着宗教因素”。从国际上看,我们有国际援助、赈灾救济、军事援助,这些都足以证明,我们是很慷慨的,救助是超过国界的。1947 年实施的马歇尔计划(Marshall Plan)经常被援引为一种高尚的慈善行为,尽管事实上其中有着我们很大的国家利益,因为我们一是要应对苏联令人可疑的扩张计划,二是要为美国制造的产品开创欧洲市场。这个计划既不是一个纯粹的慈善,也不是一个欺骗性的获取,而是一个聪明的政策,在某种程度上就是我们现在所说的“双赢”。一方面扩大了美国的影响,另一方面复苏了西欧的经济,同时还在这个过程中让某些人挣了大笔的钱。最近一些年,我们很多的对外援助要么是给受援国提供武器,要么是要求接受者购买美国商品、服务和农产品。这根本不是什么慈善,而是一种培育和维持仰美鼻息、依赖美国的国家和

---

① Williame Shakespeare, *Hamlet*(《哈姆雷特》), 3.1.101.

② Hyde, *The Gift*(《礼物》), p. 89.

促进公司利润的手段,不过,后者也是一种依赖,也就是说,一种获取。尽管如此,这还是很必要的,因为这样的给予符合美国向善的国家神话,同时也为美国犹抱琵琶半遮面的富强目标提供了服务。[①]

举个更近一点的慈善行为,2014 年,大约 7 万个基金会捐助了 540 亿美元。这些基金会大小不一,既有 2013 年捐款 410 亿美元的盖茨基金会(Gates Foundation),也有几千美元规模的小型家庭基金会,其相当可观的资产是不用交税的,前提是那些资产用于社会公益。但是,怎么才算是"公益",这主要是由捐助人来界定了,其中的空间余地很大,但毫无疑问也充满着想象。基金会及其董事、官员和职员是庞大资金的管理者,控制着资金的使用。这些资金,据说有 7000 亿美元左右,都是免于交税的,原因是这笔钱可以更好地用于公共目的。当然,决定资金使用的人首先是那些挣这笔钱的人。但是,基金会是遭到批评的。[②]

乔尔·弗雷斯曼(Joel Fleishman)曾是一家基金会的董事长,据他说,基金会是"美国最不负责任的机构……在孤立封闭的环境中运行,私密性太高,甚至在对待资金求助者、资金接受者、更大范围内的公民以及负有监管责任的政府官员时,都表现得很傲慢"。他们"常犯的恶习"包括自大、无礼、难接近、武断霸道、难沟通以及"极度注意力缺失症"。很多人同意弗雷斯曼的观点。如果有机会,他们就会建议进行修订,首先是规定,如果没有申请慈善资金的经历,如果不知道同情、谦卑、回电话、回复电子邮件的价值,或者如果在申请中没有穿破几个护膝、磨破几个帽边,那么他就不应

---

① Mauss, *The Gift*(《礼物》), p. 72.

② The National Philanthropic Trust, *Giving USA*(《美国慈善》), 2015 (June 2015). 根据该报告,美国个人捐款 2580 亿美元,公司捐款 170 亿美元。罗伯特·赖克估计,美国财政部每年因此而减少收入 400 亿美元。随着慈善基金会的增加和发展,据说人类衍生了一个新的物种,即"慈善基金会管事"或项目官员。他们聪明绝顶、睿智博识,他们讲的笑话都是令人发笑、诙谐幽默的。正是由于这些原因,望穿秋水的项目申请者总是急切地回复他们的邮件和电话,热切地向他们咨询所有事情的建议。

该主持慈善资金的审批过程。[1]

更为核心的是,来自基金会捐助的慈善基金,如果不是用于慈善和公共目的,是要交税的。但是,这些慈善基金很少用于与其经费累积系统规则不符的项目。换句话说,基金会是非常厌恶争论和风险的。比如,对于气候变化及其深层原因这类有争议性的问题,基金会一直是忽视的、避而不谈的,即便是在科学已经充分证明了气候变化危险程度的几十年后,基金会依然如此。只有很少的例外,基金会在应对气候动荡的巨大问题方面,所付出的资金是极小的。2014 年,基金会只有 2% 的资金用于减缓或扭转气候动荡。加拉 · 拉马奇(Gala Lamarche)是民主联盟(Democracy Alliance)的主席,此前曾担任索罗斯开放社会研究所(Solos Open Society Institute)美国项目的主任。他这样解释:

> 勇敢地不畏风险,不是慈善基金会所做的,与多数人的预期是不一样的。基金会的董事和高级管理人员常常受其基金会创立原则的主导。如果税收优惠主要是为了鼓励大胆创新,看来是行不通的……慈善所做的绝大部分工作对于我们当前最迫切的问题,都只不过是敲敲边鼓而已。全球变暖威胁着我们的地球……但是,涉及气候变化的基金会屈指可数,所做的工作微乎其微。他们甚至把基金会的资产雪藏起来,就好像没有明天似的。不过,事实上,如果我们不能扭转全球变暖的趋势,我们的日子也真没有多久了。[2]

---

① Joel Fleishman, *The Foundation*(《基金会》)(New York:Public Affairs,2007),pp. xv, 150-152.

② 拉里 · 克莱默(Larry Kramer)和卡罗尔 · 拉尔森(Carol Larsen)分别是休利特基金会(Hewlett Foundation)和派克德基金会(Packard Foundation)的会长,俩人都曾经将气候变化描述为"涉及一切的问题……对于我们基金会关注的一切,都可能产生独特的破坏性的影响"。Kramer and Larsen,"Foundation Must Move Fast to Fight Climate Change"(《基金会必须尽快行动起来,应对气候变化》),*Chronicle of Philanthropy*(April 20,2015);Gara Lamarche,"Democracy and the Donor Class"(《民主与捐款阶级》),*Democracy:A Journal of Ideas* 34(Fall 2014):56-57.

气候动荡之所以没有吸引基金会的注意，是因为大多数基金会董事、管理人员和项目官员即便是在气候变化已经很严重的时候，对于气候科学以及地球作为一个物理系统是如何运作的，知道得还相对较少，他们也不明白为什么这类事情对于他们以及他们基金的受让人那么重要。这些基金会的管理人员之所以被选用或聘任，是因为他们在其他领域做得很成功，比如金融、商业、法律、媒体、学术、公共事务等。那些领域很少鼓励人们思考诸如地球命运的严峻性问题。他们对此类问题考虑得少，平时交往与合作的人员也对气候变化不感兴趣，所以他们至今也没有围绕气候变化做很多的工作。除非个别人，总体而言，他们即便遇到紧急的事情，也往往不容易为之所动，所以就会忽略快速的气候变化，仅仅是把它当作众多问题中的一个。所以，在慈善圈里，气候动荡与其他被关注的事项一样，并没有得到优先对待。①

第二个问题是，气候动荡几乎跨越了所有的疆界，包括物理的和理论分析上的，让我们现代人在慈善和任何其他方面对世界的认知都感到无所适从。我们以我们的管窥之见、以官僚机构、以学科、以项目等形式来规划我们的世界，很难解决气候动荡问题。气候动荡要求我们对世界有更宽阔的、包容一切的系统观念，在时间上能涵盖几百年。不过，基金会总是倾向于优先考虑解决那些短期的、中期的问题，对那些遥远的、依然还在路上的问题，往往就不理会。其实，大多数组织机构也是这样。由此造成的结果是，我们认为，只要我们多做一些我们一直在做的事，就能解决地球稳定性和可居住性的问题。但是，事实上，我们做的很多事情是错的，应该受到谴责。除了极个别情况，基金会一直不愿意面对关于我们生存现状根源的深层次问题，也许是因为它们不幸根植于我们当

① 或者是用纳奥米·克莱因的话说，是“对温和主义的迷恋，推崇理性、严肃、折中妥协，一般来说对任何事情都不过分激动，这就是真实地统治我们这个时代的思维习惯”。Naomi Klein, *This Changes Everything*(《这改变了一切》)(New York:Simon & Schuster,2014),p. 22.

下的生活、工作、思维和治理的方式之中。所以,即便是“进步的”基金会,多半也只是满足于对问题的浅尝辄止,避免触及背后的原因。其结果是,对于一个威胁我们文明、社会稳定,甚至生存的问题,我们在事实分析和伦理道德方面都不清楚,而且,这个威胁不是在遥远的将来,而是已经迫在眼前。①

具有讽刺意味的是,基金会的管理者却为自己辩护,在他们列举的强势领域中,就有视野比政府和企业更远的项目,从而弥补骄横政府及其能力,也就是责任的不足。用罗伯特·赖克的话说,就是:“因此,基金会就是特别设立的机构,主要是资助开发通过市场或国家而生产不足或根本不生产的公共产品。”基金会可以“进行其他机构不愿进行的长期的、高风险的政策试验”。对于变革,从来就没有小的杠杆。问题是,是否有拉动杠杆的意志。②

直到最近几十年,在几乎全部人类历史上,每一代人留给后代的遗产都和他们继承时差不多。河流继续流向大海,动物、鸟、鱼继续繁衍生息,树木继续枝繁叶茂,四季如以往一样变换,大海忠实、慷慨地向人们献出鲜美的鱼虾。逐渐地,有人会注意到曾经肥沃的土地上,裸露出尖尖的石头;注意到曾经有森林的地方,出现了文明社会,继而出现了沙漠。但是,总体来说,人类生活在一个“空旷的”、自我修复的世界,如果生命的结构网中有一个地方破损,其他地方并不受损害。因此,通过传统的智慧,在文明社会的推动下,生态损失可以得到更多的弥补。文明社会的表现形式有图书馆、科学知识、医疗科学、公共卫生、文化以及日益改善的健康。因此,每一代都比前一代更加富裕。大体上说,这个观点是有道理的,但是后来变了,比如说,到了 20 世纪中叶以后。从那时

---

① David W. Orr, “Cleveland in a Hotter Time and What the Cleveland Foundation Can Do About It” (《更热时期的克利夫兰以及克利夫兰基金会所能做的事》), report to the Cleveland Foundation, May 2015.

② Rob Reich, *Boston Review*《波士顿评论》, March 1, 2013.

起,人类代际之间的关系发生了巨大的变化,主要推动因素是人口的指数增长、经济的快速发展和能源的大量使用。几十年的功夫,人类的前景就大大改变了。用教皇方济各的话说,就是:“地球,我们的家园,看起来越来越像一个巨大的垃圾堆。”的确,不断累积的污染物和垃圾、退化的山光水色、物种的丧失、森林的砍伐、土壤的侵蚀、有毒的废物、枯竭又酸化的海洋、无处不在的致命武器、持续恶化的气候条件等,都是前代人留给后代人的遗产,只不过这遗产是债务和废墟。过去几代人创造的资本资产,大部分被用来促进建设往城郊蔓延的、以消费者为导向的、痴迷增长的、以化石燃料为能源动力的社会。那个巨大的由道路、大楼、购物中心和工厂以及坏死的城市组织所组成的网络已经成为一个负担,必须在很大程度上进行重建、拆除或废弃。换句话说,从 20 世纪中叶起,我们开始了似乎没有明天的生活,为一个自我应验的预言书写序言。[①]

随着时间的推移,随着人们持续的努力,随着人们发挥聪明才智,有些损坏是可以修复的。森林可以再植,有些生态可以恢复,城市可以重新设计和重新建造。但是,大气和海洋需要几百年甚至上千年才能达到新的平衡,而物种丧失和海岸线改变在我们认为有意义的时间跨度内则是不可能扭转过来的。换句话说,再也不能想当然地认为,可以将一个美丽的、富饶的、充满生机活力的地球从一代人手里传递到下一代人手里。除非我们以前所未有的速度和智慧采取行动,否则我们的子子孙孙就会认为丑陋的地貌、功能丧失的生态、越来越变化无常的天气都是正常的。底线就会下移。他们就再也不会有他们的祖先所知道那个世界的记忆。换句话说,除非我们现在行动,否则我们这一代留下的遗产将是持续恶化的,从生态和精神上都无法支付的债务。

现在的危险是那么大,那么急迫,我们甚至都不知道用什么样

---

① Encyclical Letter, *Laudato Si'*《愿你受赞颂》, June 18, 2015, p. 17.

的名字称呼它才正确。的确,这个危险是那样地不可挽回,是那样地不可逆转,是那样地巨大,是那样地前所未有,我们没有合适的词汇来描述它。我们可以叫它"出生的死亡"、演化的终结、"生态灭绝",或者是文明的毁灭。但是,不论用什么名字,我们都没有恰当的办法来描述我们施加给子孙后代的危险的程度、损失的巨大和痛苦的无边。

但是,在科学和信息的时代,情况如何到了这个地步?有很多可能性,我下面要提出两种,我认为它们将有助于我们向美好未来的转型。第一个是在通往后现代社会的途中,我们丢失了很多感恩的能力,不再相信生命的奇迹是一个礼物。我们认为生命的发生是偶然的,是进化而来的,根本不是什么给予者施舍的礼物,所以也没有回报礼物的义务。在更加精于算计的时代,感恩与还没有得到的恩宠和关爱成反比。不过,情况并不总是这样。比如,在塞涅卡(Seneca)和西塞罗(Cicero)看来,忘恩负义是人类最坏的缺点之一。但丁把背叛放在地狱的第九层,卖国卖主者被永远冰冻在湖水中,呈拜倒臣服状,俯首帖耳。莎士比亚也憎恨无情无义,认为那是"背叛和无信,是一切邪恶的根源"。歌德(Goethe)把忘恩负义看作是"一种弱点",他说:"我认识的所有有能力的人,没有一位是没良心的。"①

不过,在更加世俗和科学的时代,我们已经拆除了神坛,不再进行我们曾经参与的祭祀或庆祝活动。从前,我们面对季节的神秘,面对繁殖和富饶,或者是为了安抚发怒的、我们有所求的神祇,往往举行祭祀仪式。现在,我们的宗教迷信有了其他的服务目的。

① Seneca, De Beneficiis, *Seneca: Moral Essays*(《塞涅卡:道德文集》), vol. 3, trans, John Basore (Cambridge, MA: Harvard University Press, Loeb Liberty, 1935); Cicero, *On Obligations*(《论义务》), trans. P. G. Walsh(Oxford, Eng.: Oxford University Press, 2001); Dante Alighieri, *The Divine Comedy*(《神曲》), trans. Allen Mandelbaum(New York: Alfred Knopf, 1995), *Inferno*, pp. xxxiv, 209-213; Margaret Visser, *The Gift of Thanks*(《感谢的礼物》)(New York: HarperCollins, 2008), p. 311; Johann Wolfgang von Goethe, *Maxims and Reflections*(《格言与感想集》)(London: Penguin, 1998), p. 21.

玛格丽特·维萨(Margaret Visser)在书中写道:“感恩需要时间……需要与其他人进行深思熟虑的交往。但是,我们生活在快节奏的时代,人们不加思考就挥手告别,为了追求自己的利益都会忽视其他人的利益。”尤其是,“我们已经减少了能够出现感恩的场合,减少了感恩被认为是礼貌回应的场合”。金钱和自我利益是精心培育的观念,碾压了其他的价值观。[①]

如果是出于仪式需要或自我利益的目的,感恩的表达就会显得干瘪苍白,或是显露出各种各样的功利主义词汇。生命和自然不再被看作是恩赐或礼物,而是经济资产。不知从何时起,我们测量森林的单位变成了板英尺,测量水的单位变成了英亩尺,测量来自远古时代的阳光的单位变成了英热单位(BTU)和千瓦小时,测量生态的单位变成了生物质,测量我们自己工作的单位变成了工时。我们测量啊,管理啊,变得富裕了啊。正如奥尔多·利奥波德(Aldo Leopold)所说,我们“用一台蒸汽挖土机就改造了阿尔罕布拉宫(Alhambra),我们为我们取得的成就感到自豪”。除了一小部分爱幻想的浪漫主义者、自然爱好者以及环境保护狂,我们一直忙于拨弄着自己的算盘,在战火中你争我夺,建造着这样那样的帝国,发展着我们的经济。正如威廉姆·卡顿(William Catton)所说,这是一个“蓬勃张扬的时代”。我们从宗教、哲学、礼数和社会关系以及不成熟技术的约束或桎梏中摆脱出来。正如尼采(Nietzsche)所说,上帝死了。我们看到,人们对感恩再没有什么反应,对忘恩负义也没有什么不快。毕竟,我们应该感恩谁呢?我们应该感恩什么呢?作家玛格丽特·阿特伍德将我们面对的情况与浮士德博士(Doctor Faustus)的情况进行比较:

> 人类一旦发明了第一批技术,就达成了一个浮士德

---

① Visser, *The Gift of Thanks*(《感谢的礼物》), pp. 321, 322.

> 式交易……现在,我们拥有世界上曾经出现过的最精致复杂的发明系统。我们的技术系统就是一个磨坊,无论你想定制什么,都能给你磨出来,但是没有人知道如何关闭这个磨坊。这是一个彻底有效的技术系统,对大自然开发利用的最终结果是,形成一个无生命的沙漠。所有的自然资本将被耗尽,一切自由都会被工厂生产所吞噬,由此造成的对大自然的债务是无限的。但是,在远没到最终的时候,人类对大自然偿还债务的时刻就要到了。[1]

首先要还债的应该是那些对气候崩溃和生态枯竭最不负责任的人,这将是最艰难的,但是最终每个人都难辞其咎,还债的时候一个人也少不了,除了那些气候崩溃和生态灾难的始作俑者。我们的后代在回看我们,也就是他们的祖先的时候,可能会极度不理解,为什么看起来那么精于计算的我们会一点都不"计算我们生活的真正成本"。我们的后代生活在一个更加丑陋的、更加变化无常的、破旧不堪的世界,从他们的角度看,他们可能会认为,生活在化石燃料时代的人是愚蠢的、无知的、无情的,或三者兼而有之。换句话说,我们是化石燃料的受益者,空气、水、气候稳定、土地、森林、生物多样性、人类繁荣以及生命本身都是人类的共同财产,作为这些共同财产的受托人,我们是玩忽职守的。历史会这样记住我们,认为我们违反了礼物必须运转并完整地传递下去的规则。我们只有将礼物完整地传递下去,后面的人才能继续下去,否则就会采取其他的方式。也许,后代人看我们,正如我们看那些能力有缺陷的人一样,不能克服"因实际原因而造成的我们系统的贫困、我们政治的瘫痪以及我们认知和情感能力的限制"。对于我们自己应该偿还的债务,我们已经变得熟视无睹。在商业系统的需求

---

① Aldo Leopold,"The Land Ethic"(《土地伦理》),in Curt Meine,ed.,*Aldo Leopold*(《奥尔多·利奥波德》)(New York:Library of America,2013),p. 189;Atwood,*Payback*(《债与偿》),pp. 201-202.

下,我们已经变得伤痕累累,那些"礼物"只不过是为了一个终极目的的商品。

但是,还是有另外的道路的。玛格丽特·维萨是这样描述的:

> (有)一种"反经济"(anti-economy),那属于礼物的范畴。人们并不汲汲于拥有什么,也不把获取利润看得高于一切。他们一方面认识到他们自己获得礼物的度,另一方面关注其他人的需求,当然要公平地看待,不仅要注意存在的问题,而且还要注意那些遭受不公正或遭受苦难的人……他们并不认为他们给予的东西是一种损失。[①]

有人甚至猜想,这种"反经济"是所有经济中最有希望的。它考虑真实和全部的成本,分享所有的财富,一点都不囤积。对于创新,它持怀疑态度,但不总是充满敌意。它是寻求更高品味的手段。同时,它并不迷恋买卖。

对于那些认为感恩观念太天真、太模糊的人来说,还有第二种可能性,可以将注意力集中到我们保护子孙后代权利的法律和政治体制的失败上。这个想法有相当长的历史。1789 年 9 月,托马斯·杰斐逊致信詹姆斯·麦迪逊,宣称"地球的使用权属于活着的人,死去的人就没有权利了"。这句话里,关键的词是"使用权"。《牛津英语词典》是这样定义的:"使用来自另一来源收入和资产的权利,但同时不能毁灭、破坏或减少该资产。"他的观点是,任何一代人都不能理直气壮地拖累后来的人,给后来的人留下债务。他认为这是钱上的事,不过我倒是怀疑他是否本能地意识到其他的、

---

① Atwood, *Payback*(《债与偿》), 203; Dale Jamieson, *Reason in a Dark Time: Why the Struggle against Climate Change Failed-and What It Means for Our Future*(《黑暗时代的理性:为什么对气候变化的抗争会失败,这对于我们的未来意味着什么》)(Oxford, Eng.: Oxford University Press, 2014), p. 8; Visser, *The Gift of Thanks*(《感谢的礼物》), p. 392.

更大的债务问题。[1]

一年以后，现代保守主义的奠基者埃德蒙·伯克（Edmund Burke）写道："我们的自由（是）从我们的先辈那里继承来的，是有限定条件的，那就是还要传递给我们的子孙后代。就像一种财产，虽然是专门属于这个疆域内的人，但那里的人并没有更多的或更优先的权利。"他接着把社会描述为一个"契约……所有科学的合作关系，所有艺术的合作关系，所有美德的合作关系，所有完美事情的合作关系……这种合作关系，不仅是活着的人之间的，还是现在活着的人和后来要出生的人之间的……那个合作关系是我们永恒社会从远古就有的契约的一部分，将大自然中的低等生命和高等生命连接起来，将看得见的世界和看不见的世界连接起来。据说这是由藏在秘匣里的誓约规定的，誓约是不可违反的，将所有物理的和所有道德的本性都连接在一起，并使之各居其位"[2]。

再往前一个世纪，约翰·洛克也很关注一代人可以从其他人那里获取多少以及从地球上获取多少是合适的问题。他比任何人都强调开国先贤的政治思想，在《政府论》（*Two Treatises of Government*）中，洛克对通过人力正常获得的财产所有权不给予任何限制，但是那些财产不包括"多余的以及对公众有好处的东西"。不过，一个人的生活需要多少东西呢？洛克的回答是，仅"限于体面生活所必需的东西……超过此范围，就不属于他了，而是属于别人的"。洛克的思想走得更远，认为"上帝为人类创造的一切东西

---

① Letter to James Madison, September 6, 1789, in Merrill Peterson, *Jefferson*（《杰斐逊》）（New York: New American Library, 1984）, pp. 959-964；此信继续阐述，"根据自然权利，没有人可以强迫用他拥有的土地，或者强迫继承他的土地的人，来偿还他签署合同中的债务……地球永远是属于活着的一代人的。在土地占有期间，他们可以根据自己的喜好，对土地以及土地所生产的东西进行管理……这个原则是地球属于活着的人，而不是属于死去的人"。

② Edmund Burke, *Reflections on the Revolution in France*（《反思法国大革命》）（1790; London: Penguin Books, 1986）, p. 119; ibid., 195; Richard Bourke, *Empire and Revolution*（《帝国与革命》）（Princeton, NJ: Princeton University Press, 2015）, pp. 677-688.

都是不能糟蹋或毁坏的"①。

由此看来，从各自不同的角度，洛克、杰斐逊和伯克就人类的基本原则达成了共识，认为任何一代人都没有权利盘剥后代人，任何一个人或一代人在以牺牲其他人为代价正当地积累自己财富方面是有限制的。他们所处的时代是更为慎重、更为清醒的时代，人们对于事物的规律和秩序，不管是艾萨克·牛顿(Isaac Newton)发现的，还是上帝赐予的，都有着共同的信仰。不过，他们不可能预见到我们现在的处境，即人类正在破坏气候稳定，从而让那些后来的人处于危险的境地；他们不可能预见到人类即将对整个自然造成的破坏的巨大规模；他们不可能预见到第六次物种大灭绝的到来或核毁灭的持续威胁；他们也不可能预见到文明社会出现的崩溃。在他们生活的时代，人们一方面乐观，另一方面也许对人类的缺点和失误抱着更加现实的态度。他们是 18 世纪启蒙时期的人，所以对很多事情都是乐观的，当然他们对于人性还存在着不自信，这也是不必要的。他们对于人类的限制以及政府整合资源应对各种宗派和卑鄙力量的能力，一直持现实主义的态度。不过，他们忽视了一点，那就是没有界定一个更大的基础，没有赋予足够的权利来保护越来越脆弱的子孙后代。这种权利不仅涉及人与人之间，还涉及不同代之间，甚至是不同物种之间。这已成为我们这一代伟大而紧迫的工作。

经济学家肯尼思·博尔丁曾经开玩笑似的这样问："子孙后代最近给我们做了什么？"答案当然是"什么也没有"。在我们这个时代，自我利益的消费是人类前进的唯一合法动力，其中暗含的不必言说的结论是，我们对于未来人口没有约束性的义务，他们是没有能力对我们进行回报的。尽管我们偶尔会口头上说点好听的话，但是我们的经济和政治还是调整到短期项目上，忽略在我们以后

---

① John Locke, *Two Treatises of Government*(《政府论》), ed. Peter Laslett(1688; New York: Mentor Books, 1965), pp. 329, 332.

来到这个世界上的人。但是,我们丧失什么了吗?有没有一些非常充分的、说服力强的理由,可以超越我们代际之间的自我利益,迫使人们为他们的后代留下一个“资源足够多的、足够好的地球”?我们的对策在很大程度上取决于如何回答那些问题,让我先提供两个半答案吧。第一个来自伟大的保守主义者埃德蒙·伯克。他写道:“人们不会往前看到子孙后代,同样,子孙后代也不会往后看他们的祖先。”在他看来,一连串的责任和义务将过去、现在和将来的人口连接起来,如果幸运,可以克服现代人的“自私性格和狭隘观点”,也就是说,这种责任和义务在我们自我利益的世界中是能够发挥作用的。同样,博尔丁提出具有更宽泛意义的自我利益的概念。他说,对我们子孙后代的漠视,从本质上看,就是对我们此时此刻自我利益的漠视,是一个硬币的另一面。换句话说,冷漠是高度可互换的,而善行和远见在代际之间是不可分割的,因此,我们现在采取的任何保护未来人口的措施,都会使当下生活的人受益。①

对此,会有很多问题。就目前而言,这种说法听着是有道理的,因为涉及自然资产的保护,包括土壤、生物多样性以及对气候变化的限制。但是,我们目前通过经济增长和各种努力让穷人脱贫就是正当的吗?我们的关切应该涉及多远的未来?现在生活的人和未来的人,其利益平衡点在哪里?谁来界定人类的自我利益?诸如此类的问题。事实是,在某个时间和某个情境下所认定的自我利益,会随着时间和看问题角度的不同而改变。从历史记录上看,我们是变幻无常的。②

将权利扩大到未来人口的第二个理由,可以追溯到自然法的律条。既然认为是天赋人权,那么,正如哲学家莱谢克·柯拉柯夫

---

① Burke, *Reflections on the Revolution in France*(《反思法国大革命》), p. 119.

② 斯蒂芬·加得纳(Stephen Gardiner)的著作《一个完美的道德风暴》(*A Perfect Moral Storm*)(New York: Oxford University Press, 2011)对于代际之间交易的复杂性进行了详尽的分析,当然在其他方面也有很好的阐述。

斯基(Leszek Kolakowski)所坚持的,所谓自然法,就是"人造的公约……一系列深嵌于人性的本质条件,也就是人的尊严中的规则",这也许是更为合理的。不过,在科学的时代,我们是否还相信一些自然法没有阐明的东西?柯拉柯夫斯基是坚定地相信自然法的,他说:"我们要相信自然法,如果我们否定它,我们就否定了我们的人性。"另外的选择就是一种虚无主义,让我们很好的天资在面对道德沦丧以及完全邪恶的时候,处于被束缚、被窒息以及无助的状态。自然法不是以上帝作为前提条件,而是以柯拉柯夫斯基所说的"存在的道德机制"为前提条件,"这种机制和宇宙中的理性法则是一致的"。恪守自然法可以更多地"设立些屏障,限制过多的立法,不允许将侵犯人的尊严的尝试合法化,因为尊严是每一个人都应该享有的,是不可侵犯的……不允许存在奴役、折磨、政治审查、法律面前的不平等、强制性的宗教信仰或者是禁止宗教信仰、向政府部门报告不同政见的责任"[①]。

我认为,自然法与博物学者奥尔多·利奥波德所说的"土地伦理"是很相近的。他写道:"截至目前,所有的伦理,都是基于一个假设,那就是,个体是由相互依存的部分组成的群体的成员。他的本能促使他去竞争获得在群体中的位置,但是他的伦理又促使他进行合作(也许是为了得到他竞争的那个位置)。"对于利奥波德来说,土地伦理"只不过是扩大了群体的疆界,将土壤、水、植物和动物都包括在内,或者总体来说,就是将土地包括在内,从而将智人的角色从土地群体的征服者变为土地群体的一名普通成员和公民"。人在更大的土地群体中,是"生态机制的重要成员",如果拒绝遵守规则和生存限制,就会遭受惩罚,"土地群体会将人碾压成

---

① A. P. d' Entrèves, *Natural Law*(《自然法》)(London: Hutchinson University Library, 1957), pp. 33-35; Leszek Kolakowski, *Is God Happy*?(《上帝高兴吗?》)(New York: Basic Books, 2013), pp. 241-250.

尘土”。[①]

礼物经济也遵循着这个残酷的逻辑，“不管是给予者还是接受者，其头顶上都是有法则的，这个法则既抽象，又无情……如果你得到一个礼物，那么日后某个时间你必须给予回报”。如果不这样做，就会引发严重的、难以避免的惩罚。假定的自然法的物理规律、土地伦理、礼物经济反映了我们对于现实深层本质的认识，只是这种认识既没有被证实，也没有被证伪。我们共同的语言常常倾向于说这类的话，比如“善有善报，恶有恶报”，或“种瓜得瓜，种豆得豆”等。对于最初道德的本源，我们可以进行争论，是正如C. S. 刘易斯（C. S. Lewis）所说的由上帝植入我们心底的，还是如一些生物学家所相信的从下往上进化得来的呢？只有上帝自己知道，可是又不说。［说句玩笑话，也许上帝偶尔会造出像理查德·道金斯（Richard Dawkins）那样的挑剔的英国人，让事情变得趣味横生。］[②]

不论哪种情况，我们都能从本能上不对我们的子孙和亲人实施暴力。我们都能从本能上亲近“生命以及与类似的生命形式”，这就是生物学家爱德华·威尔逊所说的“热爱生命的天性”。很小的小孩，对于公平都有初步的、不言自明的概念。我倾向于认为，同情、善待陌生人，怜悯以及宽容是以某种方式补缀于我们的行为之中的。有些东西是深入我们骨髓里的，清楚地知道哪些是正确的，哪些是龌龊的。我认为，这就是我们依然在演进的道德意识的底层，可能会解释为什么有些争论看起来是非常奇怪的原因，比如按照某种逻辑或诡辩，争论某几代人是否有权利攫取更多的地球资源，远远超过他们应得的份额，包括气候韧力。在讨论这类问题方面，我们可能是第一代人，也可能是最后一代人，我们对此有更

---

① Leopold, “Land Ethic”（《土地伦理》）, p. 172; Aldo Leopold, *Round River*（《环河》）, ed. Luna Leopold（New York: Oxford University Press, 1972）, p. 64.

② Visser, *The Gift of Thanks*（《感谢的礼物》）, p. 386; Frans De Wall, *The Bonobo and the Atheist*（《猩猩和无神论者》）（New York: Norton, 2013）.

大的道德弹性和道德倾向性。我们的先辈,没有任何一代具有哪怕是威胁一小片生态圈或大幅度破坏人类创新的能力,因为他们分布在六个大陆上,而相互连接的工具只有帆船。假设我们人类能够安全度过前面的危机,那么我们的子孙后代会接受前车之鉴,会变得更明智,从而更清楚地知道,不论有什么理由,我们的生命、生态圈和文明再也不能被置于危险之地了。

我下面要说的是为我们的子孙后代而行动的半个理由。之所以打了折扣,说是半个理由,是因为完全基于我自己的感受和经历,没有得到证实。我不能确切地说我的生命是个礼物,但是即便经历了风风雨雨、坎坎坷坷,我还是觉得我的生命像个礼物。当然,我还不能确切地说,以下这些都是礼物,比如,吹拂到我脸上的海风、春花的芳香、激流的声音、古老铁杉树林温馨的静谧、阿巴拉契山脊的美景、华美橡树的爱抚、老朋友的拥抱、久旱逢甘霖的雨水的味道、新开垦土地的泥土气息、今年春天在我家院子里筑巢的红尾鹰、夏夜萤火虫的亮光等。但是,它们都给了我欢乐,让我感觉到就像是福报,是我难以解释的。我也不能冷峻地以科学的逻辑解释我为什么要将这些东西似乎不受影响地遗传给我的四个孙辈。但是,我热情地希望,这些东西一定要遗传下去。我只能说,我非常感谢我们的先辈所采取的保护措施,感谢他们没有对这个世界造成更大的损害。

生命以及与之相关的一切,包括痛苦和磨难,此生与我们结缘,不管是礼物,还是偶然,对我来说,都不再让我感兴趣了。因为,我怎么能弄明白这些东西呢?不管是哪种情况,我都没有充分的理由对生物群落和生命历程造成毁灭,进行贬低,使之蒙羞,带来伤害。不过,我倒是能想出很多理由来保护生命,大到保护我们巨大星球的水和物质循环,小到保护今年春天在我偏院里雪松树上筑巢的一对红衣凤头鸟。我相信我自己会更加充实,因为那对鸟正在忙于孵化下一代,那会让我很高兴。我甚至会乐颠颠地替那对鸟赶走在附近觊觎的邻居的猫。这正是我不能说的原因,也是我认为不必要进行解释或进一步分析的原因。对于某种事情,我们付出各种各样的努力,想出各种各样的理由,甚至细微到百万分之一的程度,但是,有一点是缺失的,那就是存在于语言和理性之外的好奇感。神学家亚伯拉罕·赫舍尔(Abraham Heschel)曾经说过,"没有好奇的生命,是不值得度过的"。在这种心情下,看到那对红衣凤头鸟及其后代悠然自得地生活,我感到很满足,觉得它们以某种神秘的、难以形容的方式来到我的院子筑巢,对我来说是一种赐福。我希望一直这样。但是,我会感到忧心如焚,沮丧烦恼,因为这些神奇的精灵有可能会灭绝,我的子孙后代以及你的子孙后代再也看不到它们了。[①]

一个真正的群落,会包括人类、红衣凤头鸟等及其未来的子孙后代,其中的悖论是,随着更大群落的繁荣发展,群落中的个体会生活得更好,反之也然。我们生活在更大的系统中,是其中的一部分,所以显示着既抑制又张扬的事实,但是哪个方面都是不可改变的。如果是代表我们个人的权利以及狂热的、持枪的、绞尽脑汁的联盟,哪怕是一点的、微不足道的反叛,都会反过来伤害我们以及我们生活的群落。我不惮于展示我的小心眼,认为其他反叛的结果,也都是一样的。那些唯我独尊的自恋者,使用着苹果手机、苹果平板电脑以及各种苹果产品,他们的目标是从这件或那件事情中退出,但是会发现,又陷入了具有个性特点的巨大的应用程序集合中。在未来的很长时间内,我们都会争论运转群落和其他系统的规则,但是现在,利奥波德的土地伦理就足够了:"一件事情,如果能够维护生物群落的完整性、稳定性和审美,那就是正确的。如果不这样做,那就是错的。"对于这句话蕴含的深奥智慧,我们可能会争论很长时间。但是,有一点是关于我们所依赖的东西,恰恰被

---

① Abraham Heschel, *Man Is Not Alone: A Philosophy of Religion*(《人类不是孤立的:宗教的哲学》)(New York: Farrar, Straus and Giroux, 1951), P. 37.

我们的商业社会忽略了。这一点将我们的世界勾勒成一个单向流的宝地,而不是一个有着反馈环的系统。面对现实,敬畏是慎重策略中更好的元素。

本章开头,我援引了《牛津英语词典》关于慈善的定义,"对人类的爱;促进同族人幸福和富裕的性格或努力"。但是,如果离开生态背景,就没有真正对人类的爱。人类和自然是合二为一的,是不可分割的,但是两者也不是对称的。我们可以说要改进自然,在某些地方,我认为是可以实现的,也只是以有限的方式,但是总体来看,自然是不怎么需要我们的。任何一个相对来说破坏性不强的关键物种,都能与我们一样,甚至比我们做得更好。换句话说,如果将我们的虚张声势或自找借口放在一边,我们在大自然中完全是多余的,而且,不幸的是,以后可能将变得更加多余。

对于所有严肃的慈善家来说,真正爱人类的第一个挑战是要求我们了解、保护并尽可能地改善那个给我们身心以滋养的自然系统。不过,恢复被我们破坏的、我们所依赖的自然系统的健康,远没有在疯狂派对后打扫现场那样简单。这更像是一种原罪的赎罪行为,因为所犯下的罪是那样漫不经心地、粗心大意地、有时是肆无忌惮地毁坏了我们知之甚少但又非常依赖的东西。但是,迎接这个挑战,只不过是需要对自我利益有一个开明的、注重生态保护的意识。第二个挑战就困难多了,需要考虑的问题也更多。这个挑战要求确保我们将完好无缺的地球原原本本地交给我们的下一代。你可以称此为礼物,或者是托管,或者是管理,但是,不管是什么名字,将地球安全地传递到下一代手中,是代代相传的真正慈善的首要行为,是最慎重的行为。

在20世纪70年代,机缘巧合,时势所需,我懵然进入慈善的江湖之中。在那之后的年月里,我甲方乙方都干过,要么是在十家基金会里当受托人、咨询顾问或研究员,要么是给两家组织进行善款募捐。我不能说给予者比接受者更加高大上，但是我知道这一点，那就是当给予者不那么伤脑筋。好的募款人员会根据捐款人捐出来的善款数额很快地对捐款人进行衡量，并据此来判断他们是否还会有更多的捐款。就像所有的追名逐利者和宫廷弄臣一样，成功的募捐者有着三寸不烂之舌，熟练地游说、恳求，甚至是奉承巴结。他们知道如何应付“不”这个词，策略是微笑，然后伺机再来。他们还知道，风物长宜放眼量，的确也有募捐不成功的时候。

在给予者这个角色方面，情况就不一样了。基金项目官员很快就发现，他们讲的笑话都比以前更能引人发笑，他们的见解比以前显得更深入，他们的建议总是那么难以置信地对人有帮助。他们如众星捧月，到处都对他们高接远迎，邀请他们到优美的、具有异国情调的地方出席会议，会见各色有趣的人，开展重要的、了不起的工作。他们学会了口吐莲花，在与同行专家的战略对话中以及对受托人的报告里满是“战略性”“影响力”“目标性”等大词，希望最大限度地获得支持，实现预定的目标等。过上一段时间，机场会变旧，但是飞机的轰鸣声总是很大。基金项目官员会一直有着轻松的神情，自信满满，因为他们从来不用为薪水担心，不用为了生活殚精竭虑，不用为了一项事业而赌上一辈子。不过，这也是有代价的。

慈善事业中，给予是更为容易的部分，但是给予得好，达到好的效果，并不容易。慈善事业要想做得好，需要有好的判断、充分的调查、赌徒的本能、对机遇的嗅觉以及有时为了正当的理由而甘受损失的意愿。不过，即便如此，这也没有让基金项目官员点灯熬油加班干。有一位规模很大的基金会会长曾经告诉我，他的基金从来不支持可能会失败的项目或组织。对此，他非常自豪，而且，很明显，他们在基金的使用上从来不冒险。将基金给予大的、运转良好的组织，是通行之道，一点风险都没有，而且能给捐款者带来光环，使他们沐浴在富人和名人的荣光里。这个效果是一点也不可小觑的。

关于慈善的好的一面,我有很多是从伊迪丝·穆玛(Edith Muma)等人那里了解到的。她是位于纽约的杰西·史密斯-诺伊斯基金(Jessie Smith Noyes Foundation)的终身董事。我与她首次见面是在 1987 年,那时我正申请一笔钱,用来资助对大学校园食品系统的研究,这是以前没有人研究过的。后来,我在诺伊斯基金的董事会工作了两届,亲眼看见了伊迪丝·穆玛的工作。她是我所认识的最为杰出的人之一,开董事会的时候,除非是问她,她很少说话。但是,当她开口说话的时候,她讲得很沉静、很权威,见解深刻,从而改变与会人员的观点。她经常能看到别人看不到的东西。她富有同情心,但是意志坚强。她能从小处和一开始看起来不起眼的地方捕捉到大的可能性。她的拇指规则是把赌注压在人上,她对于人的性格、创造力和持久力都看得很清楚,是位精明的评判者。很大程度上正是因为她,诺伊斯基金早期资助了很多可持续发展运动的先行者,比如韦斯·杰克逊、卢安武、德内拉·梅多斯以及约翰·托德(John Todd)和南茜·托德(Nancy Todd)夫妇。对于我和很多其他人来说,伊迪丝就是示范样板,引导慈善家营造可能性,培养人们推动世界向更好的方向发展。她是真正意义上的激进分子,她的工作直抵我们的病根。伊迪丝洞悉我们这个时代的不确定性,以一种谦和的、悲悯的、安静但执着的智慧面对着未来,这种智慧源自于信仰,相信一定有更好的可能性。她总愿意把宝押在有远见卓识的人身上,注重长远目标。结果总是,她的自信得到了回报,而且是许多倍的回报。

伊迪丝·穆玛和她的同事代表了最好的慈善,慈善是有目的的,是头脑清醒的,具有创新精神,个性鲜明,没有任何的矫揉造作。她亲自回电话,答复电子邮件,对于资金资助者没有任何打扰。一句话,她工作认真而有艺术性。正因为此,世界变得更美好。她展现着慈善的真正精神,这就是对人类的爱不是一种力量,而是实实在在的、付诸实践的爱。

漫漫变革路

就算我们穷尽一生，也干不成什么大事，因此我们必须用希望来拯救。就算我们寻遍历史上任何一个瞬间，也看不到什么真善美的华彩，因此我们必须用信仰来拯救。就算我们再贤良淑德，也不能独自完成一件小事，因此我们用爱来拯救。就算是再真善美的行为，在另一个人的眼里，也可能是假恶丑，不管那个人是朋友还是敌人。因此最后，我们必须用爱来拯救，也就是用宽恕。[1]

——雷茵霍尔德·尼布尔(Reinhold Niebuhr)

才胜于德，德不配位，人类就会犯错。在这个崇尚智力的时代，什么事情能干，那就一定会干——所以，奉劝诸君收敛一点吧。[2]

——马丁·艾米斯(Martin Amis)

---

① Reinhold Niebuhr, *The Irony of American History* (《美国历史的讽刺》) (NewYork: Charles Scribner's Sons, 1952), p. 63.

② Martin Amis, *The War against Cliché*(《对陈词滥调的战争》) (London: Vintage, 2002), p. 306

天色渐渐暗了下来,影子越拉越长。不过,在寂寞之鸽小镇的郊外,人们聚集在一起,准备搬迁到一个更加宜居的叫蒙大拿的地方。大部分人蓬头垢面,目光呆滞,瘦骨嶙峋,食不果腹。有些人穿的还算不错,但是看起来显得迷惘困惑和焦虑不安。只有极少数人,穿着考究,形貌昳丽,谈吐优雅,身材健美,很显然他们已经习惯于发号施令,并让别人执行他们的指令。我们就称呼他们为达沃斯人(Davos men)吧。他们自信满满地谈论着投资和新技术,谈论着如何让这个蒙大拿之行给一些人带来利润,如何使其他人的蒙大拿之行变得更加容易。他们谈论的内容包括,太阳能很便宜,几乎不要钱;神奇的材料比羽毛还轻,比钢铁还硬;新的自给自足的完整经济产业链;还有什么互联网啊,无人车啊,满足我们每一个奇思妙想的智能住房啊,替我们干活的机器人啊,种种种种,说的跟真的一样。对他们来讲,这个世界充满了机遇、技术进步和经济增长,他们头上的天空,没有一片乌云。但是,人群中的大多数则是满脸困惑、组织涣散,就像是流浪汉一般,嘴里愤愤不平地嘟囔着对世道不公、缺吃少穿、受人欺负、被人剥削等现象的不满,还嘀咕着这神那神一周几次的礼拜和献金,同样是满怀着不满。人群的边上站着相谈甚欢、身着实验室白大褂的研究人员,旁边还站着一些看起来像人的生物,面无表情,冷漠淡然。附近的停车场里停着几辆加长轿车,司机个个西装笔挺;远一点的停机坪上还停着一溜带有公司徽记的私人飞机。另一边,站着一帮人,戴着墨镜,块头高大,样子凶狠,衣着统一,保护着遮起来的一坨东西。看起来这些人正整装待发,但怎么走、去哪儿、注意事项、应急计划、实施路线,竟然没有一个人知道。尽管这些人自信满满,但即便是这帮人的头儿,也一点都不知道蒙大拿在哪儿,更不知道到了蒙大拿该干什么。他们唯一知道的,是怎么把寂寞之鸽小镇弄得如此荒凉凋敝,当然他们也知道如何把蒙大拿弄得更加荒凉凋敝。

以上只是讲故事,当然了,故事远不能描述我们现在所处的困境。且不说当今核武器和"超级智能"带来的威胁,我们知道,仅仅是向环境可持续性的转型,就是一个非常漫长的旅程。一开始就承认这一点并作出相应的计划,是个较好的态度。在这个漫长的旅程中,我们必须首先消除二氧化碳和其他吸热气体的排放,必须遏制"第六次生物大灭绝",必须停止有毒物质的污染,必须减少我们人类在地球上的"足迹",必须保护、维护、恢复健康的自然生态系统,必须根据生态现实的实际情况实现人口合情合理的增长以及消费,必须创建更加公平、公正、和谐的人类文明。说起来容易,做起来难。上述的这些"必须",哪一个都不容易。

与任何旅程一样,我们在通向可持续性的旅程上,免不了要做些苦涩的选择。带走什么?舍弃什么?途中会遇到什么样的困难?谁来作出决定?以什么方式、采取什么标准作出决定?是否就像战场那样采用治疗类选法将受伤的人留在后面?简言之,我们已经启动了人类历史上最大的、最长的、最复杂的、最关键的转型,而且我们没有任何准备,没有任何组织,一切都是混乱的。尤其是,这个旅程开始的时候,所有的人都是免费的。

当然了,通往可持续性的旅程不是千篇一律的,而是有很多的不同,起点不一样,而且终点也不一样。对于可持续性来说,没有什么毕其功于一役的事情,只能是人类和自然之间持久的协商和对话。没有人知道,在修复和恢复我们星球的生命支持系统方面,我们需要多长时间,但是,我们知道,我们的起步已经晚了。早在几十年前科学界对环境生态压力和紧张状况发出警告时,人就应该开始审视环境问题,并启动可持续性转型,比如 1972 年联合国人类环境会议在斯德哥尔摩召开之时,抑或是 1976 年卢安武提出了软能源道路(soft energy paths)之后,乃至 1980 年的总统报告《全球 2000》(*Global 2000*)发表之时,甚或是 1987 年的《我们共同的未来》出版之日。在那些时候,如果美利坚合众国能率先垂范,引领世界重视环境问题,那么我们现在向可持续性的转型之路就会更短一些,也更顺利一些。当然了,请注意,不是完美,但是更有可能让世界走向一条更好的道路。然而,美国人那时候选择相信,“美国又迎来了清晨的阳光”,沉浸在强大的美国梦里,纵情享乐,沉湎电视,暴饮暴食和铺张浪费。我们沉溺于虚妄的文化战争中,倾泻着我们的愤恨,在被窝里指点江山,喋喋不休地争论政府该干什么,不该干什么。我们付出了那么大的生命代价(包括我们的和他们的),而且毫无缘由,在本来就有着很大麻烦和事端的伊拉克惹出了那么大的麻烦,挑起了那么多的事端。政府玩忽职守已经到了惊人的地步,一直以来,我们都忍受着,但是,我们最近的历史在一定程度上还是反映着我们国家在社会和自然关系上所患的精神分裂症,就像地质断层线一样,出现在每日新闻标题的下面。其结果是,不论如何定义可持续性,向可持续性的转型都是一场九死一生的旅程。途中会有牺牲,有些人可能到不了终点。实现可持续转型的那些人所经历的苦难和艰辛,是我们根本想象不到的。不管怎么说,在可能演变成匆忙混乱的旅程中,来自寂寞之鸽小镇的,在化石燃料富裕时代出生并长大的牛仔们,需要更多一些聪明,更多一些睿智,更少一些不负责任和躁动。[①]

以史为鉴,可以知兴替。虽然美国领跑进入21世纪,不过,由于根植于历史和文化的原因,美国还没做好变革的准备。17世纪,

---

① Amory Lovins, “Energy Strategy: The Road Less Traveled”(《能源战略:少有人走的路》), *Foreign Affairs* (October 1976); Amory Lovins, *Soft Energy Paths*(《软能源道路》) (New York: Penguin, 1977); Gerald O. Barney, ed., *The Global 2000 Report*(《全球2000年报告》) (Washington: U. S. Government Printing Office, 1980); Dennis Meadows et al., *The limits to Growth*(《增长的极限》) (New York: Universe Books, 1972); Editors of *The Ecologist*, *Blueprint for Survival*(《生存蓝图》) (Boston: Houghton Mifflin, 1972); The Union of Concerned Scientists, “World Scientists' Warning to Humanity” (《世界科学家对人类的警告》) (Cambridge, MA: Union of Concerned Scientists, 1992); Gro Harlem Brundtland, *Our Common Future*(《我们共同的未来》) (New York: Oxford University Press, 1987), and U. N. Conferences in Stockholm in 1972 and Rio de Janeiro in 1992. 将二氧化碳排放限制在400ppm以下是完全有可能的,如果我们之前做到了,甚至美国“911”恐怖袭击以及之后饱受诟病的全球性反恐行动都可能不会发生。不过事情已经发生了,现在重要的是如何从这个司法、政策和政治的烂摊子里吸取教训;见凯文·科伊尔(Kevin Coyle)和里斯·范·苏斯泰瑞(Lise Van Susteren),《全球变暖的心理影响》(*The Psychological Effects of Global Warming*) (Washington, DC: National Wildlife Federation, 2012)。

科学技术开始发展,起初速度很慢,然后快地难以想象。历史学家亨利·亚当斯(Henry Adams)预言,科学技术会带来巨大的灾难。1862年,他写道:

> 我坚定地相信,在几百年后的未来,科学会成为人类的主人。人类发明的引擎最终会摆脱人类的控制。总有一日,科学可能将人类的命运玩弄在股掌之中,而人类就会毁掉这个星球,从而自取灭亡。①

40年后,亚当斯提出了"加速定律"(Law of Acceleration),认为人类科技发展会愈来愈难以想象,每一项技术进步都会导致很多其他的技术进步,从而超出我们理解和控制的能力。最开始时,科技进步是有益的:改善了人类健康,提高了人均寿命,去除了重复劳动,增加了物质财富,提升了生活质量。而当自大、无知、文化、宗教和贫穷最终与官商勾结在一起时,科技的魔鬼就会被释放出来。1933年芝加哥万国博览会入口前的标语精辟地总结了这一切:"科学是探索者,技术是执行者,人类是顺从者。"亚当斯对科技进步速度比人类掌控新生产力能力的速度快,感到深深的忧虑,他担心我们不能避免新技术带来的不利影响。"科技手段已经超越了人类的控制能力。"历史学家希格弗莱德·吉迪恩(Sigfried Giedion)如是说道。刘易斯·芒福德对于人类的未来更为悲观,他在1954年写道:"机器有自我意识之时,就是人类文明之末日。"政治家瓦茨拉夫·哈维尔则将我们面临的技术困境归结于"理性主义导致的不可避免的影响……因为理性主义(有着)一个很大的、危险的虚幻。无论在浩瀚无垠的自然宇宙里,还是神秘莫测的人

---

① Henry Adams to Charles Francis Adams, April 11, 1862, in J. C. Levenson et al., eds., *The Letters of Henry Adams*, 1858-1868(《亨利·亚当的信,1858—1868》)(Cambridge, MA: Harvard University Press, 1982), pp. 290.

类思维中，都没有存在过比人工智能更强大或黑暗的能力"①。

他们担心的很多技术发展首先源自军方的武器试验室，继而来自经济市场中，因为那些军方技术会用于解决经济中的问题。但是，不管历史原因如何，不管来源是哪里，我们都缺乏理解和控制海量技术碾压社会的体制和政治能力。其结果是，我们既不能预期，也无法精确计算这些不断到来的、令人发狂的创新的全部成本、利益以及风险。除了少数几个真正造福人类的科技（比如超音速交通和阻止臭氧层空洞），我们对很多技术的影响听之任之，发放免责的牌子，都是以什么人类进步、自由市场、经济发展、民主自由的名义，或者只是推脱说技术进步不可避免等。从前，我们认为资本主义发展难免会带来一些"创新性的灾难"。如今为了实现学校、公共机构和企业等所谓高大上的目标，我们又认可了"破坏性创新"，根本不管这个创新是否总是能带来改善，也根本不管改善的是什么，也许更不管被破坏或者被摧毁的是什么，当然更不会关心这样破坏性创新的原因。历史学家吉尔・莱波雷（Jill Lepore）提到，破坏之道是"强权乱世下的恐惧、崩坏、失衡和无序之道"。与此同时，我们抛弃了很多无须怎么升级就可改善的旧科技，加速提升了很多本该慢工出细活的旧工艺。在创新的过程中，有的是为了创新而创新，我们已经混淆了精密复杂和单纯繁复之间的差异，搞不清什么应该做和什么能做，理解不了真正的进步和单调的变化之间的不同。面临这些不协调的社会现象，越来越多的人开始表现出不安，所以就发起了与这些现象相抗衡的运动，比如新城市主义、慢来钱、慢食运动、可持续农业、社区森林以及天然药物等。

---

① Henry Adams, *The Education of Henry Adams*（《亨利・亚当的教育》）（New York: Library of America, 1983）; Siegfried Giedion, *Mechanization Takes Command*（《机械化掌控一切》）（1948; New York: Norton, 1969）, p. 716; Lewis Mumford, "The Uprising of Caliban"（《卡利班的起义》）, in Mumford, *Interpretations and Forecasts: 1922-1972*（《解释和预测：1922—1972》）（New York: Harcourt Brace Jovanovich, 1973）, p. 349; Václav Havel, *Living in Truth*（《生活在真理中》）（London: Faber and Faber, 1986）, pp. 146, 159.

这些运动和其他力量以各种各样的方式围绕技术的肆虐、变化的速度和种群的丧失表达着一种不满。换句话说，技术变革的无限制，使得法国哲学家西蒙娜·薇依(Simone Weil)曾经描述的人类"对根的需求"处于危险的境地。过快的技术变革还碾压了我们的政治、法律和体制，腐蚀了我们古老的忠诚和情感。人类社会像打了鸡血一样大步前进，在肾上腺素的刺激下，我们已经"为所欲为"了。[①]

万事开头难，以下是我们对于社会转型的了解。第一，我们已经引发了地球系统的长期变化，包括全球快速变暖、污染、物种灭绝、人口和经济增长、森林砍伐和土地使用的改变等。这些环境问题在全球范围内快速发展，恶化的速度甚至比科学家几年前的预测还要快。其结果是，正如生物学家爱德华·威尔逊所说，"生命

---

① 例如，曾经在战时化学实验室中研发的杀虫剂，如今被用在与害虫的"战争"中。Edmund Russell, *War and Nature*（《战争与自然》）(Cambridge, Eng.: Cambridge University Press, 2001). 刘易斯·芒福德将如今的环境危机比喻为歌德在其诗歌《魔法师的学徒》(*the Sorcerer's Apprentice*)中讲述的处境："学徒忘记了大魔法师治理洪水或击退洪水的魔咒，因此快要被洪水淹死了。" Mumford, "Bacon: Science as Technology"（《作为技术的科学》）, in Mumford, *Interpretations and Forecasts*（《解释与预测》）, p. 166; Richard Sclove, *Democracy and Technology*（《民主与技术》）(New York: Guilford Press, 1995); Nichols Fox, *Against the Machine*（《反对机器》）(Washington, DC: Island Press, 2002), pp. 285-329; Jill Lepore, "The Disruption Machine"（《颠覆机器》）, *New Yorker* (June 23, 2014): 30-36. 历史很重要，但大多被人遗忘。见 Kirkpatrick Sale, *Rebels against the Future*（《对未来的反叛》）(Reading: Addison-Wesley, 1995); Neil Postman, *Technology*（《技术》）(New York: Knopf, 1992); David Ehrenfeld, *The Arrogance of Humanism*（《人文主义的傲慢》）(New York: Oxford, 1978); Jacques Ellul, *The Technological Society*（《技术社会》）(New York: Vintage Books, 1964). 布莱恩·阿瑟(Brian Arthur)的著作《技术的本质》(*The Nature of Technology*)(New York: Free Press, 2009)深入探讨了"科技的定义和发展史"，认为当科技"遵循自然并且延续自然"时是有益的，而当尝试"控制自然"时，则是有害的。(第216页) 书中并没有解释如何预测科技是否延续自然或控制自然，或许是因为以当前的手段，预测尚不可能。凯文·凯利(Kevin Kelly)在《技术要干什么》(*What Technology Wants*)(New York: Viking, 2010)中，既描述了令人兴奋的一面："未来是何等壮观啊：大数据和人工智能将全人类的智慧凝结起来，地球上的一草一木都能被触及，各个大陆上的机器都在互联网上交流信息……能创造出比自己更高的智慧，怎能不让我们神魂颠倒。"(第358页) 也写出了他的担忧："人类既是科技的创造者和主人，也最终成为科技的奴隶，我们的命运将继续扮演着这种不自在的双重角色。"(第187页)"科技正在一步一步地侵蚀人类的尊严；"(第197页)"科技逐渐加速地更新换代，很有可能超出人类的本愿和控制，造成难以挽回的后果，这是令人忧虑的。"(第259页) 凯文·凯利既赞叹科技未来可能达成的高度，又担忧它可能会脱离人类的掌控，所以很矛盾。因此，人类目前或许应该保持现在的科技尚在人类掌控之中，并且成就已经令人赞叹的状况。艾德·爱瑞斯(Ed Ayres)的书《反恶托邦》(*Defying Dystopia*)(New Brunswick: Transaction Press, 2016)全面又深入地批评了无处不在的科技及其反直觉的影响。

世界处于崩溃的境地”[①]。第二,我们面临的最急迫的问题是气候不稳定。这是个“重中之重”的问题,是植根于我们政治、经济和文化等深层问题的表征。第三,气候变化和生态圈的变革是全球性的,人类再没有什么可以躲避的地方。第四,我们这个时代的问题将会一直存在,直到在遥远的将来的某个时候气候和生态系统实现了新的平衡。到了那时候,地球可能会成为一个不同的星球,成为比尔·麦克基本口中的“热球”。第五,我们星球的生物地球化学循环的巨大变化、熵的不可避免的力量以及生态一点都不考虑人类而按照自己节奏运行的过程,都对我们人类的命运产生严重的影响,但是并不必然决定我们未来的命运。所有这一切,不会因为人类良好的愿望而施与仁慈,也不会因为太晚的行动而给予宽大。换句话说,我们前方的转型要求人类的行动和地球作为生物物理系统的运行保持和谐一致。虽然没有100%成功的把握,但是我们必须行动起来,切实相信,我们还有足够的时间避免最坏事情的发生,让人类在地球上的生存变得可持续,变得公平。第六,我们知道,对于可持续性来说,没有什么一劳永逸的办法,只有按照大自然确定的法则,寻求人类与生态圈之间的对话。正如韦斯·杰克逊所说,仁慈的上帝会宽恕我们的一切罪恶,但是大自然不会。在关键时刻,没有什么天外之神(Deus ex machina),或者什么白衣骑士,或者什么看不见的手,或者是什么神秘的技术突破能够拯救我们于水火之中。改变我们自己的命运,扭转我们面对的局面,只能靠我们自己,正如教皇方济各所提醒我们的那样,不管这一改变的过程在怀疑者眼中多么艰难,我们都必须而且只能从改变我们的内心开始。最后,我们还必须认识到,我们在地球上的生存,还面临着其他威胁。核武器对人类前景依然是一个致命的威胁。如前所述,人工智能的迅猛势头越来越有可能篡夺人类的

① Edward O. Wilson, *Half-Earth: Our Planet's Fight for Life*(《半个地球:人类家园的生存之战》)(New York: Liveright Publishing, 2017), p. 211.

地位，开创一个后人类的未来。①

尽管前方的路错综复杂，又充满着未知，但是迈出第一步是不言而喻的，是必要的，是对经济有益的，也是非常实际的，不过也是不够的。我指的是向提高能效和开发利用太阳能与风能的转型。根据大量报道，由于成本的不断下降和很多其他好处，太阳能和风能的利用正在快速发展。用克林顿时期的美国副总统阿尔·戈尔（Al Gore）的话说就是，“我真心希望人类能最终意识到和着手解决气候危机”。如果真是如戈尔所想的那样，在向太阳能提供能源的世界的转型中，我们已经到了或超过了众所周知的临界点，那么我们不论如何都要暂时停下来，反思一下我们为什么花了那么长时间才到达那儿，反思一下如何更好地做才能废止我们赋予化石燃料工业的特权和豁免权。那些特权和豁免权促使化石燃料工业为了赚钱而引发了对我们人类的战争，而赚的那些钱在一个被毁灭的世界里是没有任何用途的。我们还需要反思，如何才能更好地保证集中的和强大的权力不会被再一次用于牺牲人类的安全和繁荣。②

我个人坚信，通过持续不断地提高能效和开发利用太阳能，我们不仅具有为美国和其他国家提供能源动力的技术能力，而且还有设计超高能效的太阳能建筑和城市的技术能力。这样做带来的

---

① National Oceanic and Atmospheric Administration, *State of the Climate in 2014*（《2014 年的气候状况》）, special supplement to the *Bulletin of the American Meteorological Society* 96, no. 7 (July 2015); 这方面的经典研究是威廉·托马斯（William L. Thomas, Jr.,）编著的《人类在改变地球地貌中的作用》（*Man's Role in Changing the Face of the Earth*）（Chicago: University of Chicago Press, 1956）; 以及后来比利·特纳（B. L. Turner II）等人编著的《被人类活动改变的地球》（*The Earth as Transformed by Human Action*）（Cambridge, Eng.: Cambridge University Press, 1990）; Bill McKibben, Eaarth (New York: Times Books, 2010).

② 这一切发生的速度还不算快；但是，根据国际能源署（International Energy Agency）的研究《能源和气候变化》（*Energy and Climate Change*）（Paris: IEA, 2015），速度也不慢，这份报告说：“自本署开始监控清洁能源进程之后，没有一项科技领域达到与气候目标相关的要求，这还是第一次。”尤其是美国，虽然今年在能源研究方面稍有建树，但仍然远远不够。见爱杜阿多·波特（Eduardo Porter）的《创新在与碳的战争中败下阵来》（*Innovation Sputters in Battle against Carbon*）[New York Times(July 22, 2015)]；阿尔·戈尔的《转折点》（*The Turning Point*）*Rolling Stone*, (July 3-17, 2014)：93。阿尔·戈尔的文章并没有提及当下科技尚没有解决方案的温室气体及其造成的影响的问题。

好处，包括更清洁的空气、被改善的健康环境、更快的经济增长、更少的温室气体排放、对世界有争端地区更少的军事干预、石油资本在美国政治中的遁形、更加良好的财政收支平衡、更强大的经济和生态韧力。有不足的地方吗？对这个问题，还真没有什么可以值得一提的弊端。我会把这个问题留给其他人，让他们来谈论转型中的种种细节，但是我们不缺乏经过深思熟虑的可能性，有些措施已经被思想进步的州长、市长、NGO 领导人所采用，他们将城市和地区连接在一起，目的是减少能源消费，适应难以避免的气候变化。①

但是，当我们完成向以太阳能为能源动力、碳排放被控制的世界的转型时，我们可能已经深深地陷入到危险区之中，其中高浓度二氧化碳带来的影响非常明显，各种各样的反馈环带来的结果也很明显，包括北方森林和海床快速释放的巨量甲烷。向可再生能源的转型只是万里长征第一步，即便二氧化碳浓度和二氧化碳当量（也就是说，按照二氧化碳当量单位测算的所有其他吸热气体）下降，但是由于我们未来长期应急的艰巨复杂性和持久性，我们在前期面对的危险会继续集聚，呈几何级数增加。在整个转型过程中，我们需要公民大众、科技界、经济界、政治领导人以及稳定的、强有力的政府之间进行前所未有的团结。但是，话说回来，除了天主教会和中国，我们还没有我们需要的体制稳定的国家和组织机

---

① 科技更新换代的速度还在加快。见美国能源部（U. S. Department of Energy）的《革命……现在：五项清洁能源的未来科技，2015 年版》（*Revolution… Now: The Future Arrives for Five Clean Energy Technologies*, 2015 *Update*）（Washington: USDOE, November, 2015）；www.nextgenclimate.org；Ken Zweibel et al., "A Solar Grand Plan"（《太阳能大计划》），*Scientific American*（January 2008）：64-73；Amory Lovins et al., *Winning the Oil Endgame*（《赢得石油终局》）（Snowmass, CO: Rocky Mountain Institute, 2004）；Greenpeace, *Energy* [*R*] *evolution: A Sustainable World Energy Outlook*（2015）（《能源革命：世界可持续能源展望》）. C-40 城市（C-40 Cities）和奥雅纳（ARUP）在《大城市的气候行动 3.0（2015）》[*Climate Action in Megacities* 3.0（2015）]中提到，一些城市联合起来宣布，减少碳排放。由迈克尔·布隆伯格（Michael Bloomberg）领导的"市长契约"（Compact of Mayors）组织包括 360 个城市成员，分布在全世界，这些城市有着相似的愿望，那就是减少碳排放，而且要弥补国家所没有完成的碳排放减排承诺。由 17 个国际都市组成的碳中和城市联盟（Carbon Neutral Cities Alliance）则宣称，将于 2050 年前将各自城市的碳排放量降低 80%。

构。为了到达安全的港湾,我们需要解决历史上遗留的问题,就像解一个二次方程式,其中的每一个部分都必须用特定的次序进行处理。为方便起见,我们假定联合国政府间气候变化专门委员会的估计是言之有理的,如果地球达到新的生态平衡,大致需要一千年的时间。在那样的时间尺度中,很多事情都会发生,完全与人的预料相反。比如,从一千年前的角度看,我们现在拥有的有着70亿人口和用着智能手机、互联网、飞机、核武器的世界,将是不可理解的,同样,再过一千年,那时的世界对于我们也是不可理解的。往前看,我们的子孙后代也许已经解决了可持续性、和平、公正等主要的挑战,安然无恙地度过了瓶颈般的几百年,并使自己得到了很大的改善。另一方面,与此相反,也可能像贾雷德·戴蒙德和其他人所警告的,我们的子孙后代会在一个荒芜的星球上苦苦挣扎,那一切都拜我们曾经辉煌的全球文明的毁灭所赐。[①]

这些未来前景的不同取决于人类是否能解决四个相互关联但又明显不同的问题,而且采取的方式是一个问题的解决能够促进另一个问题的解决。因为这是一个系统危机,所以解决问题的方式必须是每一个特定的变化都要适应更大的系统要求,以便所有的组成部分都会强化更大系统的稳定、韧力、持久和平衡。教皇方济各这样写道:"我们面对的不是各自独立的危机,而是一个复杂的危机,既有社会方面的,也有环境方面的。"[②]我认为解决可持续发展问题需要一系列的改变。

---

① James Hansen et al., "Ice Melt, Sea Level Rise and Superstorms"(《冰融化、海平面上升和超级风暴》), *Atmospheric Chemistry and Physics Discussions* (2015);乔纳森·波里特(Jonathan Porritt)的著作《我们创造的世界》(*The World We Made*)(London: Phaidon, 2014)描述了一个将才智、设计和科技发挥到极致的假想世界;而詹姆斯·昆斯特勒(James Kunstler)则不那么自信,见他的著作*World Made by Hand*(《手工世界》)(New York: Grove Press, 2008);Jared Diamond, *Collapse*(《崩溃》)(New York: Viking,2005);Joseph Tainter, *The Collapse of Complex Societies*(《复杂社会的崩塌》)(Cambridge, Eng.: Cambridge University Press, 1988); Ronald Wright, *A Short History of Progress*(《文明进步简史》)(New York: Carroll & Graf, 2004); and Margaret Atwood, *Oryx and Crake* (《末世男女》)(New York: Anchor Books ,2004)等。

② Encyclical Letter, *Laudato Si'*《愿你受赞颂》, June 18, 2015, p. 104.

最重要的一个改变,用奥尔多·利奥波德的话说,是“从人类的精神本质层面改变,要有忠诚、情感、敬畏和廉耻”。也就是说,我们要改变我们的心灵和我们的“心灵习性”。政治家瓦茨拉夫·哈维尔也有相同的看法:

> 如果我们不希望看到我们的世界拥有两倍于现在的人口而其中一半死于饥饿,如果我们不希望看到用携带有核弹头的弹道导弹杀死我们自己或者是用特别培育的细菌消灭我们自己,如果我们不希望看到有些人处于极度的饥饿状态……如果我们不希望在我们自己加热的全球暖房中窒息而死,如果我们不希望耗尽这个星球上的不可再生的矿产资源,那么我们,作为人类,作为居民,作为有着灵魂、心智和一点责任感的自觉的生灵,必须醒悟过来,不管怎么说,都不能做傻事了。[①]

换句话说,我们需要神学家辛西娅·莫伊-洛贝达(Cynthia Moe-Lobeda)所说的“道德意识的结构性转变”,并在漫长的旅途之中为系统变化提供一种强大的力量。[②] 如果认为那个目标难以到达,可望而不可即,那么请记住我们从前的历史上有着这样的先例。我们不再认可和接受奴隶制度、童工、种族和民族或性别歧视、文盲以及其他曾被认为是正常的耸人听闻的行为。这些问题虽然解决得还不完美,但是,它们是我们判断我们行为以及衡量我们愿望的标准。随着我们食物、农业、消费、能源利用、未来人口权

---

① Leopold quoted in Curt Meine, ed., *Leopold: A Sand County Almanac and Other Writings on Ecology and Conservation*(《利奥波德:〈沙乡年鉴〉和其他生态与保护论文》)(New York: Library of America, 2013), p. 177; Václav Havel, *Summer Meditations*(《夏日沉思》)(New York: Knopf, 1992), p. 116(emphasis added).

② Cynthia Moe-Lobeda, *Resisting Structural Evil*(《抵制结构性邪恶》)(Minneapolis: Fortress Press, 2013), p. 198.

利以及人类在生活中的作用的变化,我们的道德认知也发生着相应的改变。随着我们拥有更清晰的道德愿景,我们的责任意识有着相应的改变。以前看起来难以企及的东西,现在已转变成了新的标准。

这样的转变要求地球上的人类变得更加谦卑,更加仁爱,更加愿意思考,更加爱护生态。实现这样的变化,首先是要求我们有足够多的人转变思考的方式和思考的内容。从历史上看,政治衍生物有很多,比如野蛮征服者、军国主义者、各种各样的恐怖分子、工业强盗、阴谋家、分裂者、满怀仇恨的大祭司、土匪、操纵者、蛇油贩子以及煽动家等,都曾你方唱罢我登场,已经把人类逼入了道德演化的死胡同。如果想让人类拥有一个更加美好的未来,那就需要一个更加"有情感的文化",需要我们在最具竞争意识的、最具进取心的自我和最具和谐意识的利他特质之间保持更好的平衡,需要我们在行为中崇奉阴阳两极的观念。这个转变必须是全球性的,从而在民族、性别、宗教、国籍和政治之间架设跨越鸿沟的桥梁;这个转变必须是深层次的,从而改变人们的认识、行为和价值观。这个转变必须使人们的价值取向从"拥有"(having)转向"在场"(being),再转向整个世界。尽管自然世界也在加速变化,但是我们的转变必须强化我们对自然世界的感恩、依赖、敬畏。[①]

不过,我并不认为我们能够很容易地将我们的情感赋予那个需要情感关怀的新世界。这个转型是社会运动、狂飙激进、教育感化和政治变革的结果,需要多元的和长时间的努力。但是,突然有开悟的一天也说不定,总是有未知因素的,真心悔改是个难以解释的过程。悔改这个词的意思是"忏悔、重新定位某人的生活方式、精神皈依"等,是内心深处的改变。就像前奴隶贸易商约翰·牛顿(John Newton)一样,他在赞美诗《神奇恩典》(*Amazing Grace*)中写

① Erich Fromm, *To Have or to Be*(《占有还是存在》)(New York: Bantam Books,1981).

道："曾经的我被遮蔽了双眼，如今我却洞察一切。"悔改是从束缚中解放，既有身体上的，也有精神上的，还有情感上的，是观念的完全改变。比如，维克多·弗兰肯（Vitor Frankl）在1945年从纳粹集中营被释放后写道：

> 走出集中营的我，站定，环顾，再抬头望向天空，我不由自主地跪了下来。就在那时，我对我自己或者这个世界突然一无所知，脑海里只有一句话，而且反复回放着："在那窄小的牢笼里，我日以继夜地向上帝祈祷，今天他终于回应我，给我自由了。"①

从那之后，弗兰肯拥有了"美妙的感受，即，由于经历了一切苦难，除了他信仰的上帝，他已经无所畏惧了"②。

悔改意味着心灵和观念的转变，还意味着在更大的故事空间中来看待我们自己。环境神学家托马斯·伯利对开悟有自己的看法，他写道："混沌生天，天生地，地生众生。"地球是大自然对人类的馈赠，应该毫发无损地、完整地交给子孙后代。在这个混沌的宇宙中，人类有序的存在有如奇迹一般，我们只不过是"宇宙故事"（the Universe Story）中的一个章节。但是，我们的作用是独特的，作为地球上的物种之一，我们让这个星球"以一种特殊的自我反省意识认识了自己"。我们如今面临的生态危机，就源自"这个自我意识，而这个自我意识从根本上切断了人类和其他生存模式的联系，将所有的权利都馈赠给了人类，并放任人类胡作非为"。伯利所说的"伟大事业"，就是"将现代工业文明从当下对地球产生的毁灭性影响中转向更加友好的生存模式的艰巨任务"。但是，做到这一

---

① Viktor Frankl, *Man's Search for Meaning*（《人类对意义的追寻》）（New York: Simon & Schuster, 1984）, p. 96.

② Ibid., p. 100.

点,需要我们与大自然的所有形式进行亲密接触,需要我们"从人类灵魂狂野的、无意识的内心深处"作出反应。[①]

以托马斯·伯利的观点为基础,环境学家布莱恩·西蒙(Brian Swimme)和玛丽·艾薇琳·塔克(Mary Evelyn Tucker)把人类故事放在更大的叙事背景之中,认为在"不断打开"的宇宙空间中,人类应该从星球征服者的身份转向参与者。他们写道:

> 也许,在漫长的人类进化史上,人类意识的重要性远超先前哲学家们的想象。人类是否会有一天意识到,在人类共同体学会适应地球生命的深层脉动的过程中,我们远古的使命就是作为一个整体在地球上带来新的平衡?[②]

西蒙和塔克提出,"宇宙万物似乎都有存在的意义……但是,我们人类呢?如果人类也有的话,那大概会是被称为'奇迹'的所在,是宇宙连接人类内心的传送门"。这个奇迹不仅仅是一种情感,而且是警醒人类,让人类认知自己在浩瀚宇宙舞台中的渺小,同时又让人类认识到自己是具有"感知综合情感"能力的生物,所以有着重要的生存意义。这个奇迹让我们认识到我们人类自身渺

---

① Thomas Berry, *Evening Thoughts*(《夜思》)(San Francisco: Sierra Club Books, 2006), p. 43;托马斯·伯利的著作深受宗教史学家米歇尔·伊利亚德(Mircea Eliade)的影响,伊利亚德明确区分了对世界采取的神性和理性态度。见 Eliade, *The Sacred and the Profane* (《神圣与世俗》)(New York: Harcourt Brace Jovanovich, 1957), pp. 201-205; Thomas Berry, *The Great Work*(《伟大的事业》)(New York: Bell Tower, 1999), p. 4. 伯利的观点与洛夫等人的思想不谋而合:"有些人自小在钢筋混凝土的森林里长大,与电线杆、车轮子、机器、电脑和塑料相伴,很少有体验原始大自然的机会,甚至没抬头看过夜空中的星星,他们生而为人的深层体验都被剥夺了。"Berry, *The Great Work*(《伟大的事业》), p. 82.

② Brian Thomas Swimme, Mary Evenlyn Tucker, *Journey of the Universe*(《宇宙的旅程》)(New Haven: Yale University Press, 2011), p. 66; also Brian Swimme and Thomas Berry, *The Universe Story*(《宇宙故事》)(New York: Harper Collins, 1992).

小但又有着重要作用的矛盾性。①

不过，这种奇迹不是通过学习就能得来的。大学的授课表里，是没有什么"奇迹初阶"之类的课程的。如果真有这样的课，那就是笑话了。不过我也认为，我们可以建设更好的地方和更好的共同体，从而使得奇迹更有可能冲破我们的心理防御。我们可以保护那些让我们通向奇迹的圣坛、仪式和音乐。我们可以保护那些从前发生过奇迹的树丛和遗址。我们可以提高开悟、实现"奇迹"的可能性，从而让我们摆脱平庸，开阔我们的视野。当然，这些不可能成为宏大的规划，如果围绕向悔改的转变实施全国性的计划，是永远也行不通的。根本不行，这种意识的唤醒，一开始只能是很小规模的，只能是润物细无声式的，几乎看不到任何痕迹。因此，我们该怎样做才能创建我们能抵达我们内心的地方和环境并实现我们道德意识的转型呢？

在这方面，我们受助于我们发自内心的、热爱生命的对鸟、虫、水和土的亲近，受助于我们"对生命和类似生命的过程的天生的热爱"。那种亲近和热爱是通向水、开阔地带、植物、动物和优美风景的纽带。正是这种对场所和联结的情感，才激发造就了洞穴画家、诗人、艺术家、自然作家、野鸟观察者、动物园游客、徒步旅行者、海滩拾荒者和各种年龄的具有童心的人。但是，也许这只是一种趋势，与其他趋势一样，这种趋势可能被腐化、操纵，或者彻底消逝。资本家、广告商以及越来越复杂的电子虚拟现实的销售商都在夜以继日地工作，从而绑架我们的情感，恬不知耻地将人类从与自然合一的路上越拉越远，但一点都不承认那是他们的目标，或者至少

---

① Swimme, Tucker, *Journey of the Universe*(《宇宙的旅程》), pp. 112-113; John Grim and Mary Evelyn Tucker, *Ecology and Religion*(《生态和宗教》) (Washington, DC: Island Press, 2014).《生态和宗教》(*Ecology and Religion*)巧妙地将宗教的概念套用在自然上，展示"自然不仅仅是可供利用的自然资源，同时也是全人类和全地球上所有生命的生命源泉"(第170页)的概念。

承认那是他们所作所为的结果。①

与人类的其他潜能一样，热爱生命的天性必须给予生长和发展的空间。当我们滋养了热爱生命的天性，我们就发现，我们的健康恢复得更快了，学习效果更好了，思维更清晰了，生存压力更小了。作家理查德·洛夫、自然水提倡者华莱士·尼科尔斯（Wallace Nichols）、社会学家斯蒂芬·凯勒（Stephen Kellert）和其他学者围绕通过设计亲生物性的建筑、景观和社区而投身于大自然所带来的良好效果编纂了大量令人信服的研究成果。在几乎所有的情形下，效果都是一样的。在我们的环境中，如果有阳光、动物、鲜活的植物、流动的水、自然的风景，那么我们的工作效率就高；如果没有阳光等那些元素，那么我们的工作效率就低。在缺乏阳光等元素的时候，“自然缺失症”所带来的病症会呈指数级恶化。理查德·洛夫认为，在人类生活中，科学技术越多，“我们越需要大自然”。暴露于大自然还会扩展我们感官系统，提高我们的生活满意度。当然，这一点都不令人奇怪，因为在数千年的演化中，我们对自然的亲近已经镌刻进我们的血液里。建筑师比尔·布朗宁（Bill Browning）、社会学家史蒂芬·凯勒、城市规划师蒂莫西·比特利（Timothy Beatley）等人都提倡重建城市的风景，改造建筑的设计，在人类普通的日常体验中植入更多的自然元素。然而，扩展后的对自然世界的情感和热爱，必须强有力，必须坚定，才能度过我们前面的艰难岁月。②

在今后几百年的漫长岁月里，自然系统、生态和生物多样性将

---

① E. O. Wilson, *Biophilia*（《生物共好天性》）（Cambridge, MA: Harvard University Press, 1982）；Stephen Kellert, *Building for Life*（《生命构筑指南》）（Washington, DC: Island Press, 2005）.

② 理查德·洛夫的著作《自然法则》（*The Nature Principle*）（Chapel Hill, NC: Algonquin Books, 2012）精妙地总结了自然法则的存在证据及其对于人类繁荣的重要性；华莱士·尼科尔斯的《蓝色思想》（*Blue Mind*）（New York: Back Bay Blooks, 2014）和阿图·葛文德（Atul Gawande）的《最好的告别》（*Being Mortal*）（New York: Metropolitan Books, 2014）也表达了类似的观点。另见凯勒的《生命构筑指南》（*Building for Life*）、斯蒂芬·凯勒和朱蒂斯·西尔瓦根（Judith Heerwagen）的《亲自然设计》（*Biophilic Design*）（New York: John Wiley & Sons, 2008）和蒂莫西·比特利的《亲自然城市》（*Biophilic Cities*）（Washington, DC: Island Press, 2011）。

遭受严重的压力。很多生态系统会萎缩。有些会原地死亡、干枯、被焚烧、被洪涝冲走或被升高的海平面淹没。有些物种会迁徙,但是植物和动物消失的速度要比科学家曾经预测的速度快,我们熟悉的物种和地方的丧失会给我们造成很大的心理创伤,就和我们失去老朋友一样。我们还需要关爱、问询和许多拥抱。否认生态死亡的现实,甚至将我们的悲伤隐匿到暴力或僵尸一样的消费等更为严重的病态之中,是我们现在所做的最坏的事情。[①]

不过,不管我们作出怎样的抉择,时间都不在我们这边。为了实现向可持续发展的转变,我们必须很快地学会化艰难为承诺,化苦难为勇气,化悲愤为行动,怀着饱满的热情投身于自然环境修复和重建的工作中来。这就要求我们改变那些曾经带来奇迹但现在威胁我们、毁灭我们的习惯、战略和程式。我们一直努力主导自然,但是现在必须与自然形成合作关系;我们一直致力于促进经济增长,但是现在必须作出不同的改变,让我们的生活模式更加持久、诚实和公平;我们一直研发推广技术,从来没有想到过这些技术带来的后果,但是现在必须学会预防的措施。

截至目前,我们一直解决表面的问题,而没有触及深层次的原因,所以只是治标不治本。这让我们想起乔治·奥威尔的话。他说:"我们所有奢侈的生活都是建立在压榨亚裔苦力之上。我们之中具有'启蒙'思想的人都认为,那些苦力应该被释放,给予自由;但是我们生活的标准,也就是说我们的'启蒙运动'要求继续进行对苦力的压榨和剥夺。所谓人文主义者,一直都是伪君子。"我们

---

① Elizabeth Kolbert, *The Sixth Extinction*(《第六次大灭绝》)(New York: Henry Holt, 2014); Gerardo Ceballos et al., "Accelerated Modern Human-Induced Species Losses: Entering the Sixth Mass Extinction"(《现代人类导致的物种消失不断加速:进入第六次大灭绝时代》), *Science* (June 19, 2015); Keven Coyle, Lise Van Susteren, *The Psychological Effects of Global Warming* (《全球变暖的心理影响》)(Washington, DC: National Wildlife Federation, 2012). 厄内斯特·贝克尔(Ernest Becker)的《拒斥死亡》(*Denial of Death*) (New York: Free Press, 1974)发起了讨论何为心理学家口中"恐惧管理"的对话。贝克尔观点的主要不同之处在于,他提倡将西格蒙德·弗洛伊德的理论应用在人类生死上,而非在自然凋零上。

现在也同样面对着这样的问题，这个问题中有着我们不愿意注意的结构性罪恶，有着我们宁可推卸给他人的成本，有着难以作出的改变。[①] 因此，在经历所有这些切切实实的绝望之后，现在已经到了从更深层次表现诚实的时候，也就是方济各教皇所说的"从内心作出重大改变"的根本意义。

在最近出版的描述这种改变和我们前方所面临的矛盾以及挑战的著作中，没有哪一本的影响力能超过方济各教皇所著的通谕《愿你受赞颂》。教皇的这部通谕，范围广，识见高，呼吁我们"与自然中的其他成员进行深入的交流"，呼吁我们"对于我们其他种族和民族的兄弟姐妹表达关爱、同情和关心"。教皇这部通谕《愿你受赞颂》的伟大力量，在于将对我们星球健康的关心和对贫困人口的关心融合在一起。他写道，这些问题不是孤立的问题，而是同一个硬币的正反两面。他呼吁进行生态和精神上的启蒙，从而将我们从毁灭"我们家园"的新自由资本主义及其冷血和短视的控制中解放出来。现代世界最伟大的思想超越了神话和迷信，但是，迷信就好像我们的影子一样一直跟着我们。我们现在测量和操控物质的精度已经达到了十亿分之一，已经成为地球上最强大的力量。但是，我们还受到我们周围不断泛起的混乱大潮的困扰。方济各教皇的这部通谕就是召唤我们，在我们丧失我们自己的人性和生活本身的结构之前，暂时停下脚步，看一看，感受一下，反思一下我们正在做的事情。[②]

在这个浸透着经济自我利益信条的见利忘义的资本世界里，《愿你受赞颂》这部通谕可能读起来很像是同风车作战的蠢事。但是，我们可以回想一下，我们改进社会的梦想曾经比单纯的技术进步走得更深远，而技术进步会扼杀我们更大的想象力。我们曾经

---

① George Orwell, *A Collection of Essays*(《奥威尔文集》) (1946; New York: Harcourt Brace Jovanovich, 1981), p. 120; Encyclical Letter, *Laudato Si'*, p. 40.

② Encyclical Letter, *Laudato Si'*《愿你受赞颂》, p. 67.

致力于真正改善我们的组织、机制、经济和政府。在欧洲启蒙运动的拂晓时分，有些哲学家梦想着出现一个由理性的人进行理性管理的世界，这些理性的人对自己的每一个行动都给出很好的理由。换句话说，这是个没有迷信的世界。在美国开国元勋托马斯·潘恩（Thomas Paine，1737—1809）的时代，最为重要的迷信都与独断专行的王公贵族和宗教权贵有关。有些迷信已经被我们废除了，但是其他迷信就像兔子一样，依然在快速地繁殖。下面这个短短的列表，只包括那些最显而易见的迷信行为：

· 消费主义盛行，消费越多，我们就觉得生活越好；
· 物质主义泛滥，东西越多，我们就觉得越幸福；
· 物资储备越足，国家就越强盛；
· 国内生产总值越大，我们的国家就越繁荣；
· 每年在“国防”方面投入一万亿美元，我们就感觉更安全；
· 国民普遍持枪，我们的社会就更安全。

我们老祖宗曾经敬畏的东西，如今反而都被我们搬上了柜台出售。为了服务于被奉若神明的资本市场，我们破坏了我们的空气、水和土地。为了让富人的世界变得更安全，我们牺牲了我们自己和后代的身体与灵魂。我们自己所处的时代首先是一个迷信的时代。不过，统治我们的不再是那些不负责任的国王和神父，而是算法、公司、十亿富翁、操纵者以及手握数学模型的看不见的技术官僚。

《愿你受赞颂》呼吁人类摒弃纸醉金迷的资本主义生活，重拾纯真的梦想，转变我们的动机、目的和我们的境遇。它呼吁我们创建新的社会秩序，感恩人类在地球上如天赐一般的存在，而非将自己的存在看成是对地球的伤害、诅咒或者是对演化的冒犯。它对我们提出挑战，呼吁我们在人类导致的毁灭大潮退去以后重建一个更好的、更持久的文化。它吁请我们实现从追求效率到追求充裕的转变，为后代留下“尽可能多的、尽可能好的”东西，从而永久地维持我们的生命之网。它要求我们用慈心和技能把未来一代培养成地球的守护者，建设一个更加持久的、生态更加和谐的、更美丽的、更公正的全球文明。《愿你受赞颂》对我们提出了挑战，把我们的理想、情感和希望变成新的现实，从而：

- 治理土地和江河的污染；
- 恢复森林、湿地、栖息地和景观；
- 以可持续的方式生产粮食；
- 消除贫困和饥饿；
- 消除污染和废物；
- 建设与自然系统和谐一致的社会；
- 让每一个人都能居者有其屋；
- 用太阳能为文明社会提供电力。[①]

方济各教皇的理想是将现代科技、古代教义、完整设计和宽容克制进行融合。实现这一理想，还要依赖在环保、农业、园艺、林业、水净化、生态恢复、土地管理、建筑、能源技术和城市以及社区规划方面有能力的、有实际技能的公民。这样做的目标是，在地球上创建一个新的人类存在，让我们作为生态共同体的公民切实秉承包容的观点。完成社会的变革，需要我们对世界进行综合审视的能力。“综合”这个词与“整体、圣洁、神圣、矍铄、热情、健康”等词都有着联系，这不是偶然的。从其现实的形式来看，综合管理指的是建立连接的艺术和科学，把复杂的生态系统和人类系统整合

---

① Wolfgang Sachs et al., *Greening the North*(《绿化北部》)(London: ZED Books, 1998); Wolfgang Sachs ed., *The Development Dictionary* (《发展字典》)(London: ZED Books, 1992).

在一起，使人类在正确的时间以正确的方式采取娴熟行动，同时让人类有足够的耐心，等待自然按照自己的节奏运行。[①]

方济各教皇进一步命令我们为野生动植物创建保护区、保护长廊、庇护所等。我们更大的愿景是让地球的陆地和海洋重新回归野性的状态，也就是修复荒野，成为野生动植物的保护性栖息地，同时也成为人类精神重生的地方。为动植物建设各种保护区，只是实施这一愿景的一小步。我们已经创造了一个我们感到无奈和尴尬的世界。由于现代社会的发展，我们很多人生活在被称之为郊区的感知系统被剥夺的区域里，还有更多的人生活在设计很烂、汽车泛滥的城市里。我们不得不忍受的购物中心、混乱无序的郊区、腐化扩张的城市、工业化的风景、高速公路以及停车场等，都是嘈杂的、丑陋的、被污染的、贫瘠的地方，它们在设计的时候是为了安装机器，建设工厂，促进经济发展，而不是为了已经进入文明社会的人类。由此造成的结果是，这些地方不适合人类生活，因为人类作为一个物种，其99%的生存历史是在户外，是在森林里，是在草地上，是在大草原中，是在江河湖边。环境记者乔治·蒙比尔特（George Monbiot）写道："我们锦衣玉食的生活迫使我们向自然提出了挑战，并以此替代我们已经摆脱的恐惧。最终，我们发现我们自己被自然的惩罚包围了。"[②]

作家华莱士·史达格纳（Wallace Stegner）曾经写道，我们需要

---

① Fritjof Capra and Pier Luigi Luisi, *The Systems View of Life: A Unifying Vision*（《对生命的系统观照：统一的愿景》）（Cambridge, Eng.: Cambridge University Press, 2014）；另见弗·卡普拉（Fritjof Capra）的《生命网》（*The Web of Life*）（New York: Anchor Books, 1996）。在印-欧语系中，其词根是 *Kailo*。György Doczi, *The Power of Limits*（《极限的力量》）（Boston: Shambhala: 1981），p. 133; Alan Savory, *Holistic Management*, 2nd *ed.*（《整体管理，第二版》）（Washington, DC: Island Press, 1999）.

② 见保罗·霍肯组织实施的气候变暖应对计划，www. drawdown. org. 根据土地研究所创始人韦斯·杰克逊的估计，恢复森林和更好地管理耕地和草地可带来的碳回收的不确定性可达数十倍之多。另外，全球变暖带来的降雨量变化和温度变化，会让事态进一步复杂，从而影响土壤和生物吸收碳的能力。与此同时，将土壤吸收的碳，如生物炭，运送和分发到其他土地上也会排放碳，这部分排放的碳必须减去。最后，还有如何获取大量的土地用于碳回收的实际问题。见乔治·蒙比尔特的《野性》（*Feral*）（London: Penguin Books, 2013），p. 6.

荒野地区，我们通过荒野来检视我们人类的处境和作为，通过荒野来找到安慰，发现神秘和奇迹。保存和保护大面积的荒野地区，还能蓄积物种，防止物种灭绝，成为测量被开发地区生态健康的基线。那些荒野地区会提醒我们，我们是从哪儿来的，所以会防止我们犯遗忘症。荒野地区能提供让我们更清晰地看到我们在自然秩序中真正起作用的地方，从而让我们学会谦卑。它们还是越来越珍稀的避难所，人类可以在其中探幽、寻静、相聚抑或冥思等。但是，如果说自然是上帝的造物，有些地方需要保护起来，不让人类使用，为什么我们还需要理由呢？是不是有些地方和事情是那样的神圣，以致我们卑微的、浮躁的、有时限性的理性不能理解吗？[①]

很明显，我们未来生活的质量持久依赖于创造更有趣味、更加美丽和更加可持续的地方，依赖于将城市、农场和荒野有机地融合在一起。人类“发展”的标准应该是看怎么有利于孩子、鸣禽和人类的欢乐。孩子们尤其需要与荒野接触。蒙比尔特回应理查德·洛夫的观点，写道：“比起自然世界的崩塌，孩子与自然的互动，崩塌的速度更快……正常情况下在大自然的野地中玩耍嬉戏的孩子以前占到全部孩子总数的一半多，现在已经不足十分之一了。”正如我们所了解的，如此这样的与自然的脱离，会导致人们彼此之间关系的疏离以及哮喘、肥胖、心肺问题、自身免疫功能缺失等疾病，也很容易让人感到失落、孤独以及深深的异化，从而滋生虚无主义。[②]

为了实现与自然接触的目的，环保主义者大卫·佛曼（Dave Foreman）和生物学家迈克尔·索尔（Michael Soulé）倡议实施大陆级的生态修复项目，其中包括将荒野地区、公园和城市连接在一起

---

① 见华莱士·史达格纳对荒野环境的经典论述。Wilderness Letter（《荒野信函》）（1960），in Page Stegner, ed., *Marking the Sparrow's Fall*（《麻雀衰落的标志》）（New York: Henry Holt, 1998）, pp. 111-120; Howie Wolke, "Wilderness: What and Why?"（《荒野：什么以及为什么》）in George Wuerthner et al., eds., *Keeping the Wild*（《保持荒野》）（Washington, DC: Island Press, 2014）.

② Monbiot, *Feral*（《野性》）, p. 167.

的野生动物迁徙走廊。生物学家爱德华·威尔逊更进一步,提出将地球一半的陆地还给大自然,规划为无人区。[1] 无论规划如何,都是对我们人类远见、信念和生态想象的挑战。我们能够想象让水牛再度成为美国大平原上的优势物种吗?或者我们能再让河流成为野生大麻哈鱼和鲟鱼传宗接代的富饶家园吗?我们的愿景是否很宏阔,并能够包括修复切萨皮克湾(Chesapeake Bay)、有着优势物种栗子树的北美东方大森林、北大西洋中巨大的鳕魚生存区?或者我们能在全球规模上修复咸海(Aral Sea)和印度哈拉帕森林(Harappan forests of India)?要做这些事情,人类必须作出一些变化,但首要的、最为重要的事情,不是科学、技术,甚至也不是金钱。人类首先要做的是心灵的改变,要扩展我们的道德关爱,把我们的情感赋予所有的生命。[2]

如果要将地球的一半还给大自然,"重大的内心转变"和远见卓识都是必要的,但要达到目标,中间有很多掣肘。最重要的障碍是,面对自然的约束,我们要坚信自己能够实行迂回战术,从而取胜。相应地,要破除这个障碍,我们首先要从笃信"人定胜天"的魔咒及其孪生兄弟"技术至上"的意淫中摆脱出来。用瓦茨拉夫·哈维尔的话说,"人类对于世界的态度必须彻底改变了。我们一直认为,世界只不过是一个需要解决的数学方程式,是一台有着使用说明书的等待我们去发现的机器,是一堆需要输入计算机就能或早或晚吐出来一个万能解决方案的信息,现在我们不得不放弃这个狂妄自大的信念"。但是,旧有的、不良的、有着大把金钱资助的习惯,不是一朝一夕能改正的。这些习惯因循守旧,而且对我们别无所求,只是向我们推销享乐主义,期待我们买更新颖的、更靓丽的、甚至是更数字化的商品。它们诱惑我们把我们的责任转嫁给他

① Edward O. Wilson, *Half Earth*(《半个地球》)(New York: Liveright, 2016).

② 来自野化研究院和野境联盟(the Rewilding Institute and the Wildlands Network)的工作者大卫·佛曼。另见 Deborah Popper and Frank Popper, "From Dust to Dust"(《从尘土到尘土》), *Planning*(《规划》)(1987).

人，让他人给我们发现和提出“解决方案”，不让我们努力去了解我们的问题的深层次原因及其与其他问题之间的关系，也不让我们考虑其他的解决方案，甚至是改变我们的行为。它们只是让我们更充满激情地接受那些有风险的、涉及面极广的、无所不在的技术，一点都不顾忌责任和预防措施。如果事情变化了，出事了，那种不负责任所导致的恶果和风险将落到无辜之人的头上。方济各教皇把这称为“虚伪或表面上的生态学，它滋长了人类的自满情绪和洋洋得意的鲁莽冲动”。也许，这是人类现代版的亵渎神明，我们自己充当我们的神灵。或者，这也许只是我们类固醇所引发的愚蠢，同时还得到那些否认气候变化的人的大力支持。但是，不管是亵渎神明还是愚蠢糊涂，对于那些就要渴死的人来说，这样做的效果就像是沙漠海市蜃楼中的一个闪闪发亮的绿洲。距离这个或另一个伟大的胜利，我们总是差一两项突破，但是我们追求的那些突破几乎总是那种会导致其他烦恼、困惑和危机的突破。这个永动机不允许讨论，不允许有分歧，而是要求你只需要条件反射似地大为惊叹并“买买买”。它将自己隐藏在含有技术细节的黑匣子里，蔑视人的理解能力，要求人的膜拜。这个膜拜就是，事情会按特定的指令运行，可以永远得到负责任的管理，并以某种含糊的方式呈现公正和益处。它还假定，我们不会看条文细则，也没有能力指导技术发展并推动技术发展服务于提升我们的人性，修复地球的生态。[①]

在越来越迫近我们的阴影中，有一个是人工智能机器。这种工具在设计上远比我们聪明。别怪我老话重提，从来就没有人解

---

① Václav Havel, *The Art of the Impossible*(《实现不可能的艺术》)(New York: Knopf, 1997), p. 91; Stuard Brand, *Whole Earth Discipline*(《地球的法则》)(New York: Penguin, 2009); Mark Lynas, *The God Species*(《上帝般的物种》)(Washington, DC: National Geographic, 2001); Encyclical Letter, *Laudato Si'*《愿你受赞颂》, p. 43. “现代生态宣言”糅合了常理和怪理，相比于“生态”，它更侧重于“现代”。作者认为诸如核能、基因工程、纳米技术等现代科技是人类摆脱依赖自然的关键，而非环保之敌。

释过，我们为什么在一个人口过多的星球上还需要鼓捣出这么一个新形式的像人的机器，这个机器在智能上远比我们自己高级，同时也可能不会“与我们很好地相处”，甚至会开发出一种我们根本不理解、也控制不了的意识。如果这些智能机器最终不可控制，我们会发生什么？我们人类会发生什么？在跨越那条线之前，我们最好乖乖地反问一下，这是否就是我们想要去的地方。谁才有权利控制人类的未来？其理由是什么？其目的是制造比有血有肉的士兵更廉价、更顺从的致命机器人吗？如果结果很糟糕，也确实有可能，那么谁来对此负责任？最终，有智能的，也许还有情感的机器人可能会伤害我们。用这些机器人替代人类，可能是有史以来最令人忧虑的傻事之一。但是，如果智能机器人被限制在只给我们干活，遵循艾萨克·阿西莫夫（Isaac Asimov）所说的规则，友爱地、精心地照顾它们的主人，那么，我们这些在地球上永远失业的几百万人，去干什么呢？如果一切都是机器人制造、生产或服务的，那么，我们用什么钱来购买呢？[①]

---

① 人工智能领域的先锋斯图尔特·罗素（Stuart Russell）声称，“那些认为人工智能永远不会达到人类水平的人，在我眼中，就像一个人向悬崖方向猛踩油门，一边大喊：‘到悬崖之前我们大概会没油吧！’”《科学》（*Science*）349，no. 6245（July 17，2015）：252。事实上，对科技的警示跟潘多拉的传说一样古老。进入现代以后，玛丽·雪莱的小说《弗兰肯斯坦》和赫尔曼·梅尔维尔（Herman Melville）的《白鲸记》展现了对科技的狂热追求和不负责任会造成怎样的后果。如今意图创造人工有机生命体的合成生物学界，就是这些小说的现实例子。人类已经对地球的动植物生态造成了如此损害，让我们有什么理由相信利用一种很有可能是入侵性的、毁灭性的新科技可以重建地球生态？此外，原先的生命跟人造生命如何相处？另见劳里·加勒特（Laurie Garrett）的文章《生物界的美丽新世界》（Biology's Brave New World），*Foreign Affairs* 92，no. 6（November-December 2013）；理查德·路温顿（Richard Lewontin）的回应文章《新合成生物学：谁是赢家？》（The New Synthetic Biology：Who Gains?），发表于 *New York Review of Books*（May 8，2014）；另见 Bill Joy，“Why the Future Doesn't Need Us”（《未来为什么不需要我们》），*Wired*（April 2000）；Nick Bostrom，*Superintelligence*（《超级智能》）（Oxford，Eng.：Oxford University Press，2014）；James Barrat，*Our Final Invention*（《我们最后的发明》）（New York：Thomas Dunne Books，2013）．“Autonomous Weapons：An Open Letter from AI & Robotics Researchers”（《自发的武器：来自人工智能和机器人研发人员的公开信》），*Future of Life Institute*（July 28，2015）．该信由斯蒂芬·威廉·霍金、埃隆·马斯克（Elon Musk）、丹尼尔·丹尼特（Daniel Dennett）与其他 12000 人等共同联名签署；巴拉特（Barrat）另称，有 56 个国家正在研发和实用化战争机器人。见巴拉特《最后的发明》（*Our Final Invention*）p. 21；Human Rights Watch，op-ed in the *Boston Globe*（September 15，2015）．马丁·福特（Martin Ford）在著作《机器人崛起》（*The Rise of the Robots*）（New York：Basic Books，2015）中提出，日后，人不用工作也有收入；不过他并没有解释人类为何会接受成为无事可做的废物的事实，也未说明为何日后的生产力可以养活数以百万计的闲人。

第一个挑战要求我们忠诚和情感的改变，也就是说，需要心灵的改变。第二个挑战要求我们在如何思考以及思考什么方面作出相应的改变。但是，清晰的、有说服力的思考可不是一般人能轻松做到的，那是人类曾经尝试实现的最困难的任务之一。我们看到投射到洞窟外面墙上的影子，但对其意义不知所以，也就是说，只见其表而未见其里。我们会说话，但也许会心口不一，全是陈词滥调。就和难以抗拒稀奇古怪的最新时尚一样，我们也难以抗拒那些博人眼球的知识时尚。我们往往轻信上当，经常无视最基本的事情和常识。比如，我们很多国民相信外星人绑架人类的说法，断然怀疑气候变化的物理规律，认为科学的演变是个骗局。即便我们中间那些慎思明辨的人，也被光怪陆离的信息闪瞎了眼睛，受到精心编织的谎言的轰炸，所以难辨真假，不分轻重，甚至混淆愚智。我们站在处心积虑的人中间，任由他们宰割。①

我们人类存在的缺点，其部分原因可以追溯到我们人类的起源。我们人类演化的初期，那时世界的生态比现在复杂，但是社会比现在简单。我们的先人彼此之间围着部落的篝火或村寨的绿地讲述着故事。我们那时主要的阐释者是讲故事的人、萨满、巫医、病态的控制狂、以仁爱形象示人的系列施虐狂以及一些对着他们的女人喋喋不休的男人。这些人会对社会带来一些危害，但是那个时候还有圣人、真正的哲人以及头脑清醒和心地善良的人，所以会减弱那些伤害。不论怎么说，与现在精神错乱的国家首脑、圣战主义者、公司 CEO 或者精神变态者所造成的混乱相比，那时的伤害简直不值一提，是小巫见大巫。

我们生活在一个既紧密联系又高度分散的被核武器武装的世界里，我们自身的生存依赖于我们学会克服我们各种各样的狭隘

① 竟然有人相信福克斯新闻（Fox News）那不实的报道，甚至让我觉得这些人被大量洗脑了；不过，这个问题有其深刻的历史根源。见 Richard Hofstadter, *Anti-Intellectualism in American Life*（《美国生活中的反智主义》）（New York: Vintage, 1963）; Susan Jacoby, *The Age of American Unreason*（《美国非理性的时代》）（New York: Pantheon, 2008）.

和分歧。我们可能永远也不能视彼此为兄弟姐妹，但是我们需要学会彼此相处。相对于我们学会同情以及掌握系统思考的艺术和科学的漫长历程，彼此相处应该不是特别难的事。关于系统思考的艺术和科学，我借用格雷戈里·贝特森（Gregory Bateson）的话，指的是识别"连接的模型"（patterns that connect）的心智的水平。看到我们在更大系统中的连接的能力，是所有宗教中所固有的，因为宗教这个词的词根的意思就是连接在一起。不论喜欢与否，我们都是所有先辈的子孙后代，也是所有未来子孙后代的先辈，我们是人类生存长链中的一环。我们可能不欣赏我们人类所有的成员，但是他们的照片会与我们自己的照片一起放在人类大家庭的剪贴簿中。在地球生命演化的织锦中，我们人类只是一根短小的线。在如此浩瀚和神秘的空间中，我们所持的唯一恰当的态度是敬畏、感恩以及极大的谦卑。但是，这不是现代教育希望达到或培养的目的。[①]

西方世界的高等教育建立之初，主要是为了传播基督教，后来成为扩大人类资产和解决稀缺问题的工具。如今高等教育的目的已经不再是培养人类的好奇心或感恩之心，也不是为了提高生态的竞争力，而是培养年轻人如何在扩张无极限的经济中找到工作，实现事业上的人生抱负。正如托马斯·贝利（Thomas Berry）所说：

> 大学正在教育学生如何扩大人类对自然世界的统治，而不是教育学生如何与自然世界更加亲近。以这种竭泽而渔的方式使用这种力量，已经极大地蹂躏了我们的星球……我们造成的这个破坏非常可怕，以致我们自

---

① Gregory Bateson, *Mind and Nature: A Necessary Unity*（《心灵与自然：必要的融合》）（New York: Dutton, 1979）; Bateson, *Steps to an Ecology of Mind*（《通向心灵生态的步骤》）（New York: Ballantine, 1975）. 格雷戈里·贝特森认为，"智慧"一词是"更高层次交互系统的知识；这个系统一旦被打乱，造成的后果将是指数级的变化"（第 433 页）; Donella Meadows, *Thinking in Systems*（《系统化的思考》）（White River Junction, VT: Chelsea Green, 2008）.

> 己也只能承认,我们已经陷入严重的文化迷失之中了。这种迷失体现在大学的知识追求上,体现在公司的经济活动中,体现在《宪法》的条文规定间,体现在宗教的精神膜拜里。[①]

人类的目的是操控整个大自然,大到浩瀚天空,小到纳米颗粒,还包括中间的一切东西。不过,与大自然和谐相处,不是人类目的的一部分。从弗朗西斯·培根到我们现在,正如前面所指出的,教育这部机器从设计上就是为了生产出有用的知识,不仅旨在掌控我们自己,更在于掌控"所有一切可能的东西"。但是,正如C. S. 刘易斯曾评论的,人类的这一目的从根子上是充满着反讽意味的:

> 就在人类取得对自然的胜利的那一刻,我们发现,整个人类要听命于几个人,而那些个人则要听命于他们自己的内心。他们的内心,是纯粹"自然的",也就是说,他们非理性的冲动……人类对自然的征服,其功成之日,最后将证明恰恰是自然征服人类之时。[②]

"利用有限的知识、粗暴的力量和狂妄的自大进行操纵"所带来的结果是,将人类文明自身陷入危险之中。[③]

现代大学已经筑起了马奇诺防线(Maginot Line)般牢固的象牙塔,防线上有着孤立的堡垒,四周环绕着壕沟和雷区。面对这些几乎坚不可摧的堡垒,任何直截了当的进攻几乎永远都是徒劳无功的,特别是如果这些进攻是由教育体系外的人组织和领导的。纵

---

① Thomas Berry, *The Great Work*(《伟大的事业》)(New York: Bell Tower, 1999), p. 73.

② C. S. Lewis, *The Abolition of Man*(《人之废除》)(1947; New York: MacMillan, 1965), pp. 79-80.

③ Michael Crow and William Dabars, *Designing the New American University*(《设计新的美国大学》)(Baltimore: John Hopkins University Press, 2015), p. 233.

然现代大学能有所前进，那也是由侧翼进攻力量以及托马斯·库恩(Thomas Kuhn)所描写的程式变革间接带来的。但是，即便如此，那些守旧的大学在防守中依然有优势。比较起来，大学的采邑封地在抵御变革方面更加娴熟，甚至更有攻击力，通过操纵学科划分界限和对边界严防死守，防止祸起萧墙或外来进攻，从而积极有效地把具有威胁性的程式变化据于千里之外。事实上，高等教育的所有学科都试图维护自己的独立王国，有着自己的术语、理论和内容以及让体制之外的人感觉到的莫名其妙。它们这样做，声称是严密，但是经常的情况是，很难分清是严密还是僵化。对于高等教育所有不必要的繁杂来说，有人可能会认为鲁布·戈德堡(Rube Goldberg)是知识“生产”和“转移”这部深奥错综的机械的设计师，但是，呜呼哀哉，这只不过是像英国成为帝国一样，是心不在焉造成的。几乎在各个地方，所有的结果都是一样的。我们学术界的努力通常来说是向心的，聚焦于被学科和二级学科所限定的很窄的问题上(即便在当今所谓的“跨学科”时代)。除了几个知名的例外情况，学术界的讨论是排斥那些关于人类文明和生存命运等费力不讨好的、难以应付的大问题的，而且那些问题往往也不是一年财政预算所能支持的，更不是像停车证那样公众关注的、亟需解决的问题。[①]

如此说来，高等教育已经迷失了方向，就一点不奇怪了，其中的原因有很多。它太奢华了，太偏于自己事业的发展了，越来越向“钱”看了。这个教育系统往往让学生和教职员工都心怀怨气、情

---

① 米歇尔·克劳和威廉·达巴斯(William Dabars)婉转地表达了他们的看法：“我们的大学研究者依然不愿打开跨学科的大门，只是专注于发展自己领域更深层次的知识，错过了通过交流合作而解决实际问题的机会。”(引用同上，第 234 页)换句话说，他们最终妥协于历史学家佩吉·史密斯(Page Smith)称之为“忙忙碌碌、毫无用处、只是用来自我满足的琐碎玩意”。格雷戈里·贝特森曾经问加州教育理事会(California Board of Regents)，他们是否“向学生、老师、还有理事会的诸位，推行更宽阔的教育理念，从而将我们的教育系统引入到恰当的轨道，促进现实与理想、严谨与活泼之间的同步与和谐？作为教育者，我们是否有足够的智慧”？他的这番话引人深思。见格雷戈里·贝特森的著作《心灵和自然：必要的融合》(*Mind and Nature: A Necessary Unity*)(New York: Dutton, 1979), p. 223.

绪低落,聘用越来越多的薪水过低的、被严重剥削的辅助教职员,而上层管理机构则是由那些拿着丰厚薪水和高额补贴的教育大亨把持。在更大的、更成功的大学里,传道授业解惑等古老的教育宗旨已经变成了体育项目的附庸或粉饰,因为那些体育项目动辄就获得数百万美元的资金,而哲学系的预算则被大幅削减。那些相信不管是什么问题都以市场为圭臬的人,可能会建议哲学家组建自己的运动队,到以伊曼努尔·康德(Immanuel Kant)、笛卡尔、苏格拉底或者甚至是米尔顿·弗里德曼等先哲名字命名的体育馆里去参加比赛,根据这些哲学家所写的关于人生意义和其他深层次问题的著作的售卖情况发给他们工资。可能性还有很多。不过,金钱方面的奖励不是那么诱人。但是,我不同意这样做。①

话说回来,四年高等教育到底教会了学生什么?学生获得了怎样的"附加值"(value-added)?是平均每个学生在毕业时还未偿还的3万美元贷款吗?除了帮助我们的学生找工作,我们还能为他们日后做好工作提供怎样的机会呢?恐怕大多高等学校是大同小异的。对于那些当下给予就业指导的大学来说,正如托马斯·贝利所言,除了选择"在这个日趋衰退的新生代或者……日益跃升的生态时代为人的暂时生存提供培训外",还真没有其他的路子。荣耀、财富以及未来对母校的可能的捐赠,依然在很大程度上取决于新生代时期的与金融"业"和攫取经济相关的事业。在我们的学术对话中,我们很少问这类的问题,那就是在未来长期应急的时代,处于转型时期的一代人应该知道什么?或在向生态时代转型的过程中,他们可以帮助做些什么?他们需要对信息技术了解更多,从而为信息海洋推波助澜吗?他们应该致力于成为通讯艺术的高手而不关心什么是大思想吗?需要了解基因剪接的生物基础吗?需要了解未被人类所调和的科学、技术、工程和数学

---

① William Deresiewicz, *Excellent Sheep: The Miseducation of the American Elite*(《优秀的绵羊:失当的美国精英教育以及如何拥有富于意义的人生》)(New York: Free Press, 2014).

(STEM)吗？为了在技术方面作出更为明智的选择,他们还应该知道什么？为了建设公正的、繁荣的、不造成附带危害的经济,有一颗宽容慷慨的内心,更好地服务他们的邻邦,或者只是在他们自己的地方好好地生活,他们还需要其他技艺吗？他们的目标是永无休止地培养和造就绝顶聪明但随心所欲地掠夺世界上最后的森林、化石燃料储备、矿藏、渔业资源、基因材料以及公共信任的破坏者吗？或者是教育和培养仁心医者、争取公正的斗士、对生态友好的农民和林务官、艺术家和音乐家、思想家、哲学家、文化和社会之桥的建设者、能够看到所缺但应该有而且努力让它发生的有远见的人？①

对于学院和大学来说,除了培养学生的主要职责,作为其所在社区的锚机构(anchor institution),它们还应该发挥哪些更大的作用？很多社区已经被去工业化、污染、城市无序扩张、毒品泛滥等摧毁。气候变化使得这些现象变得更加严重,带来更大的新问题。在这种形势下,高等教育机构的作用是什么？米歇尔·克劳和威廉·达巴斯提出了"新美利坚大学"的概念,认为大学"应该为当地社区的经济、社会和文化活力负主要责任"。学院和大学能够将自己的采购和投资重点转向支持本地和地区的复兴吗？它们能成为碳中和的样板并领导其他机构也实现同样的目标吗？它们能帮助恢复区域性农业、食品系统和商业吗？它们能投资促进经济健康发展吗？简而言之,它们能够利用自己的设施并管理好自己的金融事务从而不对它们的学生要继承的这个世界造成伤害吗？它们能把这些当作其课程教学的一部分从而让年轻的学子在把崇高的理想变得实际和在现实方面更具竞争力吗？②

---

① Thomas Berry, *Great Work*(《伟大的事业》), p. 85。另见 James T. Farrell,"Good Work and the Good Life"(《好的工作和好的生活》),in Kaethe Schwehn and L. DeAne Lagerquist, eds., *Claiming our Callings* (《发出我们的呼声》)(New York: Oxford University Press, 2014); and Farrel, *The Nature of College*(《大学的本质》)(Minneapolis: Milkweed Press, 2010).

② Crow and Dabars, *Designing the New American University*(《设计新的美国大学》), p. 242;见欧内斯特·博耶(Ernest Boyer)的文章《建立新美国大学》("Creating the New American College"),发表于《高等教育纪事报》(*Chronicle of higher Education*) (March 9, 1994), p. A48.

对于这些问题,高等学校已经作出了回应,有些学校正在作出转变。2000 年,美国欧柏林学院筹建了亚当·约瑟夫·刘易斯环境中心大楼(Adam Joseph Lewis Center),在绿色校园建设方面给其他大学作出了示范样板,对实现绿色建筑起到了很大的促进作用。此楼的电力完全由太阳能提供,甚至克服了欧柏林学院所在的俄亥俄州太阳能可利用率不高的难题。同时环境倡导者托尼·柯蒂斯(Tony Cortese)领导的第二自然(Second Nature)组织和其他机构一起,已经成功游说了数百个大学校长作出"碳平衡"的保证。为国家野生动物协会(National Wildlife Federation)工作的朱利安·科尼里(Julian Keniry)和凯文·科伊尔与其他人一道致力于游说大学围绕环境保护修订高等教育教学课程。马克·奥卢斯基(Mark Orlowski)发起的"十亿美金挑战"(billion dollar challenge),旨在鼓励大学和学院将捐赠资金和投资更多地用于开发可再生能源,而不是用于开发化石燃料。美国高等教育可持续性协会(the American Association for Sustainability in Higher Education)旨在推动大学和学院将可持续性作为发展的指导性原则。[①]

简而言之,高等教育领域已经开展了大量的活动,取得了很多令人欣喜的成绩,但是高等教育的主流依然没有改变。占据主导地位的教育程式依然是根深蒂固的工业模型,着力于扩大人类对自然的掌控。学术界的对话依然津津乐道于各自了解的自己的那个领域,甚至于把专业分得更细更精,很少谈到教育的核心功能,也不讨论科学抑或主导技术背后的东西,更不提及其他的教育方式,因为这样的事情距离舒适圈关于舒适问题的核心太近了。多数大学和学院的校长、教务长、系主任、管理人员以及校董事都平静地把摆在他们面前的转型看作是大同小异的微调。即便是在起

---

① 关于更多亚当·约瑟夫·刘易斯环境研究中心的信息,见大卫·W. 奥尔的书《边缘设计》(*Design on the Edge*)(Cambridge, MA.: MIT Press, 2006)。另外,在义务教育层面,绿色学校中心(Center for Green Schools)的副总监瑞秋·嘎特(Rachel Gutter)和工作人员致力于改变学校设施的环保标准,并希望将环保的理念融入教程中。

步已经如此之晚的时刻,也很少有人把可持续性作为推动教学课程、教育内容、结构、运行和金融等进行根本性改革的理由。高等教育的体系依然不遗余力地推崇和培养野心家和谄媚者。所以,尽管高等学校的校园里有着全新的科学设施、生物技术实验室、体育场馆、炫目奢华的商学院大楼,我们还是不知道当下的正规教育是否会在我们前面漫长的旅程中发挥积极的作用,抑或是中和的作用,甚至是消极的作用。①

虽然我们上面说了这么多,但是如果要寻找真正的教育创新,你必须去边缘地带,不管是学术界之内,还是学术界之外。很多情况下,教育变革是从小规模的、经费不充足的科研院校的边缘地带推动的,比如位于英国德文郡(Devon)的舒马赫学院(Schumacher College)、美国威斯康辛州巴拉布(Baraboo)的奥尔多·利奥波德中心(Aldo Leopold Center)、美国加州伯克利的生态素养中心(Center for Ecoliteracy)、美国佛罗里达湾岸大学(Florida Gulf Coast University)的环境与可持续教育中心(Center for Environmental and Sustainability Education)以及世界上其他数百个小型非营利组织等。新兴的教育创新理念还来自主流教育之外的思想家,比如印度社会活动家萨提斯·库玛(Satish Kumar)、美国生态学者切特·鲍尔斯(Chet A. Bowers)、英国思想家尼古拉斯·麦克斯威尔(Nicholas Maxwell)、美国印第安学者格里戈里·加赫特(Gregory Cajete)等,这些学者将现代科学和古老智慧结合起来,强调在各个层次上都要有联结(connectedness)。

---

① Nicholas Maxwell, *From Knowledge to Wisdom*(《从知识到智慧》)(London: Pentire Press, 2007); and Chet Bowers, *University Reform in an Era of Global Warming*(《全球变暖时代的大学改革》)(Eugene, OR: Eco-Justice Press, 2011). 格杭·布罗曼(Göran Broman)及其同事在报告中"呼吁新种类或下一代科学的发展,呼吁以可持续性为指导,跨越文明智慧和功能诉求多样性,促进变革理论和实际操作相结合的系统性研究"。见 Broman et al., "Systematic Leadership towards Sustainability"(《通向可持续性的系统领导》), *Journal of Cleaner Production* 64, nos. 1-2 (2014).

心灵和心智的变革,对于我们来说,是内在的。从社会层面上看,要实现思想和行为的转变,还需要一个缓慢的过程。也就是说,还需要很长时间,才能引燃社会运动和革命性行为以及政治上的变革。它们是心灵与心灵、心智与心智的变革,从根本上改变我们关心什么、我们注意什么、我们如何说、我们讨论什么以及我们怎样行动。它们是在历史长河下面奔涌的宽阔暗流,可能是进步的,比如说,18 世纪席卷西欧的启蒙运动;也可能是倒退的,比如说,令人不安的仇外情绪、宗教狂热、不时冲击人类历史的种族暴力。

实现这一转型,还需要另一个必要的变革,这是公权方面的,而不是私权方面的,牵涉权力、政治、公共事务、政府以及战争与和平问题。但是,关于政治和政府的任何讨论,首先必须明白,“对于一个不能完全解决的问题,不可能有一个可以完全解决的方案”。也就是说,好的治理和政治程序的主要障碍来自集权政府,那是个永远的问题,用弗雷德里克·道格拉斯(Frederick Douglass)的话说就是,“没有要求,就一点权力也不会退让。集权政府从来没有这样让过权力,今后也永远不会”。政府和公共事业的作为是受到时代挑战、文化特质以及在不同时代和地点有着不同变化的有效性和公平标准等制约的。但是,判断所有政府行政能力、公开透明、公正、远见的标准,任何时候都不能改变。[①]

摆在我们面前的长久应急要求这些好的品质,比如好的治理,比如我们的公民生活、公共事务以及政治必须与作为生物物理系统的地球的运行方式保持和谐一致的步调。我们时代自由主义狂欢的绝妙讽刺在于,政府和政治体系在寻求与作为生物物理系统的地球的运行方式保持一致方面花费的时间越长,就变得规模越

---

① 塞缪尔·亨廷顿(Samuel Huntington)在所著《变化社会中的政治秩序》(*Political Order in Changing Societies*)(New Haven: Yale University Press, 1968)中表达了秩序必须先于民主的观点;另见弗朗西斯·福山(Francis Fukuyama),《政治秩序和政治衰败》(*Political Order and Political Decay*)(New York: Farrar, Straus, and Giroux, 2014), pp. 524-548.

来越大,越来越具有侵入性。自由主义者幻想着政府会越来越小,但岂不知很可能会导致有史以来最大规模的中央集权。不过,这却是个好事,因为我们就想向那个方向发展。尽管市场可以做很多事情,但绝不会替代强有力的政府。如果你对此有任何怀疑,那么请给离你最近的全球财富 500 强企业打电话,试试向它们寻求救助,就说是桑迪或卡特丽娜飓风卷走了你的家,或者说长久的热浪和干旱烤焦了你家的土地。

在持久的生态迫胁的条件下,强有力的政府是抵御社会动乱和崩塌的唯一可能的堡垒。不过,如果在处理公共事务的方式上没有显著的改变,那么,政府就有可能变得更具侵入性,更加集权。我们现在还有足够的时间来考虑这个问题,不过,如果我们更早一点达成共识并采取行动,事情也许会是另一个样子。但是,现在桥下已经有太多的水了。几十年来,化石燃料公司资助否认气候变化的工作,造成的结果是,政府将不得不面对一长串的难题,它们曾经是问题,而现在则演变成旷日持久的全球性危机了。对于所有政府来说,长期应急的态势提出了四个很大的挑战。

第一个挑战是如何让越来越复杂和分散的政府功能与比它更大的生态系统实现和谐统一。政府是生态系统的一部分,是嵌在生态系统中的。生态系统是通过整体发挥作用的,并随着时间的推移而不断演化,其组成部分强化着整个系统的健康和韧力。与此形成对照的是,政府的组成中,有权力分散的职能部门、立法机构、各种办事机构、法院等,它们都代表着相互矛盾的利益,在竞争各类资源的时候往往各自为政,相互掣肘。长期应急要求政府在自然系统更大的范式和时间尺度内实施和谐一致的行动。

如果那样做还不够,那么不管是被任命的政府官员,还是选举上任的政府官员,都必须了解足够多的生态知识,明白地球作为生物物理系统是如何运行的,知道那些生态知识会对他们的行政管理、立法和司法产生怎样的影响。遗憾的是,近年来,在关于生态原因和社会影响的问题上,哪怕是最小的风吹草动,我们公务员的大脑都不知所措、局促不安。如果往前看,这种情况必须改变,改变的力量来自了解生态的、倾向于公共事务的选举人,因为这些选举人知道,选举对他们在这个小小星球的生活和幸福以及他们子孙后代的未来都是非常重要的。①

另外,法律和政策还要求政府不同部门之间的合作,比如负责经济管理的部门和负责治理被经济发展破坏的环境的部门之间的协作。美国 1970 年颁布的《国家环境政策法》是通向建设生态政府的第一步,但是由于缺乏那些与攫取式经济发展有着强烈情感和密切金融关系的部门的理解和支持,这部法律实施的效果并不好。②

政府面临的第二个挑战是需要在长久时间的跨度和越来越困难的形势下确保社会的稳定和秩序。气候动荡会导致饥馑、干旱、大风暴、大山火、数百万生态难民、被淹没的沿海城市以及常见的经济稳定、战争与和平、恐怖主义活动、周期性的人造灾难等问题。美国《宪法》还不到 250 年,但是已经比詹姆斯·麦迪逊所认为能实施的时间长了。自从 1215 年《大宪章》(*Magna Carta*)制定以来,英国宪法一直在演化和被使用。天主教自形成以来,已经有 1600 年的历史,现在依然是 12 亿教徒精神生活的家园。不管从哪个年代开始算起,中华帝国都已经走过了几千年的历程。这些例子应该给予我们信心和鼓励,那就是即便不完美,即便我们所面临挑战的持久性和所处形势的规模以及严重性是前所未有的,创建一个稳定的、具有足以领导社会走过越来越动荡时代的韧力的政

① 保罗·莱特(Paul Light)的《怠政的政府》(*A Government Ill Executed*)(Cambridge, MA: Harvard University Press, 2008)对于如何扭转当今政府服务缺失的状况,回归当年亚历山大·汉密尔顿(Alexander Hamilton)和托马斯·杰斐逊对政府规模大小和职能的建议,进行了深入的分析。

② 林顿·基思·考德威尔(Lynton Keith Caldwell)在其所著的《美国环境政策法》(*The National Environmental Policy Act*)(Bloomington: Indiana University Press, 1998)中,以政策制定者的身份深入讨论了美国环境政策法的诞生、内容和演变。

府,还是有可能的。①

政府面临的第三个挑战与未来人口的权利,甚至是与其他物种的权利有关。根据我们的政治历史,在将权利扩展到从前未包括在内的团体时,我们的进展是极其缓慢的。在权利扩展方面,继续往前走一步,将未来人口纳入到更大的公民群体之中,在没有法定诉讼程序的前提下不能侵犯他们的权利,做到这一点,并不需要在逻辑或哲学上有很大的飞跃。因为,我们的子孙后代与我们一样,将依旧是人类;与我们一样,对于洁净水、食物、住房、就业和社交等也有着基本的物质要求;与我们一样,也更看重获得有尊严的生活,而不是仅仅委曲求全地活着。他们也能用艺术、音乐、诗词、舞蹈、电影和文学表达他们自己的情感。但是,与我们不同的是,他们没有能力预先阻止气候越来越恶化、地球生物性越来越贫瘠的现实,同样也不能预先阻止与这个现实共生的苦难。他们会听到很久以前关于那个被叫作全新世的故事,但是,他们的生活将会是在一个不同类型的星球上。需要指出的是,除非发生灾难性的人口崩塌,未来人口将比我们现在的人口数量多,而且多不止几个数量级。如果实施跨代际的民主,他们在关于生态条件受威胁这类事情上的投票数量将会远远多于我们的投票数量,从而保护他们生活、自由和幸福的权利。但是,我们的民主制度不会给予他们这样的投票机会,甚至不允许他们在法院旁听。如果我们不采取行动减少环境灾难的规模和持续时间,保护未来人口及其权益,那么他们的生活将会很艰难、很残酷、很短暂。选择是我们作出的,而且只有我们才能作出。站在他们的立场上采取行动,并不要求将基本的权利扩展到其他国家、其他种族、其他性别、其他年龄或者其他性取向的人身上,但是这的确需要我们扩大我们的情感、怜悯和保护,从而预先阻止未来那些不必要的苦难。这样做的理由,

① Frank Kalinowski, "The Environmental Legacy of James Madison"(《詹姆斯·麦迪逊的环境遗产》), in *Environmental Legacies* (New York: Palgrave Macmillan, 2016).

并不完全是利他主义的。事实是,气候动荡带来的苦难已经开始了。仅仅在 2013 年,由于气候变化导致的天气灾难,美国遭受了1250 亿美元的损失。这才仅仅是开始。我们采取有效的气候行动拖延的时间越长,我们自己以及未来的子孙后代遇到的情况就越糟糕。①

如果我们考虑将权利以某种方式扩展到其他物种,那就是另一回事了。那些物种与我们不同,但也不完全不一样。它们不能对我们给以回报,但这只是就我们现在的知识所说的。除了几个我们深入研究的例外情况,其他物种不能用语言进行交流,但是可以用其他方式进行交流。即便如此,我们对其他物种,包括植物,了解得越多,我们就越觉得大自然中广泛扩散着智力或类似智力的东西。我们对其他物种越是近距离地观察,就越是觉得他们的行为与我们很相像。是否有可能智力充斥于整个生物系统?尽管我们很难评论詹姆斯·洛夫洛克和林恩·马古利斯的盖亚假说(Gaia hypothesis),但是很显然,有充足的科学证据说明,地球的一些特性是所有生物系统都拥有的,这与还原主义者和以人类为中

---

① Christopher Stone, *Should Trees Have Standing*? (Los Altos, CA: Wil liam Kaufmann, 1974);玛丽·克里斯蒂娜·伍德(Mary Christina Wood)的《自然的托管》(*Nature's Trust*)(New York: Cambridge University Press, 2014)对于人类后代权利的讨论颇具影响,是这方面里程碑式的著作。另外,在如美国的孩子们的信任(Our Children's Trust)和阿姆斯特丹的厄尔恒大基金会(Urgenda Foundation)等组织发起诉状的影响下,司法机关开始如亡羊补牢般重视环保问题。然而,就算现在定环境污染的罪,污染对人类后代造成的不公和恶劣影响还是会发生;数百年前污染环境的罪人也不会从墓里爬出来接受审判;有些已经恶化的环境再也无法挽回了。见下一代气候委员会(NextGen Climate)发表的《清洁能源的经济性》(*The Economic Case for Clean Energy*)(2015)。全球范围与气候相关的灾难,每年大约造成 2500—3000 亿美元的损失,且在逐年上升;见灾害流行病学研究中心(Center for Research on the Epidemiology of Disasters)发表的《气候灾难造成的人力损失》(*The Human Cost of Weather Related Disasters*)(Brussels UNISDR, 2015), p. 5。蒂姆·莫尔根(Tim Mulgan)所著的《一个破碎世界的伦理》(*Ethics for a Broken World*)(Montreal: McGill-Qucens University Press, 2011)对于生活在未来破碎世界的人类后代如何看待他们的祖先的讨论,观点非常尖锐。事实是,当下我们依然没有意识到"人类后代利益的必要性和重要性,并加以保护"(第 220 页)。除非我们立即并有效地采取行动,否则他们会把我们看作是铁石心肠的人,也许会把我们看作是愚蠢之辈。

心的人的观点是不一致的。[①]

按照这种思考的路线，是否有可能像达尔文想的那样，我们的道德进步要求我们将我们的关切扩展到所有的物种？比如，我们工业化的动物养殖"古拉格"以及机械化的捕鱼船队，对于更大的道德秩序来说，是否有可能是一种冒犯？我们是否应该说些道歉之类的话或者给予补偿？我们是否有可能生活在一个更大的不可逃避的具有反讽和矛盾意味的生态之中？在这个生态中，奔跑的胜利者并不是看谁跑得快，战争的胜利者并不是看谁更强大。中国的道家有很多这样的暗示，认为水在所有的元素中虽然至柔，但也最强。

在实用主义者看来，将生存的权利扩展到其他物种，这一理念可能有着更加有说服力的基础，那就是，所有共生的物种的权利都是与人类的自我利益休戚相关的。也就是说，且不管其他物种对人类是否有实用价值，且不说它们与生俱来的权利，我们只要看看它们提供给我们的福利，就能作出决定，它们给我们提供的"生态系统服务"就是我们需要保护它们的最有说服力的功利理由。在一个广为人知又广受争议的研究中，生态经济学家罗伯特·科斯

---

① Michael Pollan, "The Intelligent Plant," *New Yorker* (December 23, 2013). 斯特凡诺·曼库索(Stefano Mancuso)与亚历山德拉·维奥拉(Alessandra Viola)合著的《植物比你想的更聪明》(*Brilliant Green*) (Washington, DC: Island Press, 2015) 对于植物智慧的描述值得一看；卡尔·萨非纳(Carl Safina)所著的《更胜言语》(*Beyond Words*)(New York: Henry Holt, 2015)则生动地描述了动物的本能和智慧。这两本书的理论可能会颠覆笛卡尔的智慧认知体系，他所说的智慧并不是都那么有智慧。马可·贝科夫(Marc Bekoff)的《动物的情感生活》(*The Emotional Lives of Animals*)(Novato, CA: New World Library, 2007)和《动物宣言》(*The Animal Manifesto*) (Novato, CA: New World Library, 2010) 记录了动物丰富的情感，极大地扩展了前人的研究。唐纳德·格里芬(Donald Griffin)的《动物思维》(*Animal Minds*) (Chicago: University of Chicago, 1992)、罗杰·福茨(Roger Fouts)精彩的《近亲》(Next of Kin)(New York: Morrow, 1997)、艾琳·佩珀柏格(Irene Pepperberg)的《我与艾利克斯》(Alex and Me)(New York: Harper, 2008)以及本尼迪克特·凯利(Benedict Carey)的文章《聪明的鹦鹉最后伤感地死去》"Brainy Parrot Dies Emotional to the End"[New York Times(September 11, 2007), p. A 21]等著述是描述动物情感的先驱。艾利克斯是一只灰色非洲鹦鹉，能说简单的句子，而我们人类对于鹦鹉的交流方式尚不清楚，一点都不了解鹦鹉的语言。玛丽莲·罗宾逊对此的科学层面的评论是："一切东西都是可解释的，不管是什么，以前没得到解释的，终究会得到解释。对于动物而言，他们有自己学习人类知识的方法，而且可能性超乎我们想象。它们能看到神秘事物的核心。所以，任何神秘事物都被破解了。之前对于动物只能认知他们可以学习的技能的假说，是错误的。"见罗宾逊的著作《事物的已知性》(*The Givenness of Things*) (New York: Farrar, Straus, and Giroux, 2015), p. 14; Vúclav Havel, Living in Truth(《生活在真理中》)(London: Faber and Faber, 1986)。

坦萨(Robert Costanza)和他的同事提出,整个生态系统免费提供给人类的“服务”价值达到33万亿美金,这还不包括那些大自然为我们所做的而我们又不了解的贡献,也不包括那些无价的东西。在大自然宝贵的馈赠中,其中一个就包括其他形式的生命提供给我们的亲情陪伴和精神滋养。在我看来,如果生活在一个没有其他生命形式的世界,我们会感到孤独和绝望,甚至会发疯,因为那时候,除了我们,什么也没有了。但是,没有任何一位经济学家会把大自然的这些价值计算进去。[①]

政府面临的第四个挑战是如何应对公众对其的不信任。政府对于人类体面的未来,有着越来越重要的作用,鉴此,我们必须摈弃那个单纯而无力的想法,那就是政府总是、也必然是带来问题。当然,政府会带来麻烦,在全部历史中也常常是这样。但是,有着同等情况的还有行为不当或出格的政党、唯利是图的公司、黑社会等。几乎所有的宗教在历史上的某些时候也会带来麻烦。还有些人员也会带来麻烦,比如大拍胸脯作空头许诺的人、持枪乱来的人以及极端狂热的爱国者。人类的组织是不完美的事情。但是,不论采取什么形式,这些组织都是不可或缺的,特别是政府。当然,政府必须负责任,讲民主,公开透明,组织合理,而且有着科学的领导素养,这些特点是与我们政治历史的优秀品质密切联系的。

与长期应急狭路相逢,我们别无选择,只有大幅度改进效率,强化责任,增强远见,提高各个层次政府的领导能力。为了实现这个目标,我们需要一个更加有效、更有韧力、全面民主的国家,也需

---

① 例如, Holmes Rolston, *Philosophy Gone Wild* (《哲学走向荒野》) (Buffalo: Prometheus Books, 1986); Rolston, *Environmental Ethics*(《环境伦理》) (Philadelphia: Temple University Press, 1988); and a thoughtful reconsideration, Ben Minteer, *Refounding Environmental Ethics* (《再造环境伦理》) (Philadelphia: Temple University Press, 2012). Robert Costanza et al., “The Value of the World's Ecosystem Services and Natural Capital” (《世界生态系统服务和自然资本的价值》), *Nature* 387 (May 1997): 253260, updated in Costanza et al., “Changes in the Global Value of Ecosystem Services”(《全球生态系统服务价值的变化》), *Global Change* 26 (2014). 根据一项研究,1997年全球生态服务的价值,大概是33万亿美元,2014年已增长到145万亿美元。

要一个更加包容的政治话语系统。比如,哲学家彼得·布朗(Peter Brown)认为,政府就像是一个"信托公司,在其中工作的受托人有责任从有利于受益人的角度出发,保护和增加信托公司的资产,那些受益人就是公民……政府有责任保护和增加全体公民的'资产'"。因为政府是受托人,所以这种模式进一步要求政府秉公行动,保护人的权益,杜绝浪费,应对"自然资源和生物稳定"的危机,尊重"商业的品德","清晰地表明我们的义务随着时间的推移而延续"。政府是受托人这个概念是很古老的,整合沟通了政府里面保守派和自由派的观点。受托人这个词的当下意义中,有自由的含义,也就是说它要求政府保护所有公民的健康和幸福,特别是那些最弱势公民的健康和幸福。同时,受托人这个词也有保守的含义,它要求政府保护习惯、宗教、法律和那些有着长久价值的公序良俗。这个观念根植于过去的传承,可以追溯到罗马时代公元前535年的《法学阶梯》(*The Institutes of Justinian*)、英国1215年的《大宪章》以及美国和其他地方数百个法庭判决案例,还体现在有些省州的法律法规和越来越多的国际法中。它要求政府中代表公民行使权力的官员管理、保护和保存公共资产是为了公共的利益,而不是为了私人的利益。根据法律学者玛丽·伍兹(Mary Woods)的观点,生态信托包括"自然财富,必须能够维持所有可预见的未来后代的生存需求"。如果应用到自然系统,信托原则包括健康生态系统所需要的各个方面,可以说是综合的,全面的。遗憾的是,法庭一直忽视生态科学的进展,执拗地将生态系统分为各种更小的资产类别。这就是说,法律学者、律师以及法官,除了几个众所周知的案例以外,在关于他们自己办公大楼和法庭所处的这个星球的宜居性的问题上,一直都是缺席的,不发声的,有时甚至还是倒退的。①

---

① Peter Brown, *The Commonwealth of Life*(《生命共同体》)(Montreal: Black Rose Books, 2007), p. 89. 另见 Brown, *Restoring the Public Trust*(《恢复公共信任》)(Boston: Beacon Press, 1994), pp. 71-91. Mary Christina Wood, *Nature's Trust*(《自然的托管》)(Cambridge, Eng.: Cambridge University Press, 2014), pp. 125-142, 143, 150.

公共信托原则将会进一步推动政府在管理变革方面发挥更大的作用。比如,从历史上看,美国联邦政府一直是推动社会进步的首要部门,资助了“风险最大的研究,有的是应用型的,有的是基础性的,不过,这也的确成为最重大的、最具开拓性的创新成果的来源”。运河、铁路、公路、桥梁、飞机和互联网等,在发展的初期都是依靠政府的投入,因为在那个阶段,它们的风险太大,私人投资者不会投资。比如,iPod、iPhone、iPad 以及其他类似的产品,都依赖于美国政府的早期研究成果和财政资助。不过,政府(也就是说,公众)从那些因此而获得丰厚利润的企业那里,却没有得到相应的补偿,甚至都没有得到一句低声的感谢。更为糟糕的是,那些获利的母公司现在只是上交最微薄的税。我们前面要进行的转型,同样要求联邦政府的支持,资助对重大可再生能源技术、现代智能电网、材料循环、从摇篮到摇篮的材料系统、海水净化工厂以及可持续农业等项目的研究和开发。经济学家玛丽安娜·马祖卡托提出,政府,也就是公众,应该对其投入要求回报,从中抽取一定的技术使用费,并以此建立“国家创新基金”,从而支持其他的处于早期阶段的项目研发和推广。所有的投资者都希望投资有回报。她反问道,为什么政府的投资目的就应该是不同的呢?[①]

往前看,我们面临着更大的挑战、更多的困难。在未来的岁月里,越来越多的人口必须有饭吃,有水喝,有房住,有车乘,必须有各种供应,而可以依赖的资源却越来越少,主要是土壤因为干旱的影响变得越来越贫瘠,地下含水层不断减少,资源储量不断枯竭,森林被大火焚毁,生态被严重破坏,海岸被海浪吞噬。如果我们这个世界的人口数量达到 110 亿,那么我们可能需要找到一个比“支付能力”更好的评价标准来决定谁可以拥有哪些商品和服务。堪萨斯土地研究所的斯坦恩·考克斯(Stan Cox)是这样描述这个问

---

① Mariana Mazzucato, *The Entrepreneurial State*(《企业型国家》)(London: Anthem Press, 2013), pp. 62, 189.

题的:“如果我们真的要切实努力将国家和世界的经济控制在生态可支持的疆域之内,那么我们选择资源分配的方式必须是我们所有人都能生存的方式,而且每个人都能支付得起他所消费的资源。”如果对地球上的资源进行疯狂的抢夺,那就预示着灾难的来临,其中的获胜者只能是富人,而且是一时的获胜。在考克斯看来,“问题不是我们是否应该限量供应,而是如何限量供应”。换句话说,“富裕之人”必须变得更加节制,更加睿智,从而适应生态的稀缺性。在长期应急的形势下,实现资源的公平分配要求我们重新思考,人类的基本需求到底是由什么构成的,什么才是好的工作,如何在灾难来临的年代团结一切可以团结的力量。[①]

限量供应,不管是通过价格还是通过规章,都涉及产权和所有权这个更大的问题。在人类历史的大多数时期,现代意义上的产权并不存在,恰恰相反,土地、水、野生动物以及很多文化都是公共财产,不属于任何个人所有,因此是大众分享使用的。16 世纪,安德罗·林克雷特(Andro Linklater)所说的“私有财产社会”的兴起,开启了人类对“地球的疯狂占有”。但是,事实证明,只有对公共利益给予同样的重视,私有制才能行之有效,这一点曾被约翰·洛

---

① 食物短缺可能会成为一种常见问题。例如,U. S. Global Change Program, *Climate Change and Global Food Security and the U. S. Food System*(《气候变化和全球粮食安全以及美国粮食系统》)(Washington, DC: U. S. Global Change Program, 2015); Joel K. Bourne, Jr., *The End of Plenty*(《富足的终结》)(New York: Norton, 2015); Lloyds of London, *Food System Shock: The Insurance Impacts of Acute Disruption to the Global Food Supply, emerging risk report*(《粮食系统的打击:全球粮食供应急剧破坏造成的安全影响,应急风险报告》)(2015); Nafeez Ahmed, *Scientific Model Supported by UK Government Taskforce Flags Risk of Civilization's Collapse by* 2040(《英国政府旗舰项目“文明社会到 2040 年崩塌的风险”所支持的科学模型》)(London: Insurge Intelligence, 2015). 引文见 Stan Cox, *Any Way You Slice It*(《绝不动摇》)(New York: New Press, 2013), pp. 14, 241. 另见 Michael Klare, *The Race for What's Left*(《对剩余资源的全球竞争》)(New York: Metropolitan Books, 2012). 根据罗伯特·帕尔伯格(Robert Paarlberg)的《资源过剩合众国》(*The United States of Excess*)(New York: Oxford University Press, 2015),这方面的机会很少。他在书中断言,我们在应对气候变化方面的不作为,归根结底在于“国家层面的问题”(第 190 页)。另见保罗·罗伯特茨(Paul Roberts)的《冲动的社会》(*The Impulse Society*)(New York: Bloomsbury, 2014),该书认为,其根本原因则是出在人类畸形的自恋性和对于自我满足的冲动。类似的观点,见 Peter Victor, *Managing without Growth*(《没有增长的管理》)(Cheltenham, Eng.: Edward Elgar, 2008); Tim Jackson, *Prosperity without Growth*(《没有增长的繁荣》)(London: Earthscan, 2009); Juliet Schor, *Plenitude*(《富饶》)(New York: Penguin Press, 2010)。

克、亚当·斯密和詹姆斯·麦迪逊特别强调过。不过，正如历史所显示的，这一警告往往被忽略。从16世纪的英国开始，公共土地和森林就被富裕的私有者侵吞了，往常大众使用者的权利就被剥夺了。如此一来，法律原则不折不扣地执行。1968年，加勒特·哈丁（Garrett Hardin）在学术期刊发表了论文《公地悲剧》（*The Tragedy of the Commons*），对这一有悖常理的历史进行了分析，认为所有公共财产的命运都将是毁灭。其原因在于，他假定，这个世界上生活的人都是标准的经济人，真的会毁灭所有公共拥有的财产。他提出的解决方案是"相互钳制，相互协商"，也就是说，要么采取私有制，要么实行政府控制。不过，这一理论与公共资产管理的真正历史是不同的。比如，政治经济学家埃莉诺·奥斯特罗姆（Elinor Ostrom）就发现了不同的历史，认为自古以来公共财产就是由公共自发管理，长期以来没有任何问题，实现了资源的可持续管理。她得出的结论是，直到资本主义抬头，超级个人主义的盛行才导致了公共财产的灭亡。[①]

问题是公共财产管理是否能"在更大、更宏观解决方案的基础上"得以复兴？复兴的同时"又不对法律和政策框架进行新的改变，因为这些改变会认可和支持不同类型权力机关的机巧弄权以及对不同层次治理的控制"。法律学者伯恩斯·韦斯顿（Burns Weston）和大卫·博利埃（David Bollier）认为，单纯靠一个国家，是不能完成拯救我们星球的任务的。因此，我们必须进行更加创造性的思考并组织自己。事实上，公共财产管理的古老传统依然存在，比如，新墨西哥州（New Mexico）的公共水资源系统（acequias）

---

① Andro Linklater, *Owning the Earth*（《拥有地球》）(New York: Bloomsbury, 2013), pp. 93-108, 388, 397. 安德罗·林克雷特在书中写道："公共财产制在私有制的挑战面前不堪一击。白纸黑字的土地私有制充分利用全社会的法律资源，依法保障土地权益，对成功进行经济奖励。就这些方面的能力而言，土地私有制比起口头上的、基于当地的、保守的土地公有制强太多了。"（第105页）Elinor Ostrom, *Governing the Commons*（《公共事物的治理之道》）(Cambridge, Eng.: Cambridge University Press, 1990).

和印度安得拉邦(Andhra Pradesh)由贱民(dalit)女性管理的种子共享系统。在这些地方以及其他很多地区,财产权利的公共拥有是“对资源管理的结构性承诺,从而将社会不公平和对生态的损害实现最小化”,但是,他们还写道,对于那些“生活在20世纪、受着传统和从上至下官僚作风控制的死脑筋”来说,那些做法显得格格不入。那些对森林、土地、生物和水等公共财产的管理不符合理性控制和线性因果关系的模型,原因是其考虑了太多的不可测算的、定性的变量因素,而这些变量因素可能肆无忌惮地跨越了已有的政治版图。但是,那些做法数百年来在很多地方运行得很有效,保护了人们的生活和幸福,也保护了生态。在美国最近的历史上,阿拉斯加州政府在1976年设立永久基金(Alaska Permanent Fund),向在阿拉斯加州开采石油的公司收取税金,并分配给本州居民。扩大公共信托原则和公共财产管理的更大可能性依旧是存在的。[①]

美国运营资产(Working Assets)创始人彼得·巴恩斯(Peter Barnes),建议创立美国共同基金(American Commons Fund),资金来源首先是出售二氧化碳排放权,最终是上市公司股份的红利收益。巴恩斯的目的不是改变人性,而是“对新的财产权利和界限进行界定”,就像我们通常接受的概念一样,比如对建筑物的限高、高速公路上的限速以及为了防止超载而对轮船龙骨设定的吃水线(Plimsoll line)。他进而建议成立一家控股公司“地球股份公司”(Earth Holdings,Inc),对于人类共同拥有的天空、海洋、含水层、DNA以及其他共同资产拥有所有权,向“过度开发自然资源的国

① Burns Weston and David Bollier, *Green Governance*(《绿色治理》)(Cambridge, Eng.: Cambridge University Press, 2013), pp. xxv, 29, 189, 201-202; David Bollier, *Think Like a Commoner*(《像普通人那样思考:共同体生活简介》)(Gabriola Island, BC: New Society Publishers, 2014). 另见 Peter Barnes, *Capitalism* 3.0(《资本主义3.0》)(San Francisco: Berrett-Koehler, 2006), PP. 135-153. 如果不对公司和企业加以限制,他们肆意践踏公共利益的行为终将不可承受。见 Community Environmental Legal Defense Fund, *On Community Civil Disobedience in the Name of Sustainability*(《关于以可持续名义的社区公民不服从》)(Oakland, CA: PM Press, 2015).

家、地区和公司”收取经费。[1]

彼得·巴恩斯、伯恩斯·韦斯顿和大卫·博利埃等人认为,建立“一个新的生态治理系统,对于争取人类的生存具有重要的意义”。他们的认识首先是,自然不仅仅是一种为了获取利润而占有的,“像我们曾经进行奴隶贸易那样的”商品。少数人怎么能够控制那么多的资源?人类用什么方式才能从少数人那里收回管理自己土地、森林、野生动物、水和基因材料的古老权利和责任?共同资产管理制度是否能够演化升级为人类世新的治理系统的重要组成部分?[2]

如果对这些问题没有确切的答案,我们还有其他的可能。比如,埃莉诺·奥斯特罗姆认为,从上至下的、中央集权式的问题解决方式从本质上来说效果就不好,特别是在解决气候变化方面,存在着固有的弱点,主要是因为经济学家所说的“搭便车”问题。这个“搭便车”问题指的是,某些组织或国家等在解决公共问题上不出工,不出力,但是免费坐享集体行动带来的好处。这个问题给所有的委员会、公民组织、国际组织带来困扰,因为那些消极的、懒惰的、无能的、不愿意付出的人收获了整个集体行动的所有成果。所以,奥斯特罗姆提出,就气候变化问题来说,最好的解决办法是,在中央政府之下,采取多种规模的、多种层次的、“多中心的策略”。例如,美国绿色建筑协会在没有政府法令或公共支持的情况下极大地改善了建筑实践,提高了能源效率。而且,这个协会成功地提出、研制、宣传以及监督并不断完善的绿色建筑评分认定系统,被建筑师、工程师、规划师、政府官员、建筑和材料工业、能源技术公

---

① Barnes, *Capitalism* 3.0(《资本主义 3.0》), pp. 143-144; Peter Barnes, *Who Owns the Sky*? (《谁拥有天空》)(Washington, DC: Island Press, 2001), p. 131; 另见 Peter Barnes et al., “Creating an Earth Atmospheric Trust”(《创建地球大气信托基金》), *Science* 319 (2008): 724; Robert Costanza et al., “Creating an Atmospheric Trust to Help Implement the Paris Climate Deal”(《创建地球大气信托基金有助于实施巴黎气候协定》),Letter to *Nature* (December 2015).

② Weston and Bollier, *Green Governance*(《绿色治理》), pp. 262-263.

司等接受。鉴于建筑业同行的压力,鉴于绿色建筑评分认定系统所带来的优异建筑质量,鉴于网络的巨大力量,这一绿色建筑评定系统获得了广泛传播。其他的案例还有负责实施标准的森林管理委员会(Forest Stewardship Council)等非政府组织,以及揭露与环保相关信息的碳揭露计划项目(Carbon Disclosure Project)和碳追踪计划(Carbon Tracker Initiative)等非政府组织。①

另一方面,行业内有近乎垄断优势的企业同样能对环保起重要的带头作用。比如说,沃尔玛(WalMart)就要求其几千家供货商减少包装和能源上的消耗以及二氧化碳排放量。不管外人如何评价沃尔玛的做法,这个公司本身减少了其碳足迹和对环境的影响,在整个经济中也产生了波纹式的带动作用。类似的众多举动,比如"私营环境治理"或"多中心气候治理"等,都显示出"政府主导的公共行动不是获得公共目标的唯一途径",也展示出"思考集体行动问题的新方式……以及对于公司行为的压力来源,而不是仅仅依靠政府管理"。即便如此,灵活而强有力的中央集权政府还是需要的,而且永远都是需要的。这样的政府将制定和实施规则,促使多中心的可能性与完成公共事务的其他措施和谐共处,共同努力。②

---

① Elinor Ostrom, "A Polycentric Approach for Coping with Climate Change"(《应对气候变化的多中心策略》), *Annals of Economics and Finance* 15, no. 1 (2014): 97; 另见 Andrew Jordan et al., "Emergence of Polycentric Climate Governance and Its Future Prospects"(《多中心气候治理的出现及其未来前景》), *Nature Climate Change* 5, no. 11 (November 2015): 977-982; 以及 Jessica Green, *Rethinking Private Authority* (《私有权力的再思考》)(Princeton, NJ: Princeton University Press, 2013).

② Michael Vandenbergh, "Private Environmental Governance"(《私人环境治理》), *Cornell Law Review* 99, no. 1 (2013): 138. 迈克尔·范登伯格(Michael Vandenbergh)写道,私人环境治理包括"行动……那些行动在设计上要达到传统政府实现的目标,比如管理公共资源的开发利用,增加公共产品的供应,减少环境的外部性,更加公正地分配环境基础设施,除此以外,还包括传统的标准制定、实施、监管、执法和判决"(第146页)。另见 Jonathan Cannon, *Environment in the Balance: The Green Movement and the Supreme Court* (《平衡中的环境:绿色运动和最高法院》)(Cambridge, MA: Harvard University Press, 2015), pp. 289-290. 简·梅耶尔(Jane Mayer)的书《黑钱》(*Dark Money*)(New York: Doubleday, 2016)对于政治腐败的分析堪称一绝;泽菲尔·提绍特(Zephyr Teachout)在《美国腐败》(*Corruption in America*)(Cambridge, MA: Harvard University Press, 2014)中回顾了美国政治腐败的历史,并做出了司法分析。推荐阅读这两本书。

我写下这些文字的时候,2016 年 3 月,我们共同的民主正处于令人绝望的境地。在有些地方,美国总统选举被弄得乌烟瘴气,又困难重重。不为人知的金钱进入竞选,为所欲为,在背后操纵着结果。美国政治体制又面临四年一度的政治丑陋暴露大会。共和党的总统候选人就像傀儡一样,随着几个亿万富翁演奏的曲调,蹩脚地跳着舞。美国最高法院的五名大法官放纵那些亿万富翁收买竞选结果,当然,为了回报巨额秘密竞选资金,他们的候选人将同意为另一种现实作证,那就是,物理和化学规律不影响大气,生物演变的规律也不给公正的、伟大的上帝创造的最初人类带来麻烦。尤其是,那些候选人必须遵从这个观点,即穷人的贫困是自我造成的,与给富人带来财富的经济或税收政策无关。就像是在乱哄哄的马戏表演中,那些竞争美国最高职位的候选人还必须是有能力的驯兽师。他们不让公民了解内情,不让公民受教育,不让公民追求更高的目标,包括不让公民保障自己的生存,或延续自己的文化。在他们心中,民可使由之,不可使知之。同样,所谓民主政府的部门也一定是腐败的、弱化的、滥用权力的。如此一来,偷盗抢掠一直持续着,而可悲的是,那些遭受偷盗抢夺的公民,很多还为此叫好。

经济学家约翰·肯尼思·加尔布雷思在他的最后一部著作中写道,“人类的进步,被难以想象的残酷和死亡主导着……大屠杀成了文明最后的勋章……战争依旧是决定人类成败的决定性因素”。“把武器研发放在优先的地位”,由此造成的影响以及“战争的威胁和现实”一点也不会让美国开国元勋詹姆斯·麦迪逊感到奇怪,他唯一感到奇怪的应该是战争的巨大规模。麦迪逊所担忧的是常备军的存在,因为穷兵黩武会造成严重的后果。他曾提及:“若三权分立中的行政权一家独大,那么它终将不会成为自由长久的盟友,自由终将会名存实亡。以防御外敌为借口极力发展军事,

最终大多会转化为独裁暴政。”几年之后,麦迪逊又详细论述道:

> 在公民自由所有的敌人中,战争可能是其最大的梦魇,不光因为它本身对自由产生的威胁,还因为它同时滋生公民自由的其他的敌人。战争迫使政府强征人民入伍;庞大的军费开支或是人民的沉重负担,或转为政府的庞大负债;战争、债务和税收是少数人控制多数人的工具,这是众所周知的。同时,连年的战争必会扩大强有力的、便宜行事的行政权,最终导致独裁暴政。行政权在处理部门职能、荣誉奖赏、报酬薪资等方面的影响力就会倍增。所有诱惑人们思想的手段,都会被增加为征服人民的手段。共和主义中同样恶毒的一面,可能会追溯到财富的不平等之中,追溯到欺诈的机遇之中,源自于战争状态以及礼仪和道德的沦丧。在经久不停的战争面前,没有任何一个国家能够维持它的自由。①

时间拨转到200多年以后的今天,即便美国最大的敌人苏联已经轰然崩塌,但是美国人在国家安全方面依然不遗余力,没有丝毫的懈怠。在国防经费开支方面,美国比全球所有其他国家的国防经费加起来还要多。2013年,五角大楼的年度预算以及战争款项也许有1.3万亿美元之多,预算的名义是为了“国家安全”,也可

---

① John Kenneth Galbraith, *The Economics of Innocent Fraud* (《无邪欺诈的经济学》)(Boston: Houghton Mifflin Company, 2004), pp. 61-62. 心理学家史迪芬·平克(Stephen Pinker)在其《人性中的美丽天使》(*The Better Angels of our Nature*)(New York: Viking, 2011)一书中对人类目前的处境表示乐观,所以对此持否定态度。伊丽莎白·科尔伯特则相反,她认为平克所举的例子“是特例,论点令人生厌”,见她的文章《我们时代的和平》(“Peace in Our Time”), *New Yorker* (October 3, 2011)。平克的观点是否正确,就由未来温度更高、纷争不断、冲突不止的有核时代见证吧。James Madison, Speech in the Federal Convention (1787), in *James Madison: Writings*(《詹姆斯·麦迪逊文集》), ed. Jack Rakove (New York: The Library of America, 1999), p. 116; James Madison, “Political Observations”(《政治观察》), April 20, 1795, in *Letters and Other Writings of James Madison* (《詹姆斯·麦迪逊书信及其他论文》), vol. 4, cited in David Unger, *The Emergency State*(《紧急状态》)(New York: Penguin Books, 2012), p. 313.

能有很多被用于打探、间谍之类的事，但是没有人确切地知道到底用了多少钱，国会里也没有人询问具体国防费用的数字，更不咨询“多少钱才够”的问题。据说，美国国防部在全球建立并管理着一千多个军事基地，派遣舰队在七大洋巡逻，随时准备着同时打多个战争，但是与谁开打，并不清楚。不过，美国国防部就是要打仗，其深恶痛绝的敌人是一个长长的名单，有些敌人是臆造的，有些敌人是真实的，有些敌人是国内的，有些敌人是国外的，有些敌人对我们的法律很不满，有些敌人在毫无缘由的情况下对我们形成真正的威胁。战争系统，包括武器供应商、军事顾问、承包商、五角大楼、国会议员等，在很大程度上依赖着或真实存在的、或通过多种方式制造的永久的威胁。国防部是由双层政府管理的，一层政府是可视的部分，包括经常在电视上露面的民选官员；一层政府是不可视的但也更有权力的部分，包括“国家安全文化”（national security culture）的几百个成员，比如野心家、政治任命的高官、学术专家、智囊团成员以及军事官员，“即便是美国总统，也难以对这些人实施有效的控制”。制定国家军事议程和战略的，恰恰就是这个看不见的部分。国家安全国家（national security state）的概念起源于 1947 年的《国家安全法》（*National Security Act*），将军方几个不同的部门进行了整合，组建了参谋长联席会议（Joint Chiefs of Staff）、中情局（Central Intelligence Agency）、国家安全委员会（National Security Council）和国家安全局（National Security Agency）。总体来说，参与国家安全工作、网络行动、武器研发以及与战争有关的事务的联邦部委和机构有 46 个。用政治学家迈克尔·格伦农（Michael J. Glennon）的话说就是，将这一系统凝聚在一起的是“绝对忠诚、集体责任以及保守秘密，而保守秘密是最重要的”，对此系统，美国国防部门是沉迷其中的。它不能容忍像爱德华·斯诺登（Edward Snowden）那样的持不同政见者、任何形式的揭发者，像反对越南战争的马丁·路德·金以及最近国际法学者理查德·法尔克(Richard Falk)那样有着相反世界观的人等。这一制度的实施者都倾向于隐秘和力量,而不是民主与和平。军国主义的思想弥漫在持枪弄炮的观念里,隐藏在美国民主的暗影中。人们颂扬暴力以及那种本能的、狂热的、无心的爱国主义,塞缪尔·约翰逊将这样的爱国主义称为"恶棍坏蛋最后的避难所"。暴力的整个供应链包括武器制造商、分包商、顾问,包括国内枪支和弹药制造商,甚至包括丧葬业,因为丧葬业提供棺材,用以埋葬我们每年丧生于持枪暴力的34000具或更多的尸体。这个供应链触及每一位国会议员的选区,每一位国会议员对此事实都心知肚明。这种国防系统已经获得了詹姆斯·麦迪逊最担心害怕的权力:①

> 屠杀、逮捕和拘押的权力,看见、听见和阅读公民每一句话以及行为的权力,向人们灌输恐惧和疑虑的权力,废除调查和压制言论的权力,鼓动公众论争或剥夺公众论争的权力,隐藏自身行为以及逃避其软弱监督者的权力……简而言之,就是不可逆性(irreversibility)的权力。

在关于人民幸福安康的多数社会指标中,美国为什么滑落到了底部,或者为什么我们的基础设施正在锈烂,或者为什么我们22%的孩子生活在贫困之中,或者为什么我们那么多的年轻黑人和拉丁裔男子进入了监狱,或者为什么我们的杀人案件和大规模杀戮事件领先于世界,或者为什么我们很多曾经最优秀的城市会

---

① James Madison, "Political Observations"(《政治观察》), April 20, 1795. 另见 Jill Lapore, "The Force"(《力量》), *New Yorker* (January 28, 2013): 70-76; Hugh Gusterson, "Empire of Bases"(《美军基地帝国》), *Bulletin of the Atomic Scientists* (March 10, 2009); Michael Glennon, *National Security and Double Government*(《国家安全和双层政府》)(New York: Oxford University Press, 2015), p. 7. 迈克尔·格伦农的分析与沃尔特·巴杰特(Walter Bagehot)对于英国政府的"矜持"和"效率"的见解有相似之处:矜持用来"取悦民众;效率则是来统治民众"。见 Bagehot, *The English Constitution*(《英国宪法》)(1867; Ithaca, NY: Cornell University Press, 1976), PP. 16, 22, 118, 176.

让第三世界国家的居民看不起？或者最为重要的是，由于我们自身而导致的气候不稳定的威胁，我们的一切都瘫痪了，但是为什么一个主要的原因是军国主义和暴力对我们心灵、智力、家庭开支和国家财政的控制？我们已经变成了好战的人民，生活的国家越来越像一个军事要塞，我们在其中持续不断地受到监视，上交税款，从而支持一个巨大的、不负责任的、穷兵黩武的体制，去主导全世界。历史已经反复证明，这样做，是傻子才干的事。还有荒谬的事呢，美国人不仅成为地球上最胆小恐惧的人，可能也是地球上最令人敬畏的人。正如美国前陆军上校和历史教授安德鲁·巴切维奇(Andrew Bacevich)所言，是时候了，“该考虑废除这个看起来没有(好处)的体制”[①]。

实现这一目标的首要任务是废除核武器。美国前国务卿亨利·基辛格、前国务卿乔治·普拉特·舒尔茨(George Schultz)、前国防部长威廉·佩里、参议员萨姆·纳恩(Sam Nunn)、斯坦福大学理论物理教授西德尼·德雷尔(Sidney Drell)以及曾经主持领导过美国核力量的李·巴特勒将军，都提出过废除核武器的建议。[②] 不过，他们建议废除的核武器只是战争系统发展的自然结果，这部巨大的、复杂的、耗资惊人的、戕害生命的、危险的战争机器在设计上一直是损公益而自肥，并让与之相关的部门受益。虽然具体的规模难以确定，但是它给我们带来了威胁，这些威胁本来是它应该帮助我们抵御的，悲摧的是，它产生的威胁进而引发了更多的威胁、暴力和利益。自从修昔底德(Thucydides)研究伯罗奔尼撒战争(Peloponnesian War)以来，这种永恒冲突的动力机制就广为人知

---

① Andrew J. Bacevich, *The Limits of Power*(《权力的限制》)(New York: Metropolitan Books, 2008), p. 101. 政治学家查尔默斯·约翰逊(Chalmers Johnson)在他的书《复仇者》(*Nemesis*)(New York: Metropolitan Books, 2006)、《帝国的哀伤》(*Sorrows of Empire*)(New York: Metropolitan Books, 2004)和《帝国的崩塌》(*Dismantling the Empire*)(New York: Metropolitan Books, 2010)中对这番分析大加赞赏。

② Philip Taubman, *The Partnership*(《伙伴关系》)(New York: Harper, 2012), note 45.

了。但是，在挥舞着刀枪剑戟和拉弓射箭的时代，战争不会导致全球性的威胁，当然那些战争是愚蠢的，是多余的。不过，在武装着核武器的世界里，非暴力的冲突解决方案是化解最终的末日之战的唯一可行的办法。和平不再是一个浪漫的梦想，而是我们遗留下来的唯一实际的选择。[①]

在关于有核世界的出路方面，很少有人比反核作家乔纳森·谢尔（Jonathan Schell）思考得更深刻，他认为"人类希望用武力将人类从武力中拯救出来的日子一去不复返了……武力只能导致更多的武力，而不是和平"。我们别无其他现实的选择，只有销毁核武器，摈弃将体面的、稳定的世界秩序建立在"毁灭人类的威胁"的基础之上的想法。他写道，销毁核武器将是"人类对于可怕的、致命的困境的认可，虽然还不彻底，但是必不可少的。这种困境是人类自己导致的，销毁核武器也是人类决心寻求解决方案的具体表示"。谢尔还认为，销毁核武器是应对气候变化的基础，将会形成国家间进行合作的习惯，将地球从致命的危险中拯救出来，省出大笔的经费，因为如果不销毁核武器，那些钱就会被挥霍在不稳定的武器上。当然，销毁核武器还可以解放一些世界最优秀的科学家，让他们把创造力和精力用于其他地方，再也不用受雇于制造邪恶的武器弹药了。[②]

可以想见，不同意废除核武器的批评人士会说，21 世纪的世界是个危险的地方，同时会列出一个长长的名单，上面是一些不容置

---

① 安德鲁·巴德·施莫克勒（Andrew Bard Schmookler）的《部落的寓言》（*Parable of the Tribes*）（Berkeley: University of California Press, 1984）一书对于如今世界各国或种族之间暗自较劲、军备竞赛暗潮涌动的情况，进行了精辟的分析。

② Jonathan Schell, *The Unconquerable World*（《不能征服的世界》）（New York: Metropolitan Books, 2003）, pp. 345, 357；另见 Schell, "The Unfinished Twentieth Century"（《未完成的二十世纪》）, *Harper's Magazine* (January 2000): 41-56; Schell, *The Abolition*（《废核》）(1984; Stanford, CA: Stanford University Press, 2000); Schell, *The Seventh Decade*（《第七个十年》）（New York: Metropolitan Books, 2007）, pp. 216-217；and P. W. Singer, *Wired for War*（《遥控的战争》）（New York: Penguin Books, 2009）. 安妮·雅各布森（Annie Jacobsen）在其书《五角大楼在想什么》（*The Pentagon's Brain*）（New York: Little Brown, 2015）中描述了一个使用智能无人机、战争用机器人等战争科技发达的未来世界。

疑的“坏家伙”，既有伊斯兰国，也有弗拉基米尔·普京（Vladimir Putin），还有当下的另一个敌人。当然，他们这样说，有时是对的，但是问题是，其他人也常常把我们看作一个威胁。有的时候，他们那样说，也是对的。从两方面看，问题的产生源于人类在有着情绪压力的形势下如何认识现实，如何看待教条主义的幻想和国家主义的病状。在受到压力时，清醒的头脑和良好的判断就成为“群体思维”、“自证预言（self-fulfilling prophecy）”、“否认”、“恐怖主义管理”以及普通错误的牺牲品。正如经济学家和系统思想家肯尼思·博尔丁曾经指出的，“永远不要低估人类愚蠢的力量”。同样，我们也不能忘记愚蠢的孪生兄弟无知，包括对别人如何认知我们自己所表现出来的固执的无知。①

在废除核武器的同时，还必须以更大的努力把暴力从我们的安全政策中剔除出去，不能以暴力的手段保障安全。我们这个时代的暴力是自食其果的，是永无休止的。暴力会耗尽金钱，销蚀我们的创造力，屠杀清白无辜的人，奖赏人类罪恶的特质，在其后面留下一连串的人类毁灭、物质毁灭和生态毁灭。用作家克里斯托弗·赫吉斯（Christopher Hedges）的话说，“战争就像毒品……暴露了邪恶的力量，这个力量就隐藏在我们所有的人之中，而且隐藏得还不深”。在充满着灾难性的能够摧毁地球好多遍的武器的世界里，任何战争都不会有什么胜利。那些武器在地球上大量地分布着，控制得很随意，也许还是断断续续的。体制化的暴力是一种集体疯狂和精神失常的形式，如果允许其存在更长的时间，它迟早会把我们人类毁灭。②

---

① 美国外交政策的背后，充斥着令人遗憾的插曲，有着长久的影响。对此，美国很少能做到良心发现。例如，20 世纪 50 年代由杜勒斯兄弟（the Dulles brothers）引起的反社会主义思潮就是特别典型的案例之一。详见 Stephen Kinzer, *The Brothers: John Foster Dulles, Allen Dulles, and Their Secret World War*（《杜勒斯兄弟：他们的秘密世界战争》）（New York: Times Books, 2013）; and David Talbot, *The Devil's Chess board*（《魔鬼的棋盘》）（New York: Harper Collins, 2015）.

② Chris Hedges, *War Is a Force that Gives Us Meaning*（《战争是给予我们意义的一种力量》）（New York: Public Affairs, 2002）, p. 3.

实现向非暴力世界的转型不是件容易的事。暴力和战争的习惯深深地铭刻在我们的行为、政治、经济、历史中,也许还铭刻在我们的基因里。军事英雄受到大加颂扬,但是所有其他不那么让人血脉偾张的英雄主义很少得到歌颂,只不过是提一下而已,很快就被淡忘。在这里,我指的是那些日常的、大多数不被人注意的英雄主义,展现这类英雄主义的人是社会工作者、教师、教练、公务员、企业工人、争取公义的斗士、林场工人、园丁以及艰苦地区的维和人员。当前世界,有主权国家、恐怖主义集团、伊斯兰圣战士、恢复失地运动者,还有坑蒙拐骗者,所以这是一个危险的世界,这一点都不虚。不过,如果我们想安全地度过前面长期的应急岁月,我们不仅要学会以和平与非暴力方式解决冲突问题的高深艺术,还要学会避免产生冲突状况的聪明方式,包括我们对境外资源的依赖。倡导和平是留给我们的唯一的、实际的选择。威廉·佩恩(William Penn)曾经说过,"这件事,必须有人首先开始干"[①]。

向非暴力世界的转型很困难,这是毫无疑问的,尽管如此,我们还是已经拥有了很多不需要流血就可以"达成共识"(getting to yes)的工具。我们有规则、规定、法律,甚至在交通路口设置了信号灯,从而减少伤害和冲突。我们在学校有"课间休息时间",在磋商中有"冷静期",在劳动争议中有调解,在冲突中用法庭替代决斗,在曲棍球比赛中设置了受罚席。而且,还有大范围的、越来越多的非暴力解决冲突方案战略的实践,比如马丁·路德·金、圣雄甘地(Mahatma Gandhi)以及其他人对这一战略的成功应用,所有这一切都显示了没有权势的人的力量。下面要做的就是长时间的教育、培训和机制建设,这是改变更大环境所必须的。非暴力的冲突解决方案应该是从幼儿园教育到研究生教育中的重要的内容,应该

---

① 爱德华·威尔逊在回顾人类的发展历史之后,认为"我们在骨子里就嗜好部族冲突"。Wilson, *The Meaning of Human Existence*(《人类存在的意义》)(New York: Liveright, 2014), p. 177, Quoted in Mark Kurlansky, *Nonviolence*(《非暴力》)(New York: Modern Library, 2006), p. 182.

是高等学校里一门重要的专业，而不是当作一种补救。所有的公共官员也都应该学习非暴力解决冲突方案的课程。这种非暴力解决冲突方案应该成为我们公共对话和政治辩论的重要内容。那些被训练为暴力专家的人也应该接受和平思想的训练。和平研究机构是公共资金支持的，应该在各地大力发展起来，因为这些机构的研究符合公共的利益。利益的冲突和认识的相左，这些问题总是很难解决，但是也不必诉诸暴力。这两种不同的解决问题的方式将检验我们的决心，即是否能够持续不断地应用非暴力解决冲突的办法构建国际法庭的能力和国际维和的机构。与任何重大的变革一样，我们在推动和平方面要学习可持续和平的艺术，一步一个脚印，小步快跑，眼睛紧盯着我们的目标，那就是，一个没有核武器的世界，不采用暴力就能调解利益冲突和诉求争端的体制以及情感能力不断增强的世界。①

在威胁、暴力和战争以及由其带来的利益所统治的社会和全球体系中，可持续经济不可能作为一个孤岛长久地存在。在某些重大关头的日子，有些事情会变得特别糟糕，特别可怕。同时，战争系统会吸干一切东西，消弭更好的发展可能，毁灭民主的实践。战争和征服的话语体系腐化了我们言说的习惯，禁锢了我们的世界观，给我们最坏的特质发放了通行证。诉诸暴力的习惯榨干了我们的想象力，拒绝了更好的机会，既挥霍浪费了人力，也挥霍浪费了财力。我们的军事武器在可怕的权力中闪着邪恶的亮光，而我们的学校不断颓败，我们的基础设施不断锈蚀。尤其是，崇尚暴力的思维模式改变了我们对自然的认识，只不过是把自然作为另一个可以被征服的东西。但是，在到处充斥着暴力、威胁和战争的社会里，不可能有人类和自然系统的和谐相处，也不可能发展可持

---

① Peter Ackerman, Jack Duvall, *A Force More Powerful*（《一种更加强大的力量》）（New York: Palgrave, 2000）. 另见 Anders Boserup and Andrew Mack, *War without Weapons*（《没有武器的战争》）（New York: Schocken Books, 1976），以及吉恩·夏普（Gene Sharp）一生的著作，包括《开展非暴力的斗争》（*Waging Nonviolent Struggle*）（Boston: Porter Sargent, 2005）。

续的、公正的经济。[1]

假设我们能从对暴力和战争的嗜好中解脱出来，那么今后的经济会是什么情况呢？关于经济的前景，预测总是五花八门，基本上介于商业文化的狂欢和沉闷科学的绝望之间。在狂欢的终点，杰里米·里夫金（Jeremy Rifkin）预见到一个这样的世界，其中：

> 在整合统一的全球网络时代，物联网（Internet of Things）将每一个人、每一个物都连接起来。人、机器、自然资源、生产线、物流网络、消费习惯、循环流以及经济和社会生活的几乎每一个方面，都会通过传感器和软件连接到物联网平台上，将收集的数据源源不断地实时传输到因特网上的大数据存储终端，经过分析后再扩散给诸如工厂、住房、汽车等末端……从而最终形成一个统一的运行网络，实现每一个人和每一个物之间的交互与交流，从而寻求协作，促进联系，最大限度地优化社会的热力学效率，同时又保证地球作为一个整体的健康发展。[2]

隐私？这不必担心，那不是一个天生的权利，而且，那个权利往往被夸大。黑客？噢，这倒是应该担心的。对于黑客猴子来说，物联网就是个结满香蕉的森林，但是我们随后会想办法应对的。电网的脆弱性？是，那是个问题。政府全部的监控，每周 7 天，每天 24 小时，这是否让一个新英格兰城镇变得像奥威尔笔下的《1984》？嘘，别出声。资本主义？这个吗，资本主义大部分离我们远去了，我们将用 3D 打印机制造我们自己的东西，电力来自太阳

---

① 埃德蒙·罗素（Edmund Russell）在《战争与自然》（*War and Nature*）（Cambridge, Eng.: Cambridge University Press, 2001）中描写了化学武器如何从杀人向灭虫、灭杂草等对人类社会活动有益的用处转变的过程。

② Jeremy Rifkin, *The Zero Marginal Cost Society*（《零边际成本社会》）（New York: Palgrave, 2014），PP. 11, 13.

能板,边际成本是零。噢,顺便说一下,本书在下一章将提到,气候变化会破坏物联网,"物联网也会有网络恐怖主义分子"。但是,摧毁这个星球的思想观念以及物联网背后的思想观念之间的联系,依然是未经考察的,也是没有得到解释的。[①]

与杰里米·里夫金一样,谷歌、脸书等公司的大佬也提出了自己的观点,对这个物联网乌托邦提出了质疑:这么庞大的物联网,为什么要连?怎么连?连什么?物联网系统中有防火墙吗?有没有什么东西不应该在物联网中连接?有没有什么数据不应该在物联网中收集?大数据的收集、储存和应用那么容易,谁来控制它?用于什么目的?谁控制数据的使用,谁控制那些控制数据以及数据使用的人?我们的目标是给那些就知道"买买买"的、擅离职守的公民以及不能对我们的虚假技术进行认真思考的人创造一个安全的、廉价的、以太阳能为能源的世界吗?我们要把我们自己的方向感让位给一个全球信息系统(GIS)吗?我们要把我们打开窗户、观察天气的能力或依靠自己记忆东西的能力让位给那些能够为我们做一切事情的聪明的传感器吗?物联网以及我们对谷歌的依赖会使我们变得更笨拙吗?超过某个未知的点,那个更聪明的、网络化的、电缆连接的、电子版的"宗教大法官"会变成一个暴君,而不是一个明君。如何来应对收入不平等、权力和公正?尽管物联网被说得天花乱坠,但是它依然是一个超级消费主义和人类主导的世界,不过已经被外包给聪明的机器,而人对机器的控制将越来越小,机器甚至会凌驾于人类之上。到了那个时候,人类到哪儿去寻找一份清静和安宁之地恢复自己的心智和灵魂呢?[②]

---

① 乔治·扎卡达基斯在(《在我们自己的镜像里》)(*In Our Own Image*)(New York: Pegasus Books, 2015, pp. 252-253)一书中发问,"为什么没人关心渗透度如此之广的计算机系统有可能被病毒侵袭和被间谍、恐怖分子、恶作剧黑客以及某些别有用心的人利用"以及"大数据经济和物联网对政治和民主意味着什么"?

② Zeynep Tufekci, "Smart Objects, Dumb Risks"(《聪明的物体,沉默的风险)》, *New York Times* (August 11, 2015);另见 Samuel Greengard, *The Internet of Things*(《物联网)》(Cambridge, MA: MIT Press, 2015), pp. 134-165.

其他重要的关于未来经济的图景也不怎么令人满意或令人信服，其原因是对未来的预测比以往更加困难了。科技发展的速度太快了，技术复杂度太大了，发展可能性太多了，也太不相关了。但是，我们确切知道的是，现在的经济制度不适合长期应急，不得不进行重塑或完全推倒重来。这是个系统危机，只能通过改变经济和政治系统并重建其知识基础才能解决。[①]

那是问题的核心。我们现在既缺乏远见，也缺乏恰当的手段，来实现大系统的变革并产生良好的效果，达到可以预测的合理的目标。问题是，系统变革要么需要日积月累，进展很慢、很慢；要么在事情崩溃的时候突然而至并异常混乱。一旦出现崩溃，带来的后果往往是不可预测的，有时是悲剧性的。在今天的经济和社会中，系统性的、从上至下的变革非常难，过去也一直很难，这也是富豪和权贵向政府和媒体施加压制的一个原因。如此说来，该怎么办呢？这改变可从哪儿发起呢？

---

① 在系统层面，下一代系统计划的成就是基础性的，令人赞叹。见 Gar Alperovitz, James Gustave Speth, and Joe Guinan, *The Next System Project*（《下一代系统项目》）（Takoma Park, MD: Next System Project, 2015）；James Gustave Speth, *Getting to the Next System*（《走向下一代系统》）（Takoma Park, MD: Next System Project, 2015）；政策层面，请参阅 Robert Reich, *Saving Capitalism*（《拯救资本主义》）（New York: Knopf, 2015），以及 Joseph Stiglitz, *Rewriting the Rules of the American Economy*（《重写美国经济的规则》）（New York: Norton, 2016）。

可持续民主

社会是一种伙伴关系，不仅存在于活着的人之间，还存在于活着的人、死去的人以及未出生的人之间。①

——埃德蒙·伯克

我们再也不能这样活下去了。②

——托尼·朱特

作为对其宏大著作《机器的神话》(*The Myth of the Machine*)的总结，刘易斯·芒福德描述了他认可的唯一通往进步性变革的途径：

尽管没有可能从现存的权力系统中立即逃离和完全逃离，更不用说通过大规模暴力推翻现有政权，但是，如

① Edmund Burke, *Reflections on the Revolution in France*(《反思法国大革命》)(1790; London: Penguin, 1986), pp. 194-195.

② Tony Judt, *Ill Fares the Land*(《沉疴遍地》)(New York: Penguin, 2010), p. 3.

> 果每一个个体心灵被唤起,其心房中就会孕育变革,这种变革会使自主权和主动权回归到人的身上。对于神秘的机器及其带来的非人化的社会秩序,最有杀伤力的莫过于坚定不移地撤除相关的利益、减缓发展的速度以及停止那些无意义的套路和愚笨的行动……现在,人类长久掩藏的、更丰富文化的种子已经开始生根发芽……一旦我们选择走出来,即便技术统领一切的监狱大门的古老铰链已经生锈,监狱的大门依然会自动地打开。[①]

这就是他对我们人类21世纪上半叶生存状况的言之有理的描述:联邦政府固执僵化、优柔寡断、腐化堕落,但是在地方、城市和区域层次则有着充满活力的创造和创新。不过,宜早不宜迟,省州和联邦层次需要进行重大的政策变革,从而加速向可再生能源经济的转型,建设21世纪的交通和通讯系统,恢复财富分配中的公正,保护和扩大选举的权利,强化对银行和金融机构的监管,将金钱与选举政治分离开来,修订宪法的不足……我们这些被延误的事情有很多,这是个长长的名单。阻碍改革的反对声音很强烈,深深植根在国会、公司、最高法院和媒体中。

不过,问题远不止这些。我们也许已经达到了詹姆斯·麦迪逊曾经担心的大陆规模治理的极限。麦迪逊是美国宪法的主要起草者和最重要的捍卫者,对于能否将党派之争、人口增长以及地理争端这些具有强大离心力的力量凝聚在一起,他没有一点把握。但是,历经南北战争、两次世界大战、经济大萧条以及冷战的艰难岁月,美利坚合众国将一切都团结在一起,延续的时间比麦迪逊所想的要长得多。但是,今天,我们来到了绝境。在地理规模、地域差异、问题的复杂性、根深蒂固的寡头政治、意识形态不同、越来越

---

① Lewis Mumford, *The Myth of the Machine*: *The Pentagon of Power*(《机器的神话:权力五角形》)(New York: Harcourt Brace Jovanovich, 1970), pp. 433-435.

严重的不平等以及宪法固有的漏洞等问题的交织影响下，改革一直面临着重重困难，而且那些问题将会被人口增长和气候变化放大。社会面临的问题积重难返，如潮水般上涌，但是联邦政府的行动能力却被有意地弱化或被阻挠，断断续续的改革一直是局部的，资金严重缺乏，然后就是官司缠身，陷在永无休止的诉讼中。现在已到了需要对美国的民主进行重新思考并改革其基本的政治经济的时候了。[①]

为了实现那个目标，芒福德不建议开展大规模的暴动起义或运动，只是实行“持续稳定的减少欲望”的方法。这种方法假定，我们将发现，从前让我们迷恋并依赖的那些东西，既没有什么意思，也不重要。比如，我们不再认为可口可乐公司及其他竞争者出售的类似的用一次性塑料瓶装的含有过多咖啡因、糖饱和的饮料是有趣的、重要的，甚至是解渴的，而是发现本地的供水系统是有趣的、重要的，是解渴的超级办法，而且它们不会引起蛀牙和肥胖，那么我们就会认为这些水资源值得保护，不能受到污染，也不能归企业所有。比如，我们发现，巧库拉伯爵（Count Chocula）这些品牌的麦片不再有意思，所以就不再去吃。比如，我们发现，本地农民卖的鸡蛋是散养的鸡下的蛋，卖的麦片是用当地有机种植的健康粮食制作的，可以让早饭更加美味。比如，我们发现，埃克森美孚的汽油不再有意思，也不再重要，因为电动汽车再也不需要加油了，只需要用你房顶上的太阳能系统充电即可。甚至，我们发现不再需要电动汽车了，因为随着心脏、肺和心智功能的改善，我们可以骑自行车，这样更有利于我们的生活。比如，我们发现，用水力压裂法开采页岩气根本不必要，也没意思，没利润可言，因为提高我们家庭和公司的能效更廉价，更容易，更快捷，既保证了能源价

---

① 见 Frank Kalinowski, *Environmental Legacies*（《环境遗产》）（New York：Palgrave-Macmillan，2016）. 在该书第七章和第八章，作者认为，“作为一个法律文件，美国的宪法也许已经不再有实际大多用途”。

格和能源安全，又保障了当地的权利，保护了公众的健康。比如，我们发现，供电公司不再有意思了，也不再重要了，因为通过提高能效和就地进行太阳能发电的综合措施，那些引起气候变化的、因采煤导致山顶消失的、发电过程中排放的煤电既没意思，也不需要。比如，我们发现，附近的农贸市场卖当地生产的、新鲜的水果、蔬菜、草饲牛肉以及散养的鸡，让孟三都（Monsanto）、嘉吉（Cargill）、通用食品（General Foods）、史密斯菲尔德（Smithfield）以及其他公司生产的化肥饱和的、工程化的产品显得既没意思，也不重要。比如，我们发现，在当地酒馆，人们关于当地酿制的啤酒的对话比福克斯新闻的喋喋不休、比尔·奥莱利（Bill O'Reilly）无休止的发怒抱怨、莎拉·佩林（Sarah Palin）的荒唐复杂的逻辑以及安·库尔特（Ann Coulter）的尖酸刻薄，更加有趣，更加真挚，更加欢乐。比如，我们发现，生活中具有强烈生态意识的园丁、农民、建筑师、维修技术人员、艺术家、作家、制造商、企业家以及教师的当地社区，要比藏在背后不露面的投资者的自由资本所投资的购物中心和令人眼花缭乱的、繁荣的一条龙大商场，更加有趣，更加富有经济活力。比如，我们发现，人们认识到，当地拥有的公司可以将资金更长久地存留在当地经济之中，所以要比从当地社会吞噬金钱和优质资源的公司巨头所办的商场，更有意思，更有利润，更有韧力。

比如，正如芒福德所建议的，要放慢我们生活跑步机的疯狂节奏，因为那样做让我们永无停息、心烦意乱、不断寻觅、购买消费以及焦虑不安，这一切又进而让我们忙忙碌碌，根本就没有思考的时间。所以，我认为教育家约翰·泰勒·盖托（John Taylor Gatto）的话是切中肯綮的，他说，“现代社会统治最需要群众性沉默”。人们越是沉默，越是容易被奴役，虽然他们一直被告知，他们是自由的，但是他们缺乏认清奴役他们的锁链的资本。如果我们选择放慢生活节奏，那么可以让我们有时间观察、反思、思考、冥想，也许还会让我们中止那些抑制我们灵魂、偷走我们时光、减少我们公共财富的“毫无意义的程式和愚笨无心的行为”①。

芒福德撤离和逃离“技术官僚监狱”的呼吁，不需要国会的批准，也不需要联邦政府的同意，只需要有能力的、了解信息的、有动力的公民的意志力以及社区规模大小的组织。他认为，发展本地、社区和区域的实际能力和基础设施，可以减弱对很多中央服务和管理的需求，但是他并不建议联邦政府权力的下放。这样做的结果是一个“独立宣言”，不再受大石油公司、大药物公司、农业综合公司、大电力公司、大金融公司、大媒体公司的摆布，因为人们已经成为有能力的、愿意收回与他们生活最密切相关的部分的公民和邻里，比如，粮食种植、能源生产、住房和社区设计、交通、金融和经济生活等。每一个花园、太阳能集热器、自行车、能效提高、当地拥有的企业、合作社、自我设计的家园、“无购物”日、循环利用中心、社区棒球联合会、林间的小道、与孩子共享的时光、邻里烘焙面包售卖等，都是向那个遥远权力作出的独立宣言，也是向我们邻居和我们家乡作出的相互依赖的宣言。逐渐地，正如芒福德所想的，持续稳定地减少欲望会星火燎原，发展成“更丰富的人类文化”，技术官僚监狱的铁门会打开，也许会升级成为一个全社会的政治和社会转型。

对于目前长期应急的现实，芒福德的呼吁不是来声讨政府的，而是承认政府在如今政治混乱、富豪统治的大环境下，具有自己的局限性。就观点而言，我认为芒福德的呼吁既不是太保守，又不是太激进。他的主张并不反对资本主义，但是如果一方面忽视不受管制的、全球规模的资本主义，另一方面又忽视创新的、人类规模的、负责任的、公开透明的资本主义，那就是愚蠢的。它也不是为社会主义辩护，但是如果在长期应急的几百年中忽略更大的社

---

① John Taylor Gatto, *A Different Kind of Teacher*(《不同类型的教师》)(Berkeley, CA: Berkeley Hills Books, 2002).

会团结的需求,也是很愚蠢的。事实上,它与联邦主义的逻辑和权力自主的原则非常一致,旨在将权力最大可能地分配到最底层的政府以及与之最密切的和立即受到影响的人。它这样做的目的,是希望减弱或完全下放联邦政府部门过度承担的功能以及在国家层面上难以解决的问题,因为这些问题可能会在较低的层面得以解决或弱化。这种思路既是汉密尔顿主义的,承认我们需要一个强有力的、负责任的、有能力和远见处理公共事务的中央政府;又是杰斐逊主义的,希望建设一个审慎的、了解信息的、有能力的公民社会,公民是财产所有者,在社会中都有自己的个人责任。

一个有能力、有活力、负责任的中央政府对于搭建和维持立法框架以及执法行动是必要的,因为法律法规可以维护公共安全,保护公共财产,维系将我们凝聚在一起的经济和道德纽带。在处于紧急状态时,我们还可以依靠国家领导人召唤我们善良本性中的天使,唤醒我们心中最高的价值观,将我们的识见提升到新的高度,号召我们同心同德,担负起我们应尽的责任。美国建国之初是为了反抗英国国王乔治三世(George III)和国会的暴政,但是不管变革多么急切和需要,美国的国父先贤设计的国家体系使得制度变革既困难,又缓慢,使得国家治理既笨拙,又臃肿。对民主的担忧渗透在他们每一个深思熟虑的思考和行动中,所以他们设置了障碍,避免那些可能以"我们人民"名义进行的胡作非为。在我们未来的岁月中,我们当然需要一个高效的、负责任的、朝气蓬勃的、民主的中央政府,但是还必须允许有一定的差别。它必须提供更大的法律、规章和安全框架,允许存在地理区域和生物区域上的不同,鼓励从基层进行政策创新,引导公众参与。在以前的角色中,政府关注的重点是公正、公平、安全(广义上的)、繁荣、目标制定、法律实施、为了公共利益的规章和远见卓识。在今后的角色中,政府关注的重点应该是促进公民参与,提高行政灵活性和推动政策目标的创新实施。不过，不管政府权力如何下放、分权以及相互制衡，都不能作为法律执行不到位、降低政府基本服务标准以及互相推诿踢皮球的借口。

而且，我需要指明一点的是，权力下放并不是解决一切问题的灵丹妙药。社会哲学家利奥波德・科尔(Leopold Kohr)曾经观察到，"战争问题以及与社会、人类本源之恶相关的一切问题，都不会凭空消失"，但是在小的层面上，这些问题"可以大事化小，小事化了……任何罪恶，随着孕育其产生的社会单位规模的缩小，也会相应地缩小……的确，地球上的任何痛苦不幸，如果在小规模的层次上，没有不可能成功解决的，反过来说，地球上的任何痛苦不幸，都可以得到圆满解决，除非不缩小它的规模。规模巨大的时候，一切事情都纠缠不清，容易崩溃，即便是好事，也是如此，其中的原因将越来越明显，那就是世界的问题，而且唯一的问题，不是邪恶，而是太大"。[①]

加拿大、西班牙、苏格兰和其他地方相继掀起了一些权力下放运动，给中央政府造成了一定的压力，这些压力的增加有着多方面的原因，不仅仅是为了抗争。在权力去中心化的运动中，有着说服力很强的逻辑，我们如果按照那个思路去做，一定会做好。

进一步说，这权力下放、基层民主的复兴，是激进派和保守派都能接受的目标。比如，保守派经济学家弗里德里希・哈耶克(Frederich Hayek)这样写道：

> 如果没有基层政府的高度自治，如果不能为普通大众提供政治训练的舞台，那么任何地方都不会有很好的民主……只有在多数人都熟悉的事务上履行责任，只有在邻里意识到采取行动而不是在其他人的理论知识指导

---

① Leopold Kohr, *The Breakdown of Nations*(《国家的崩溃》)(1957; New York: Dutton, 1978), pp. 70, 79.

> 下采取行动时,普通人才能真正参与到公共事务中来,因为那些事务影响着普通人所认知和关心的世界。[①]

美国保守派政治学家弗兰克·布莱恩(Frank Bryan)持有相同的观点,呼吁"人与人之间面对面的民主……那是美国民主共和的根基"。而在一百年前,美国哲学家约翰·杜威也有类似的主张:"真正的民主首先必须是深入社区、扎根基层的'小家'民主,民主的家就是邻里社区。"美国历史学家、经济学家加尔·阿尔佩罗维茨(Gar Alperovitz)更进一步:"如果不在民众的日常生活里和经济体制中种下小小的民主的种子,孕育民主发展的条件……就不可能重建民主。"人们学习民主观念以及公民权利和义务的首要和最佳地点,是在人们生活的学校、邻里以及社区。在这样的规模上,人们学习公民、市民理性对话的艺术和力量,学习积极参与公共事务,学习了解折中妥协的必要性,学习了解思想理论的有限性。美国政治学家罗伯特·达尔(Robert Dahl)和爱德华·塔夫特(Edward Tufte)在他们的重要研究著作《规模与民主》(*Size and Democracy*)中指出,"对于我们来说,很小的单位似乎更有必要,因为那样可以给我们提供一个普通民众了解和感受道德责任以及政治有效性的现实的地方"。但是,必要的民主实践到底是什么样子的呢?[②]

苏珊·克拉克(Susan Clark)和沃登·蒂乔特(Woden Teachout)认为,真正的民主"要求人们互相理解、交流、沟通……只

① F. A. Hayek, *The Road to Serfdom*(《到奴役之路》)(1944; Chicago: University of Chicago Press, 2007), p. 234.

② Frank Bryan, foreword to Susan Clark and Woden Teachout, *Slow Democracy*(《慢民主》)(White River Junction, VT: Chelsea Green, 2008), p. viii; John Dewey, *The Public and Its Problems*(《公众及其问题》)(1927; Chicago: Swallow Press, 1954), p. 213; Gar Alperovitz, *American beyond Capitalism*(《超越资本主义的美国人》)(Takoma Park, MD: Democracy Collaborative, 2011), p. 233; Robert Dahl and Edward Tufte, *Size and Democracy*(《规模和民主》)(Stanford, CA: Stanford University Press, 1973), p. 140.

有那样才能进行清晰的对话,找出最好的决策,也就是能延续长久的决策”。换句话说,深思熟虑的民主共识有着自己的节奏,不是一天就能达成的,需要人们花时间进行对话,花时间进行理解,花时间互相让步妥协。民主并不像人们通常了解得那样很有效率。民主需要时间来了解其他人的观点,对复杂的问题进行分门别类,形成各方可接受的妥协建议,找到持久的解决方案。[①]

在这方面,美国佛蒙特州(Vermont)的市民大会是当今小规模层次上进行民主实践和研究的一个重要的试验。据说,市民大会的组织召开以《罗伯特议事规则》(*Robert's Rules of Order*)为基本,旨在传播公民相处技巧,希望成为“调停价值冲突的典范”,倡导自我克制和对他人容忍。多数情况下,这种制度运转良好,因为参加人员规模小,讨论的目标广泛,即便是在一些重大问题上,市民大会也可以犯错误,因为这样的体制有着试错的功能。市民大会的议程主要是帮助人们掌握实用的、解决问题的治理能力,所以就没有为意识形态争论留下大的空间。换句话说,民主就成了必需的,是不言而喻的。值得注意的,还有其他两个因素。其一,佛蒙特州的居民与土地有着紧密的联系,大多是农民、巡林人,或是具有环保意识的真正热爱和想保护大自然的人。其二,当地的经济以中小型当地企业为主,而非被大财阀、跨国公司垄断。如此一来,民众对自己的生活有信心,自己的声音不会被淹没,自己的努力不会被浪费,自己的选票真正起作用,所以,民主效率自然就高了起来。[②]

但是,佛蒙特州以及其他地方的这种民主多数止步于工业的工厂大门或大公司的高层管理人员的办公室之外,因为那些公司就像集权国家一样,在企业运转中一点都不讲民主。这样

---

① Clark and Woden Teachout, *Slow Democracy*(《慢民主》), p. 130.

② Frank M. Bryan, *Real Democracy*(《真正的民主》)(Chicago: University of Chicago Press, 2004), pp. 288-289.

的后果是令人精神分裂的。我们把自己描述为一个民主社会,但是我们却在以其他的、非民主制度管理的组织中工作,度过生命中的一天又一天。更为可悲的是,我们似乎并不介意这种鸿沟。有没有可能将民主扩展到车间工厂和公司管理层?耶鲁大学政治学家罗伯特·达尔可能是20世纪最伟大的研究民主的学者,他相信,在经济活动中推行民主,既不会侵犯私人财产的权利,也不会因为民主的特性而必然影响经济发展的进度。他问道:

> 如果民主是个可以用来管理国家的足够先进的制度,那么它绝对够格用来管理经济。尤为重要的是,反过来说,如果我们认为民主不能证明可以用来有效地管理经济,那么它又有什么特别之处可以用来管理国家呢?[①]

如果在更广阔的范围内实施,那么可以将民主推行到所有企业中。虽然这一步迈得很大,但是民主就会逐渐地被普遍接受,并会给真正实施民主的企业带来很多好处,就像民主带给公共事务的好处一样。但是,彻底实行民主的企业所作出的决策,会比那些拿着高工资的企业高层、常常远离劳工大众的高管作出的决策更好吗?那样的决策会更诚实或公开透明吗?实行民主制度的公司所选举产生的企业高管是否也可能在产品质量、财务报表、污染监管,或者引发气候动荡风险方面欺骗社会呢?我当然不能说,在更大范围内民主选出的大管理团队就必然比小管理团队的成员更有能力,更加诚实,或者有更好的德行。但是,从背景、阶层以及不怎么享受特权方面看,这些民主选举出来的企业管理人员不会表现得高高在上,他们处于更大的团体之中,背负着更大的责任,也很

---

① Robert A. Dahl, *A Preface to Economic Democracy*(《经济民主导论》)(Berkeley: University of California Press,1985),pp. 134-135.

难进行数字造假，或者作出愚蠢透顶的抑或铁石心肠的决策。对此，没有人会说“我不同意”的。多样性的背景、培训和历练更容易反映在集体思维的模式中，可能会让道德准则有更大的扩展，不会根据公司季报的要求进行变通。他们不会免于“团体迷思”（groupthink），也不会免于集体决策的其他很多弊病，但是他们确实是让这些不足发生的可能性减少了，而且我认为，即便发生了，也是可以修复的。

最后，我还要提出一点，民主无论在理论上还是在实践上，都不会真正影响具体的决策过程。贝斯·西蒙·诺维克写道：“即便是那些侧重于应用的参与式的民主理论，也很难在正式的决策过程中找到一个真正实践民主理论的宝贵机会。”因此，诺维克设想了一种“新的法律框架”，为公众参与行政决策开辟了新的道路。她写道，“专业知识与民主之间的冲突，是人为的”，是工业革命、牛顿力学和20世纪进步时代的知识崇拜所流传下来的陈旧思想而已。她提出，要充分利用网络和社会媒体的力量，了解和认同越来越扩散在全社会的专业知识，“通过扩展公民专家的作用和实现参与理念的多元化，把参与性民主的实践带到政府治理中去，包括行政管理机构中”。更多地参与真正的行政管理决策所造成的影响，在好几个方面都是很重要的。最主要的是，这种参与有助于打破专业知识的习惯性桎梏，拓展对那些跨越传统界限的可能性的认识，从而改进政策的效果。简而言之，诺维克言之凿凿地认为，让有知识的精英民众参与到具体的政策制定中来，将使得国家更加明智，民主实践更加深化。[①]

---

① Beth Simone Noveck, *Smart Citizens*, *Smarter State*（《智慧公民，更智慧的国家》）（Cambridge, MA: Harvard University Press, 2015）, pp. 78, 242-246, 262.

不过,要想看到这样的可能性,最大的障碍是我们公共和政治对话的不足,双方的交流渠道已经变得很窄,索然寡味,而且束缚很多。公共领域已经演变得像一个院子,周围有着电篱笆,不让温顺的宠物狗出入。跨越电篱笆是痛苦的,对于有着想跨越篱笆雄心的流浪狗,还可能是致命的,同样,对于具有冒险精神的人来说,也是致命的。在传统智慧里,我们可以讨论,但可能只是想公司主导的资本主义经济现在是什么样子,从来不想它还可能是什么样子。我们只考虑财富是私人拥有的,是排他的,但是从来不考虑公共财富的可能性。我们认为政治就是由几个寡头精英操控的,社会存在着严重的不平等,但是从来不认为可以从恐惧、压迫和不公平中寻求一个集体的解放。我们有时会把政治对话看作是一种娱乐,只为了慰藉一下我们卑微的自我,但是从来没有想到把政治对话当作推动公共利益和提高我们集体 IQ 的途径。我们会想到公正是一种恩赐,一种善行,但是从来不去想公正是一种不可剥夺的权利。我们会想到人类从整体上理所当然地应该凌驾于地球以及动物、土地、水和一切奇珍异物之上,但是从来不去想人类应该是地球上的芸芸众生之一。[①]

话又说回来,办法总比困难多,而且那些办法有着光明的前景。加尔·阿尔佩罗维茨、格斯·斯佩思、迈克尔·舒曼(Michael Shuman)、杰夫·盖茨(Jeff Gates)都曾经提出,我们可以地方民主为基本,改革现有的体制,使之变得更好。如果资本主义是好事情,那么就需要更多的资本家,而不是更少。我们需要在资本主义和民主之间达成新的共识,更广泛地分配社会财富,减少社会不公,实现工作场所的民主化,保护大自然。我们需要扩展公共财产的公共所有权,有些资产,比如水系统,不应该私有化。我们需要

---

① 并不总是这样。约翰·尼库尔斯(John Nichols)把亚伯拉罕·林肯关于劳动者对资本家的权利的论述追溯到卡尔·马克思的著作。见 Nichols, *The "S" Word*(《美国社会主义传统》)(New York: Verso, 2011), pp. 61-99. 林肯的政党已经衰落。

新的机制体制，需要新的思维方式，需要新的范式，需要界定公私不同领域之间关系的更好办法，需要界定财产权利和所有权的新措施。阿尔佩罗维茨如此说道：

> 如果没有地方民主作根基，就不会有民主实践的文化；如果没有安全和时间作保证，就只会有责任感淡化的公民；如果没有权力下放，就很难推进民主实践和增强公民责任感；如果没有重大的、影响深远的财富分配形式的变革，就不会有对建设更加平等的、更加自由民主的文化所需要的条件和政策的有力支持。①

我们需要这样的经济，那就是能够服务所有的人，能够支持真正开明开放的民主政治体制。美国的国父先贤把他们的工作看作是一个设计项目。现在的长期应急给我们提出了更大、更紧迫的设计挑战：一方面要实施更根本的民主，一方面要找到更好的、更廉价的、经济上更聪明的方法，为我们提供食品、能源、交通和信息，从而将我们从寡头政治中解放出来，同时增强我们当地的竞争能力。②

现在社会上流行的是设计。我们穿的是设计师设计的牛仔裤，住的是设计师设计的房子，开的车里面的内饰也是由设计师设计的。我们向"明星设计师"支付了大量的钱，让他们设计了蔑视

---

① Gar Alperovitz, *American beyond Capitalism*（《超越资本主义的美国人》）(Takoma Park, MD: Democracy Collaborative, 2011), p. 234; James Gustave Speth, *American the Possible: Manifest for a New Economy*（《美国无所不能：新经济的显示》）(New Haven: Yale University Press, 2012); Gar Alperovitz, James Gustave Speth, and Joe Guinan, *The Next System Project: New Political-Economic Possibilities for the 21st Century*（《下一代系统项目：21 世纪新政治经济可能性》）(Takoma Park, MD: Next System Project, 2015).

② Michael Shuman, *The Local Economy Solution*（《本地经济解决方案》）(White River Junction, VT: Chelsea Green, 2015). 该书与作者早期关于建设富有生机的当地经济的著作一样，非常精彩。如果是从全国的角度看待这个问题，见 Robert Reich, *Saving Capitalism: For the Many, Not the Few*（《拯救资本主义：为了多数人，而不是少数人》）(New York: Knopf, 2015); and Joseph Stiglitz, *Rewriting the Rules of the American Economy*（《重写美国经济的规则》）(New York: Norton, 2015).

地球引力、传统几何学、典雅和人类尺度的建筑。有些人还积极努力，帮助我们重新设计我们的基因，采取的措施是从性选择学说中演化而来的，不受生活哲理的制约，也一点不受传统道德的限制。这样做的目标是让人类超级完美（尽管其结果可能是基因界遗传学家版的军备竞赛）。其他人正在设计能够让消费更容易、更快捷的办法，他们根据我们网络记录的消费习惯和生活需求，对我们进行有针对性的广告宣传。他们的目的是设计针对我们个人的消费模式，从而获取更大的利润以及我们对特定产品更大的依赖度。不管你需要什么东西，都有人把它送到你的眼前，或帮助你设计，但是价格就会高得离谱了，会将大多数人群排除在外，而且一点都不考虑我们的子孙后代。未来的人会发现，他们的生活、自由和幸福将会变得更加困难。

在全新电子世界孕育的新的发展机遇中，有血有肉的普通人的身影是缺失的，他们与那些设计师的设计是没有关系的，而那些设计名义上又是为他们设计的。但是，显而易见的是，穷人和社会地位低下的人看不到那些装帧精美的建筑和设计杂志上刊登的文章以及广告。同样缺失的是，对设计细则的审慎分析和对人类谬误以及无知的认知。那些各种各样的设计方案，在社会、经济和精神方面有着怎样的意义呢？这一切又会怎样影响其他物种以及未来的人口呢？

这种荒诞的事，就像积木一样，日积月累，令人感喟。比如，我们花很多钱去欧洲寻访历史名城，正是因为那些城市保留了人类曾经居住和生活过的地方的很多迷人魅力和浓浓乡愁，古老的城镇狭小拥挤，有着弯弯曲曲的、窄窄的小巷，有着被漫漫岁月侵蚀的建筑。正如简·雅各布斯所解释的那样，这些荒诞的事情越来越多，只不过是满足了某些特定地区的特定需求，而不是像罗伯特·摩西斯（Robert Moses）和勒·柯布西耶（Le Corbusier）等设计师用线条绘制宏伟蓝图的结果，不是交通系统机动化的结果，也不是为了满足匆匆忙忙的上班族的需要而提高效率的结果。

任何一位理性的人都不会否认智能设计的必要性，特别是考虑到如此设计会减少材料、用水和能源使用，尤其如此也会减少污染。但是，自二战以来，我们摈弃了很多非常古老的设计智慧和基础设施。比如，匹兹堡市曾经的轻轨系统是有效的、可信赖的、廉价的市民出行工具。我现在居住的俄亥俄州欧柏林市，曾经是一个跨城市交通系统的一部分，这个交通系统将克利夫兰市和托莱多市之间的所有城市和乡镇都连接了起来。现在，像这样的轻轨系统在美国已经被拆除，不是因为它们效率低或不受百姓欢迎，而是因为像通用汽车（General Motors）之类的公司把它们全买断了，为的是让它们下马，把它们从城市中剔除出去。我们现在开着汽车，我们汽车的生命线系在遥远地方，在资源越来越耗尽的油田上，而那些油田所在的地方又不怎么待见我们。我们还把生命的很多时间花费在交通堵塞之中，在公路上的愤怒急躁情绪中耗掉我们的情感能量，开车驶过那些所谓获奖的丑陋的建筑，呼吸着被我们汽车尾气污染的空气，冒着高速公路上数以万计的交通伤亡危险，同时还支付高额的税，以便能保证我们买得起其他国家的石油。这样做，没有任何理由，也没有通过任何投票。据说，市场已经说明了一切，但是事实上，公共利益已经被穿着三件套的公司强盗所劫持。很久以前，广告商一直致力于帮助售卖汽车及其零部件，现在也加入了劫持的行列，促进了二战后的社会繁荣，推动了20世纪后半叶经济的发展，因为那些广告商啥都卖，有镀铬的光闪闪的空想，有更高社会地位的形象，有各种各样稀奇古怪的东西，有快餐和即将到来的激动人心的承诺。①

由此可以看出，所谓设计的政治经济，既不是政治的，也不是

① 说老实话，我曾经拥有一辆福特敞篷车，配备着四腔化油器，大约350马力。它确实能带来相当大的惊奇和地位，我当时很为此感到自豪，但它同时也带来很大的污染。随着年龄的增长，我的心态越来越平和，越来越认识到生态的重要性，所以我现在开着一辆十年的丰田普利斯。这就是道德的进步。

经济的。说不是政治的,是因为那不是通过民主意愿达到的公共决策的结果;说不是经济的,是因为那不是采取什么诚实的方式。任何对于我们汽车轮子上的文化的全部成本的真实账目,还应该包括埃克森美孚以及其他石油公司延迟应对气候变化所造成的成本,因为早在1977年,这些石油公司就知道了气候变化的现实。40年来,这些公司一直肆意资助对气候变化的否认,不知将有多少人为此而丧生?如果它们当初选择促进社会向不依赖化石燃料为动力的系统的转型,不知会避免多少万亿美元的损失?由于这个个人化的、依赖石油的、吞噬土地的、污染的、腐化民主的系统长达半个世纪的狂欢作乐,我们欠下了一笔很大的债,而且将把这笔账转给我们的子孙后代。对此,是应该有个说法的,但是可能既不会有真正的判决,也不会有任何的调解,因为在这个全球层次上,我们还没有任何法律或机构能够判决如此致命的不正当行为。

换句话说,所有的设计都存在于更大的政治经济框架之内,成本和效益分配在社会之中和代际之间。不管我们承认与否,如果在设计中不能符合物理和生态现实,那也会引发难以挽回的损失。不过,商业和工业设计师大多更愿意把他们的工作看作是政治和伦理中立的,或者只是看作是一种审美和追求新颖。比如,史蒂夫·乔布斯(Steve Jobs)将本该用作通讯和计算工具的计算机,打造成了具有更多功能的玩物,计算机被设计成照亮人类大脑娱乐中心的工具。用美国女作家苏·哈尔朋(Sue Halpern)的话说,乔布斯"用他独特而又有魅力的表演、精致的营销和富有诱惑力的包装等手段,俘获了数百万人的心……让那么多的人相信,苹果产品的出世,也是件神奇的事"。在天花乱坠的广告宣传和狂热购物潮中,受到损失的是低工资的、被剥削的工人的生活,以及堆积如山的电子垃圾,因为人们会喜新厌旧,不停地扔掉旧的,从而买下一年的不管什么样的苹果产品。对此,哈尔朋笑称,"这些垃圾可能是史蒂夫·乔布斯设计艺术流传最为深远的遗产"。正如乔布斯所理解的那样,设计对于消费者有着强大的影响力。[①]

有一个现象,业界深为认同。这就是,“人们一旦进来,”正如照片墙(Instagram)公司一位软件工程师所说,“网络效应就开始发挥作用……然后社交网络就具有了自己的生命。”这样做的目的是让网络变得“迷人”,“难以放下”,一个词,就是“上瘾”。每一个如此上瘾的人都面对着“屏幕背后的1000个人,他们的工作就是打破你所拥有的自我控制力,让你上瘾,欲罢不能”[②]。

美国建筑师弗兰克·劳埃德·赖特(Frank Lloyd Wright)曾经吹嘘,他设计的新房子对人的影响力大到能让一对热恋中的情侣几周后离婚。但是,作为建筑师,赖特可以操纵的也只不过是钢筋水泥等建筑材料、几何图形、空间设计以及风景规划,然而就有如此大的效果了。如果当代的设计师在设计中采用更加强大的工具,那说不定会做出什么更大的坏事。

纳塔沙·窦·斯卡尔(Natasha Dow Schull)在其著作《设计让人成瘾》(*Addiction by Design*)中描述如何使用设计的手段让赌徒上瘾。比如,赌博机设计师“真的知道如何进入一位50岁女赌徒的脑子里,计算出她想要什么”。购买他设计的赌博机的赌场老板只想要赌徒的钱,但是设计师知道,赌徒的钱包和她大脑里某个特定的部分是联系的,而那部分大脑是可以操纵的。与他设计的其他产品一样,“赌博机是复杂的计算工具,以一种非常精确的、校准的、‘科学’的方式重新分配着赌徒的赌注,将赌徒的筹码慢慢赢走……(它们)就像海妖的迷人歌声,一步步诱惑挑拨着齐格蒙·鲍曼(Zygmunt Bauman)所描述的‘人的自发冲动、率性、狂热以及抵御预测和理性判断的倾向’,或者用韦伯(Weber)的话说,刺激挑拨着赌徒的‘逃脱计算的非理性和情感元素’”。这样的赌博机运

---

① Sue Halpern,“Who Was Steve Jobs”(《谁是斯蒂夫·乔布斯》),*New York Review of Books*(January 12,2012).

② Natasha Singer,“Can't Put Down Your Device? That's by Design”(《放不下你的手机吗?那是设计的》),*New York Times*(December 5,2015).

转的原理是,“就像可卡因或苯丙胺等毒品一样,不断地给人提供精神兴奋剂。它们用更快的循环速度给人的大脑充电和断电”。用一个赌徒的话说,就是,“我处于痴迷恍惚状态,一切都在自动发生……那个地方就像是磁场,把我吸引过去,并把我固定在那儿。我只是麻木地掏钱,直到输光而已”。拉斯维加斯同温层赌场酒店的首席执行官说,只要你有钱,“将顾客口袋中的钱尽可能多地骗到我们口袋中,是我们的职责所在”。现代赌场的全部设计目标是,为赌徒构建一个子宫那样的摇篮,让他们忘掉赌博之外的一切,直到他们的钱包被掏干。斯卡尔写道,“如果你听说赌徒沉迷于赌博,即便洪水淹没他们的腿脚,即便火警声音已震耳欲聋地响起……或者即便是他们的脚下躺着一具尸体,他们依然不为所动,这一点都不奇怪”。赌徒的赌瘾很大,他们在赌桌上待的时间能达到 12 小时,甚至更长,为了赌博,完全忽略了身体的需求,不吃不喝、不眠不休。①

斯卡尔所描述的赌博业在很多方面很像刺激消费的现代广告业。至少是从爱德华·伯尼斯提出现代广告公司的原型后,资本家们便一直努力把我们培养成依赖性的、可靠的消费者,也就是说,通过设计诱导我们消费成瘾。卖家往往比我们自己还了解我们,他们追踪我们的行为,包括我们的身体对各种各样刺激的反应,我们眼神的流动,我们每一个恐惧和幻想,从而捕捉任何有用的蛛丝马迹,诱导和操纵我们的欲望,卖给我们更多我们不需要的东西。他们的目的是掌控我们的恐惧、担忧、欲望,并把我们塑造成更加富有热情的消费者。

换句话说,设计的艺术和科学包括一整套从心理学、神经学、社会学、人类学、计算机学、建筑学和内部设计学借鉴得来的强大工具,可以用来操控、欺骗人们的情感并让人们产生依赖感。不过

---

① Natasha Dow Schüll, *Addiction by Design*(《设计让人成瘾》)(Princeton, NJ: Princeton University Press, 2012), pp. 77, 18, 29, 35.

话又说回来,这些手段也可以用来帮助我们戒除我们的购物瘾以及缺乏理智的消费,建设一个欢乐的、民主的、公平的、体面的、健康的、没有污染的、非暴力的世界。世界的动力来自可再生能源,世界上的人在设计艺术和科学熏陶下变得更有能力。传统设计和生态设计之间有着重要的区别,传统设计只不过是设计制造一堆东西,目的是迎合和满足人们的身份需求以及转瞬即逝的时尚;生态设计则是让物质的价值长久持续并契合其生态、文化和历史背景的技巧和艺术。

自然系统是特定的地域、更大的景观和整个的生态。生态设计旨在用自然系统运行的方式校正人类的行动,旨在顺应而不是抗拒能源的流动以及自然物质的循环,旨在保护和再造生命以及人类繁荣的基础。建筑师斯图尔特·沃克(Stuart Walker)提到:“如果设计要更有效地解决可持续性的问题,就要颠覆传统的功能导向型、特别是技术导向型的设计理念。”因此,他呼吁设计师们超越“精密计算并解决功能不足的理念”,转而“更宏观地从已有的设计品及其影响着眼”。换句话说,产品设计不应该太专门化,只是为了解决具体问题,而应该是一种综合措施,目的是创造包括我们精神财富的整体效应。美国作家罗伯特·格鲁登(Robert Grudin)也认为,设计“不同于其他理念……要求我们实现部分与整体的融合,达到形式和功能的统一,最终创造与社会和自然都和谐的产品”[①]。

根据这个标准,有些事情是不和谐的,因此就不应该做。哪些事情设计师可以做,哪些事情设计师不应该做,如果要把握好,就需要有一个设计道德的声明,就像医学界的希波克拉底誓言(Hippocratic Oath)那样,成为设计界的行业行为规范。比如,工程

---

① Stuart Walker, *Designing Sustainability*(《设计可持续》)(London:Routledge,2014),pp. 35,47,45;以及 Victor Papenek, *Design for the Real World*, 2nd ed.(《现实世界的设计,第二版》)(1984;Chicago:Academy Chicago Publishers, 1992), pp. 252,293-299;Robert Grudin, *Design and Truth*(《设计和真理》)(New Haven:Yale University Press,2010),p. 131.

师 M. W. 思林(M. W. Thring)提出了与之类似的标准,包括工程和设计的所有影响,含有"人类生活的主观品质,比如自我满足、幸福、内心自由、爱"等。特别是,正如工程师西顿·巴克斯特(Seaton Baxter)所言,设计师应该把他们所有的工作都看作是"人类与世界自然系统共同演化"的一种显示,在减少资源消费的同时不断提升人类的生活质量。[①]

我认为,生态设计的基本规则应该是:

- 最大限度地使用太阳能;
- 保护物种多样化;
- 消除废物;
- 以自然为范例;
- 便宜实用;
- 可拆卸、易修理;
- 坚固耐用;
- 尽量大的公共参与度;
- 美观大方。[②]

换句话说,从设计这个词最广泛的意义上看,它是一门医治的艺术。从英语词源上讲,健康(health)这个词,跟圣洁(holy)、完全

---

① Steven H. Miles, *The Hippocratic Oath and the Ethics of Medicine*(《希波克拉底誓言和医学伦理》)(New York: Oxford, 2004). 正如麦尔斯(Miles)所解释的那样,希波克拉底誓言不仅仅是一套规则。在公元前400年的时代,那个誓言被当作是一种严格的约束,而不只是一种言语的承诺,在麦尔斯的叙述中,它更像是一种社会机制。如果谁侵犯了这个机制,就会在上帝面前受到审判,犯下了伪证罪。在人们眼里,这个罪是恶罪、重罪,是为人所不齿的。M. W. Thring, *The Engineer's Conscience*(《工程师的良知》)(London: Ipswich, 1992), p. 232; Seaton Baxter, "Deep Design and the Engineers Conscience"(《深层设计与工程师良知》), 2005, unpublished ms.

② 建筑师萨姆·范德林(Sam Van der Ryn)、约翰·蒂尔曼·莱尔(John Tillman Lyle)以及生物学家约翰·托德和南茜·托德夫妇都是生态设计的先行者。见 William McDonough and Michael Braungart, *The Upcycle*(《升级再造:超越可持续——为丰裕而设计》)(New York: North Point Press, 2013), p. 10; Jay Harman, *The Shark's Paintbrush*(《创新启示:大自然激发的灵感与创意》)(Ashland, OR: White Cloud Press, 2013); Grudin, *Design and Truth*, pp. 28-29.

（whole）、整体（holism）、医治（healing）有关，这绝非是偶然的。同时，宗教（religion）和生态（ecology）的词根也暗示着完整和联结，对此，我同样认为也不是偶然的。依据生态原则设计的产品，应该充分考虑人的健康、生态和社会机制，并把它们作为一个更大整体的相互作用的部分。

更进一步来说，好的生态设计首先还需要在本地层面上提高实际的生态能力，让我们为自己以及相互之间做更多的事情，就像我们以前作为称职的人、良善的邻居和积极的公民所做的那样。过度的依赖让我们在很多方面变得愚笨。我们的聪明智慧已经转移到我们的技术和技术系统里了，那些技术和技术系统集成了我们大量的集体智慧，但是却让我们每一个个体变得一无所知、冷漠愚笨。没有人知道这些非凡的技术是如何研发出来的，也不知道是如何使用的，更不用说如果没有它们我们应该如何生活了。即便有人知道，也寥寥无几。伦纳德·里德（Leonard Read）在1958年发表的文章《我，铅笔的故事》（*I, Pencil*）里展示了这一点。根据他的描述，即便是一支铅笔这样简单的东西，地球上竟然都没有一个人知道怎么造出来，其他东西也几乎全是这样。换句话说，我们个人的能力，也许还有智力，与我们转移到各种各样的技术和技术系统中的智力成反比。那些技术和技术系统都是由团队设计开发的，每个人只知道最终产品的一小部分，但是对于整体所知甚少，对于整体产品只是其一部分的更大系统及其在更大范围内产生的影响，所知道的就更少了。[①]

其次，好的生态设计应该有助于我们了解基本的知识，让我们知道我们所处的环境以及维持我们所在环境的生态和能量流动。在当下的世界，一个地方与另一个地方看起来很像，我们的系统在给我们提供粮食、能源和材料等方面表面上做得圆满无缺，以致我

---

① Leonard Read，"I，Pencil"（《我，铅笔的故事》）（Irvington-on-Hudson，NY：Foundation for Economic Education，1958）.

们看不到系统付出的成本以及产生的影响,更是弄不清楚系统存在的内在弱点。好的生态设计应该帮助我们了解我们现在处于什么环境以及如何在那个环境中提高生态能力。我们在设计我们所在的环境时应该加强生态保护,保护水资源,应对干旱,管理洪涝,种植作物和树木,维护野生生物,吸收二氧化碳。我们的环境应该规划好风景,将农林业、多用途永续农业、集约化农业和园艺区、葡萄种植园、水产、水净化、度假区等全部整合起来。这些应由当地居民拥有和管理,并被用以培养年轻人在一个可管理的、综合的生态圈中种植和生产生活必需品的能力。

第三,好的生态设计应该创造快乐、欢聚和与民主面对面的机会。如果社区的房子有前廊和绿地,如果社区里有公共广场、社区花园、太阳能系统、小区商店、街角酒馆以及开放的宗教场所,那么在长期应急中就更有可能生存和发展下去,因为社区的居民培养了邻里关系、社区凝聚力以及支持系统,经历了顺境和逆境的考验。好的设计让人们参与到家园、社区、城镇和区域建设之中,从而提高了我们的公民能力,增加了生活中的欢乐。通过这种方式,设计师就成为更大公共对话的促进者,成为更好可能前景的建筑师,而不仅仅是盖房子和制造那些劳什子。[①]

第四,好的生态设计应该提高社区应对更大暴雨、更长干旱、更强风暴的韧力。恰当设计的城市基础设施会模仿森林、草地、海岸的生态功能,大量减少混凝土硬景观、管道和水处理系统的成本。如果基础设施在设计上能够跨越传统行政辖区和区域,提供多种功能的服务,那么,用希拉里 · 布朗(Hilary Brown)的话说,就会"产生持续不断的成本节约,减少破坏,保护宝贵的资源"[②]。她

---

① Randolph T. Hester, *Design for Ecological Democracy*(《生态民主设计》)(Cambridge, MA: MIT Press, 2006). 该书是"生态民主"建设以及使用设计方式重建和谐统一、民众参与以及适应力强的社会的翔实指南。

② Hillary Brown, *Next Generation Infrastructure*(《下一代基础设施》)(Washington, DC: Island Press, 2014), pp. 38-39, also pp. 69-96 on "soft-path" water infrastructure.

呼吁减少"下一代基础设施",其实就是呼吁建造更加智能的、更少投入的系统,让自然系统在水存储、水净化、二氧化碳封存等方面做大量的工作,一方面增加财产价值,另一方面扩大娱乐和城市农业发展的机会。

长期应急将对未来的设计增加挑战。设计师必须面对的是一个有着更高温度、更强飓风、更经常和更强大风暴、海平面上升、更久干旱、更大降雨和新兴疾病的世界。未来世界的这些问题会导致食品、能源和水供应的中断,进而引发剧烈的社会动荡。我们在设计我们的社区时必须完全清楚我们当下世界的脆弱性,切实做好两手准备,一是如何应对危机,一是如何从危机中恢复。对此,贾雷德·戴蒙德和其他人都提出过警告。[1]

剧变的气候让很多的传统设计方案处于质疑之中。例如,大楼越高,越容易受到风切变、断电和恐怖袭击的影响。封闭的建筑,只有在采暖通风与空调系统以及复杂的电子控制系统确保无虞的时候,才能运转正常。其实,要想保证那些系统运转正常,必须有不能间断的电力供应,必须有管理专家随时待命,必须有可靠的供应链。因此,设计师不应该追求工程技术的更加精湛,而是应该"开始重新规划设计我们的愿望、基础设施和生活方式,从而实现在后化石燃料世界的软着陆"。[2]

我们这一代人要做的伟大工程,就是要让后化石燃料和后消费经济的软着陆成为可能,而且软着陆的方式能够带来繁荣、公平、持久、韧力、欢乐和民主。我们的伟大工程将从邻里社区、城镇和城市起步。新的经济必须以可再生能源为主要动力,而且要致

---

① Jared Diamond, *Collapse*(《崩塌》)(New York: Viking, 2005); Sue Roaf et al., *Adapting Buildings and Cities for Climate Change*, 2nd ed. (《让建筑和城市适应气候变化,第二版》)(London: Elsevier 2009); Alisdair McGregor et al., *Two Degrees: The Built Environment and Our Changing Climate*(《两度:建筑环境和我们的气候变化》)(London: Routledge, 2013); and Lewis Dartnell, *The Knowledge: How to Rebuild Civilization in the Aftermath of a Cataclysm* (《知识:大灾难之后如何重建文明社会》)(New York: Penguin, 2014).

② Roaf et al., *Adapting Buildings and Cities*(《让建筑和城市适应气候变化,第二版》), p. 344.

力于资源的回收和再利用。尤为必要的是,这种经济将更加聚焦于粮食、能源、住房、洁净水、教育和艺术等生活所必需的要素,更加根植于其所在的地区和生物区。这种经济的建设主体是当地人,因为当地人更看重和了解他们所在的地区以及大自然在可持续经济中的地位。但是,这种经济也必须是一种政治经济,也是草根运动复兴发展的结果。如果这种经济能够繁荣,一定是从生态能力和激进民主实践的联合中发展起来的。

第十一章

更热时代的城市

系统不是混乱浑沌的东西……是展示秩序和模式的结构。①

——肯尼思・博尔丁

系统是相互联结的要素的组合,是以某种方式有机地组织在一起的,可以获得某种成功……(它)必须包括三种东西:要素、相互联结、某种功能或目的。②

——德内拉・梅多斯

系统(是)一套相互联结的单位或元素,某些元素或相互关系的改变会造成系统中其他部分的改变,而且……整个系统展示着与其组成部分所不同的特征和行为。③

——罗伯特・杰维斯(Robert Jervis)

---

① Kenneth Boulding, *The World as a Total System*(《作为一个完整系统的世界》)(Beverly Hills, CA: Sage Press, 1985), p. 9.

② Donella Meadows, *Thinking in Systems*(《系统化的思考》)(White River Junction, VT: Chelsea Green, 2008), p. 11.

③ Robert Jervis, *Systems Effects*(《系统影响》)(Princeton, NJ: Princeton University Press, 1997), p. 5.

现代科学中最重要的思想之一就是系统思想,要界定这一思想几乎是不可能的。①

——加勒特·哈丁

打来电话的人用很浓重的南方口音说:"大卫·奥尔吗?我是来自查塔努加市(Chattanooga)的大卫·克洛科特(Davy Crockett)。"他说起话来好像我们是多年的朋友,或者至少是家人。我想着这可能是套近乎的电话,就随口回了句,好像是,"是的,我就是教皇,我能为你做点什么"?就这样来来回回几个回合后,我意识到给我打电话的人真的是大卫·克洛科特。事实是,他是大卫·克洛科特的后裔,作为祖先的大卫·克洛科特是田纳西州的民族英雄,在阿拉莫战役(Alamo)中因战败而牺牲,是德克萨斯独立运动阿拉莫战役最为知名的人物。现在的这位大卫·克洛科特受雇于IBM,是查塔努加市议会的当选议员,而且在议会中,他是推动查塔努加市绿色发展运动的主要人物。

美国内战期间,查塔努加市曾是南方联盟国的工业中心,后来成为主要的制造业重镇,不过在经济艰难时期,这座城市衰落了。工业化往往带有弊端,之后会留下废墟、污染和贫困,而在工业化中挣了大钱的人拍拍屁股就到更好的地方去了。就查塔努加市来说,那些挣了钱的人沿着田纳西河去了地势更高的地方了。每年,查塔努加市和洛杉矶市都会喋喋不休地争论,谁的空气质量是美国最差的。不过,克洛科特并不认为污染、城市废墟、死寂的市中心以及普遍的贫困是城市面临的正常命运,所以组织和号召大家行动起来,克服公众听天由命的思想惰性。查塔努加的市民已经

① Garrett Hardin,"The Cybernetics of Competition"(《竞争控制论》),*Perspectives in Biography and Medicine* 7(Autumn 1963):p.77.

忘记了他们曾经的辉煌,忽略了他们可能有的美好前景。所以,克洛科特那天下午给我打电话,目的是邀请我参加他们的行动,改变查塔努加的状况。我没怎么犹豫就答应了。

大卫·克洛科特是个大块头,高 6.6 英尺,重 300 多磅。他开着一辆破旧的轿车,与他的体型比起来,轿车要小好几个码。他的车看起来就像是个废料箱,只不过是装着车灯和方向盘而已,里面装得满满的,全是纸张、书籍、香烟头、可口可乐罐、官方文件,还有不知怎么扔在上面的各种东西。他这个人在别人回答他问题的时候,不愿意听到"不"这个词,所以多数认识他的人不论是在什么情况下,都高高兴兴地说"是"。他开着车,在查塔努加巡回奔波,这是一幅富有远见的形象,但也触目惊心地警示人们,生命无常,是多么短暂。开车的时候,他似乎患有司机注意力缺乏症,对那些停车标识、停车灯信号以及限速标语好像视而不见,或只是把它们当作行车建议。但是,对于途中经过的需要修理和改善的地方,他却是明察秋毫。他说:"看那里,我们要把那里建成一个零废物制造中心……还有那儿,那是个棕色地带……需要进行清理,建设城市住房……那座桥以后将成为步行桥……将变得更干净,更绿色,更安全。"一路上,他在车上说的都是这些东西。

查塔努加市规划局的附楼,在具有历史意义的里德酒店(The Reed Hotel)的斜对面,克洛科特就在那儿与美国和其他国家的一些最为知名的绿色城市主义先行者举行专家研讨会。如果你在那里停留几个小时,就会听到楼下的迪斯科舞厅传来强劲的韵律、嗡嗡的声音,还能闻到二手的烟,同时,楼上的专家们注视着巨大的城市地图,讨论着一些假设的事情,进行着"头脑风暴",展望着在这个地方可以做什么。克洛科特一直把握着大局和主旋律,充分发挥各方专家的聪明才智,并锦上添花。作为出身名门世家的田纳西州政治家,他把自己比作"趴在篱笆桩上的乌龟……你知道他不是自己爬上去的"。经过一个小时没有休息的、兴奋的、热情的设计讨论，他把身子站得直直的，用居高临下的口吻说道："伙计们，我们就像是站在一个地方的猎狗……"这说的是啥啊？没有人能理解他说的意思，直到他说"在交通高峰时刻站在南北通道之间隔离带上的狗"。我从来没有听过这么形象地描述政治现实。

25 年后，查塔努加市的市中心建立了田纳西水族馆、横跨田纳西河的步行大桥、宽阔优美的田纳西河边人行道、新的居住区、清洁一新的棕色地带、公园以及其他设施，这一切都证明着克洛科特的领导才华和将远景变成现实的能力。对此，他不承认，但是，与其他任何人相比，他更像是引领者、指挥者，是个有着远见卓识的人，推动着查塔努加市市中心的复兴。与曾是巴西库里蒂巴市(Curitiba)市长的贾米·勒纳(Jaime Lerner)等少数几个人一起，克洛科特参与发动了绿色城市运动。在这个运动成为家喻户晓的事情之前，克洛科特就把它变得高大上了。[①]

时机是很重要的。自从环境运动发起以来，它就一直汲汲于与污染作战，保护荒野和风景优美的河流，阻止各种各样的坏事情。从很大程度上来说，这是一场农村运动，城市几乎被遗忘，或只是作为一种附属来对待。但是，克洛科特深知，人类体面的未来将主要体现在城市生活中。现在，我们有一半人口生活在城市中，而且城市人口比例还在增长。另外，就全世界来说，70% 的二氧化碳是城市排放的，其他的环境影响和政策创新也主要是与城市相关的。换句话说，城市很重要。

当多数人只看到现实世界中存在的丑陋、罪恶、污染和无序扩张时，克洛科特和绿色城市运动的早期探索者看到了可能和机遇。城市如果建设水族馆、博物馆、自然中心和大学等，就可以具有教育意义。城市可以建设户外空间，让公众自由辩论、吟诗作对、附庸风雅，从而使人们过上充满浓郁风情的生活。城市可以在街边

---

① Jaime Lerner, *Urban Acupuncture*(《城市针灸》)(Washington, DC: Island Press, 2014).

的树荫下建起咖啡馆，通过街头艺术、剧院和音乐大道等，让人们过上惬意欢乐的生活。城市还可建设花园和绿色房顶，将城市与农村融合起来，有时甚至可以在市区中涂抹一些荒野的色彩。城市还可建设自行车道、徒步小路、轻轨交通，在没有机动车污染和堵塞的情况下为人们提供出行便利。城市可以建设得干净、绿色、安全、公平，具有教育功能，成为人类成就和创新的孵化器。如果有目标明确的政策和适当的激励措施，城市就可以减少相当大一部分的二氧化碳排放。早期的绿色城市主义者就看到了这些后来很快变成社会主流的可能性。

他们还看到，建设绿色城市需要不同的知识和政策框架。城市是人类最为复杂、最为繁复的创造之一。城市存在的问题，包括犯罪、污染、无序扩张和交通堵塞，有着多方面的原因，其中重要的有社区功能的碎片化以及不能完整对待我们这个必须吃、必须喝、必须穿、必须交流、必须娱乐、必须走动、必须就业的生物体。特别是，我们人类排出了巨量的废物，有气体状的，有固体状的，还有淤泥状的，都必须进行安全地处理，这就必然导致每天大量人口的流动以及大量食品和材料的运送。尽管城市有着巨大的活力和潜力，但是所有的城市都依赖长途的、脆弱的供应链。供应食品、水和电的系统中的任何一点失败，都会导致几个小时的系统混乱，甚至是在几天时间里的全部崩溃。当然，还有其他的威胁。很多海边城市一定会面临海平面上升和更大的暴风雨。内陆城市会面临时间更久的干旱和更强烈以及更频繁的暴风雨和龙卷风。城市还容易成为那些心怀怨恨的人的攻击目标。对于仇恨团体、宗教派别、恐怖主义分子以及那些仅仅是精神错乱的人，城市总是很脆弱的。在当下的世界，这不是个小事情，因为导致大破坏和大摧残的技术手段已经得到大面积的扩散。换句话说，城市是复杂而脆弱的系统。城市的未来在很大程度上依赖于我们对此复杂系统运行的了解，依赖于如何用不同的方式使其变得更有韧力，依赖于规划制定怎样的政策、法律和经济激励措施使其“清洁、绿色和安全”。对复杂系统的行为的研究,有着很长的历史。[①]

从1950年到1980年,二战后的几十年是系统理论发展的黄金时代。基于二战期间通信、运筹学、控制论等科学的进展,肯尼思·博尔丁、詹姆斯·米勒(James G Miller)、路德维希·冯·贝塔朗菲(Ludwig Von Bertalanffy)、C.韦斯特·丘奇曼(C. West Churchman)、司马贺(Herbert A. Simon)、欧文·拉兹罗(Erwin Laszlo)、杰伊·福雷斯特(Jay Forester)、丹尼斯·梅多斯(Dennis Meadows)和德内拉·梅多斯、彼得·圣吉以及其他学者围绕系统分析的威力撰写了很有说服力的论文。据说,系统分析的好处是很多的。系统思考会让我们洞悉那些将分散东西联结起来的模型,在往往带有欺骗性的现实背后发现违反直觉的逻辑,从而让我们能够进行更加条理分明和有效的分析,制定统一和有针对性的计划和政策。[②]

不过,系统理论的真正好处主要体现在计算机和通信技术领域,而计算机和通信技术主要是基于二战期间信息理论和控制论的进展。在其他领域,比如说企业界,则没有受到什么影响。尽管系统思维有着内在的逻辑,但是政府以及公司、基金会、大学和非营利组织等多数部门依然是将面临的问题进行分解,并对每个部分进行孤立地解决。不同的机构、单位和组织各司其职,分别专注于能源、土地、食品、空气、水、野生动物、健康、交通等,似乎每个领域都与其他领域无关。因此,左手和右手几乎老死不相往来,似乎也不愿意知道对方在干什么。由此形成的结果往往是适得其反

---

① 欲了解关于雨水更多的现实,见 Elizabeth Kolbert,“The Siege of Miami”(《迈阿密的受困》),*New Yorker*(December 21 and 28,2015):42-50.

② 关于系统科学,最好的著作是《生态系统学》(*Ecosystemology*),这本书是阿诺德·舒尔茨(Arnold Schultz)在加州大学上课时给他的学生编写的,是没有出版的读本。另见 Walter Buckley, ed., *Modern Systems Research for the Behavioral Scientist*(《行为科学家的现代系统研究》)(Chicago: Aldine,1968).

的，花费过高，充满风险，有时带来灾难，有时还带来荒诞的气息。系统建模就会帮助我们了解气候快速变化的原因，政府、政治和经济中的任何系统性的失误都会严重削弱我们解决问题的能力。简而言之，系统理论还没有迎来属于自己的“哥白尼时刻”（Copernican moment），具有讽刺意味的是，其原因深嵌于科学革命之中。

将整体减少为部分，也就是“还原论”（reductionism），是科学世界观的核心，是我们从伽利略、培根、笛卡尔以及其他科学家那里继承下来的。还原论在科学、技术和经济等领域都取得了奇迹般的成就。但是，随着我们权力、财富的增加和速度、便利的增强以及控制自然、自信等能力的提高，我们也付出了相当大的代价，浮士德（马洛笔下的浮士德，不是歌德笔下的浮士德）对此是深有体会的。与浮士德一样，我们也一直是短视者，打折出售我们的未来，而其中的成本和风险，只有通过系统的观点才能看到。由此出现的后果是触目惊心的。我们史无前例地摧毁了整个生态系统，造成了海洋的酸化，杀死了数以千计的物种，糟蹋了土壤，砍平了森林，改变了大气中的化学成分。用爱德华·霍格兰（Edward Hoagland）的话说就是，“我们依然带着黑猩猩的印痕，具有尝试和错误的双重特点”。正如我们前面所讨论的，在真实的世界中，事情会报复的，会反咬一口的，会有临界点、惊讶、紧急特性、阶梯型变化和时间延迟，也会有不可预料的、灾难性的“黑天鹅”事件，在全球产生长久的影响。预见并避免这类事情，要求人的思维模式能够看到联系、模式和系统，还要看到比季度资产负债表或下一次大选更远的地方。我们的智慧首先要认识到，我们生活在复杂性之中，永远不可能完全理解，更别说要控制了。但是，在我们追求物质丰富的理念或奠基性的文件中，并没有写着谨小慎微这样的字眼。[①]

---

① Edward Hoagland, “What Would Aesop Think About What We’re Doing to the Planet?”（《对于我们在这个星球上的所作所为，伊索会怎样想呢？》），*New York Times*（March 24, 2013）.

美国宪法的起草人深受启蒙思潮的影响,不关心生态,害怕政府权力的过大,“在制定联邦政府环境保护法律方面没有给出明确的、清晰无误的文本基础”。换句话说,我们的治理方式在生态上常常是具有毁灭性的,因为并不与整个系统进行全面的融合。美国 1970 年颁布的《国家环境政策法》就是为了修正这方面的缺点。这部法律要求所有的联邦机构“在规划和决策中采用系统的、跨学科的方法,从而保证自然和社会科学与环境设计艺术的综合利用”。这部法律呼吁进行系统规划,但是除了对联邦政府资助的项目提出了环境影响报告外,并没有发挥其他的立法效用。除了个别的情况,事情与以前一样,没有什么改观。①

这样的结果是,虽然我们围绕系统的思想大谈特谈,还是继续按照一贯的做法来管理、组织、分析、治理、应对复杂的生态系统,好像这些系统只是不同孤立部分的组合,而不是包括能源、水、土壤、微生物、土地、森林、动植物和空气等要素的不可分割的集合。可持续性的理念明确地认识到生态、经济、社会和经济系统之间的反馈和相互依赖。遗憾的是,现实是另外一个样子的:涉及可持续性的问题都已经碎片化了,因此孤立的组成部分不再被看作一个完整的系统。

我们了解的管理真实系统的知识,很多是从农业开始的,最为知名的有园艺学家理伯蒂 · 海德 · 贝利(Liberty Hyde Bailey)、农学家阿尔伯特 · 霍华德(Albert Howard)、林学家奥尔多 · 利奥波德、农业经济学家米格尔 · 阿尔迪耶(Miguel Altieri)和史蒂芬 · 格列斯曼(Stephen Gliessman)、植物遗传学家韦斯 · 杰克逊、牧场管理专家阿兰 · 萨沃里(Alan Savory)以及诸如乔伊 · 萨拉丁(Joel

---

① Richard Lazarus,“Super Wicked Problems and Climate Change”(《超级复杂问题和气候变化》), *Cornell Law Review* 94(2009):1153-1234, note 249; Lynton Keith Caldwell, *The National Environmental Policy Act*(《国家环境政策法》)(Bloomington: Indiana University Press, 1998). 考德威尔是该部法律的起草人,很清楚该法律的缺点,所以建议其被宪法修正案所取代。(第 147 页,第 160—165 页)

Salatin)那样的了解生态的农场主。从他们的工作中，我们学到的最重要的事情是，土地是土壤、水文、生物群落、野生动物、植物、动物和人等相互联系的部分组成的共同体。如果把可持续性作为我们的目标，那么我们的土地既不能当作工厂来管理，它所产出的效益也不能以短期的收入来衡量。如果把土地作为生物体来管理，就得限制耕作和林业的规模和种类，最终让所有超过土地承载力的希望都落空。好的土地管理要求耐心、值得信赖的长期记忆、宽阔的回旋余地或者是预防，还有温德尔·贝瑞所提醒我们的仁爱。土地带来的真正效益不能大于太阳光转化而成的植物材料和动物骨肉，不能减少未来的生产力。从严格的意义上讲，可持续的农场需要保持平衡，一方面是阳光、水、植物腐烂和动物粪便的自然注入，一方面是观察力敏锐的、生态竞争力很强的农民和附近城镇的人员。与其模拟的自然系统一样，可持续农场永远都是混养的，是生态混合生存的，依赖于从土壤微生物到动物等不同组成成分的协同配合。与此相对照的是，工业化农业是在化石燃料、进口化肥、化学杀虫剂以及借贷资本的推动下发展起来的。它是攫取性经济的组成部分，开发利用土壤、矿物、基因、人力等资源。它还是典型的单一产业，目的是在短期内获取利润。工业化农业和生态农业之间的差异使得它们处于界定韧力的连续轴的对立的两端。

生态化设计的建筑是实际了解系统思想的另一个来源。在绿色运动开展以前，建筑过程是按照线性原则发生的，建筑师做基本的设计并建造，将设计蓝图交给工程师，由工程师完成供暖、空调、照明和管道等工作。随后，工程师再将设计图纸交给庭院设计人员，由庭院设计人员对建筑进行装饰，常常是弥补设计缺陷造成的不足，使建筑看起来更符合房地产商偶然设定的价格。建筑中的激励措施，既有金融上的，也有法律上的，还有名声上的，都使得建筑物过度供暖，过度制冷，过度建造，从而造成价格的过度高企。就在这种过度的冗余当中，很多的钱就赚到手了。这就好像木匠制作了一把椅子,却有八条腿,因为每增加一条腿,都有钱赚。

萨姆·范德林、鲍勃·伯克比利(Bob Berkebile)、比尔·麦克多诺(Bill McDonough)、普林尼·菲斯克(Pliny Fisk)等早期的生态建筑设计专家以及美国绿色建筑协会率先探索不同的方式,在设计中优先把整个建筑看作是一个系统,而不是各个独立的组成部分。比如,如果采用密封更紧、隔热更好的建筑外壳,那就意味着采暖通风与空调系统的型号可以降低,从而减少初始安装费用和长期的运行成本,同时还改善人的居住舒适度。同样,创新的采光设计提高了审美和居住者生产力,降低了照明费用,也降低了长期成本。但是,这种热爱生命、崇尚生态的设计的最大好处,是其具有真正的人性,我们在这样根据我们的五种感受而精心设计的建筑里生活,感觉更幸福,更健康,更具生产力。[①]

系统知识的应用还表现在其他领域,但是都不那么容易把握,也不像我们改善其他系统的管理那样具有切中肯綮的指导意义。不过,这些其他系统每个都有特殊的挑战。比如,农业要求对生长季节和作物成熟的长循环抱有耐心。我们虽然可以操控农业生产所固有的某些变量,但是包括土壤、水文、生物、野生动物、气候等在内的更大的模式,是有其季节和轮回的,对此,我们都知之甚少,就像是刘姥姥进了大观园。就算我们能对这些要素进行管理,我们也应该有足够的谨慎,留下很大的回旋余地,从而弥补和适应我们的无知以及缺点。与生态相比,建筑物,或者是被别扭地称作"建筑环境"(built environment),则是人的创造。设计师对于建筑中的奥秘和内里的工作原理是心知肚明的,这与我们对农业自然系统的所知甚少形成了对照。即便如此,大楼建设者对于机械系统意料之外的行为、设计缺陷和结构失效、人的行为对于可能成为

---

① Stephen Kellert and Judith Heerwagen, *Biophilic Design*(《亲自然设计》)(New York: John Wiley & Sons, 2008). William Braham, *Architecture and Systems Ecology*(《建筑和系统生态》)(London: Routledge, 2016),本书是建筑学和霍华德以及尤金·奥度姆(Eugene Odum)倡导的系统生态学的有机融合。

好的建筑结构的影响，还是常常感到惊讶。

人的身体是系统知识的第三个来源。比如，沃尔特·坎农（Walter Cannon）在他1932年出版的著作《身体的智慧》（*The Wisdom of the Body*）中介绍了"内稳态"（homeostasis）的概念，以此解释我们身体的"特别不稳定的物质"是如何"自由地与外部世界进行交流"，从而奇迹般地持续了很多年。耶鲁大学教授和外科医生许尔文·努兰（Sherwin B. Nulan）在1977年出版了同样名字的书，用这样的文字描述了这一交流过程：

> 我们的身体是充满活力、持续运转的有机体，一直警觉着外部和内部无所不在的危险，通过其海量的组织、流体和细胞，不停地发送着相互能理解的信号。在数不清的数万亿能量驱动的体内矫正机构的努力下，不适宜的改动得到了平衡，发生的变化或者是进行了适应，或者是得到了纠正，其宗旨都是为了维持体内稳定的平衡，因为这是复杂生命系统保持秩序和谐的必要条件……在身体内部以及与外部环境进行交流的能力，是我们面对很多强大力量的挑战时能够继续生存的基础，那些力量从来没有停止对我们身体的威胁。①

身体是一个复杂的系统，这个思想可能会导致对医学和治病采取系统的观点，跨越东西方医学之间的鸿沟。但是，那个时候，西方医学的实践完全是采用还原论的方式，对其他文化是不屑一顾的。西方的外科医生浸润在西方科学之中，在对疾病的诊断中依然倾向于认为疾病背后没有更深层次的原因；对疾病进行头疼

---

① Walter B. Cannon, *The Wisdom of the Body*（《身体的智慧》）（1932；New York：Norton，1963）. 早在其他人以前，沃尔特·坎农就推测，在工业、国内、社会和政治事务中，有着"普遍的稳定规则"，与人的身体之内的普遍规则很相像。Sherwin Nuland, *The Wisdom of the Body*（《身体的智慧》）（New York：Knopf，1977），pp. 355-356.

医头、脚疼医脚的单一治疗，好像人的身体是一台损坏的机器；诊断开处方时好像药效不会扩展到全身。其结果是，这样的解决办法常常变成新的问题的根源，甚至是另一轮更严重病魔循环的开端。[①]

不过，即便不是所有的领域，至少也是商业、经济、公共政策、技术等多数领域的情况，就是这样的情形。对于接受直来直去思考训练的人来说，进行跨界的工作不那么容易。但是，这样做的重要性是非常明确的，因为在生态、社会和人类健康中，各种各样的组成部分和谐地整合在一起，这是很明显的。所以，从系统思维中，我们要学到什么才能更好地管理我们的城市地区呢？在阐述“城市属于哪一类的问题”时，简·雅各布斯这样写道：

> 城市正好是有组织的复杂系统中的问题……带来的“情况是，半打甚至几十打的问题同时以不同的方式发生着变化，这些问题相互间还有着微妙的联系”。城市就像生命科学一样，在有组织的复杂系统中并没有这样一个问题，一旦理解了它，就可解释所有其他问题。城市可以被分析成很多这样的问题或组成部分，就像生命科学一样，这些问题或组成部分也是相互联系的。变量有很多，但是它们并不是杂乱无章，而是“相互联结，组成一个有机的整体”。[②]

那么，我们面临的挑战是，如何在快速变化的世界里，实现从基于工业模型和规划进行以自我为中心发展经济的有组织的城市

---

① Ted Kaptchuk, *The Web That Has No Weaver*(《中医：无形之网》)(New York: Contemporary Books, 2000); and Dennis Normile, “The New Face of Traditional Chinese Medicine”(《传统中医的新面孔》), *Science* 299(January 10, 2003), pp. 188-190.

② Jane Jacobs, *The Death and Life of Great American Cities*(《伟大的美国城市的生与死》)(New York: Vintage, 1961), p. 433.

系统向有适应能力的、有韧力的学习型组织的转型。在当今世界，城市的政府承受着很大的压力，因为城市里有更多的人口，更多的物质，更高的期望，所有的一切运转的速度都更快。用彼得·圣吉的话说就是，“人类有着创造更多信息的能力，任何一个人都不能消化吸收；有着形成更大相互依赖性的能力，任何一个人都不能进行管理；有着加速更快变化的能力，任何一个人都不能与之保持同步”。城市系统的管理者需要进行转变，“从看部分向看整体转变，从把人看作被动的反应者向把人看作主动塑造现实的参与者转变，从对压力进行响应向创造未来转变”。所有这一切，说起来容易做起来难。对城市官员来说，这一点也不奇怪。德内拉·梅多斯曾经写道，城市地区是“自我组织的、非线性的反馈系统，从本质上是不可预测的……所以我们永远不能完全理解我们的世界，用还原论科学的方式不可能达到我们希望的目标”。[①]

对于各种规模治理的挑战是，如何持续地实现两个非线性系统的融洽，一个是社会和经济系统，包括法律、规章、税收、政策、选举以及市场等，另一个是生态系统。这些系统都是生态圈的一部分，在不同的时间尺度上运行，有着不同的过程。但是，它们是不对等的。人类发明创造的东西，比如经济、技术、政治以及社会行为等，最终必须符合生物物理现实，否则就会分崩离析。我们设计了系统，并受系统的支配，而且通过系统获得衣食住行。我们还可以对系统进行重新设计，但是，用梅多斯的话说，只有在管理系统的人“高度用心、全力参与、回应反馈”的时候，才能重新设计。[②]

对于城市治理，系统的视角就是一个透镜，我们透过它可以更

---

① Bruce Katz and Jennifer Bradley, *The Metropolitan Revolution*（《大都市的变革》）(Washington DC: Brookings Institution, 2013), pp. 1-13; Timon McPhearson, "Wicked Problems, Social-Ecological Systems, and the Utility of Systems Thinking"（《棘手问题、社会生态系统以及系统思考效用》）, https://www.thenatureofcities.com, January 20, 2013; Peter Senge, *The Fifth Discipline*（《第五项修炼》）(New York: Doubleday, 2006), p. 69; Meadows, *Thinking in Systems*（《系统化的思考》）, pp. 167-168.

② Meadows, *Thinking in Systems*（《系统化的思考》）, p. 170.

清楚地看穿变化的迷雾,也许会更好地管理社会和生态现象之间复杂的因果关系。长期以来,我们无法预见我们行为的影响,但是,系统观点有助于弥补这个短板。在被"黑天鹅"事件强化的快速变暖的世界里,系统结构和运行规则的知识有可能改进我们的韧力,还有可能让我们期待违反直觉的结果,而不是对此大为惊讶。系统分析的应用虽然不能包治百病,但是的确能为改善城市治理提供良好的机遇。

且举一个例子。系统分析可以帮助面临海量的杂乱无章原始数据的政府对信息进行组织,从而将生态信号从杂音中分离出来。城市是复杂的、令人困惑的集合,有着输入和输出,输入的是燃料、食品、材料、水等,输出的是二氧化碳、废水、废热、污染、垃圾等。如果能够把城市放置在一个想象中的玻璃穹顶之下,输入和输出的东西都从分别标记的管子里进出,那么我们就会更为直接地理解这些熵流。在没有这样玻璃穹顶的情况下,我们也可能通过模型更好地了解一个城市,因为模型就像会计师追踪经费的流动一样,一刻不停地显示着生态的交换。那么,城市模型就是生态输入和输出的系统,是将离散和混乱数据整合进更大的生态背景中的有效工具,从而改善跨领域、跨学科和跨部门的决策。

另外,对于了解资源流动和城市里更大范围的生态背景很有必要的数据,可以创造性地用于公民教育,让他们明白他们的集体行为和环境以及经济前景之间的关系。使用大楼平板显示器、城市岗亭、体育场地、图书馆、宾馆和学校等,追踪和展示资源流动、碳排放、投资、土地利用模式、所有权、公共态度以及所有这一切之间的相互作用,是教育公民的强大工具,让公民知晓行动和结果之间的反馈环以及延迟性,增强公民对于复杂事物的理解。由此形成的结果是,在生物物理、社会和经济相互作用下的基本动态中,成为大众可以广泛接触的、成本效益合算的教育。

系统分析有助于提高规划和预见能力。底特律、克利夫兰和扬斯敦等很多美国中西部传统工业区城市的民选官员往往假定,好时候永远不会终结,所以一旦好时候确实到头了,他们会觉得猝不及防。利用模型澄清假设、明确反馈环、监控系统行为和生态条件,有助于决策者更好地预期未来的变化以及制定规划、设定税收、编制预算和出台更有智慧的政策。如果将视野再往前看,快速变暖世界中的城市必须做好准备,应对更大的风暴、更久的干旱以及供应分崩离析和经济动荡不安的局面。这些几近要发生的事实反过来会影响城市关于区划、土地利用、基础设施的选址和类型、建筑标准、粮食供应、经济发展、税收制度以及应急准备等方面的决策。

系统分析工具还有助于提高城市决策的质量。比如,一个人要获得驾照,就得参加学习,并通过考试。但是,对于负有管理公共事务的官员来说,我们对他们几乎没有任何要求,不知道他们对于世界作为一个物理系统是如何运行的以及支配社会和自然系统之间相互作用的过程,是否有基本的了解。如前所述,如果公共官员不能读书,不会算数,我们一般情况是不能容忍的,但是如果对生态一无所知,尽管这个问题更严重,还是引不起我们的注意。在我看来,不管是民选官员,还是被任命的官员,在进入市政府工作的时候,作为正常考察的一部分,应该通过一个基本的关于生态学和系统动力学的考试。不管采取什么方式进行考试,要达到的目标是:(1) 提高决策者关于作为社会和经济系统的城市地区是如何与自然系统进行相互作用的认识,增强决策的有效性。(2) 让政府领导掌握更好的分析和预测工具,从而更科学地管理公共事务。

系统分析也可以改进组织行为。对反馈进行响应的能力受到很多因素的制约,比如恐惧焦虑、集体决策、自鸣得意都会影响决策,从而阻碍对反馈的响应。系统分析不是压制不同意见,而是有助于明确深嵌于竞争性程式以及心智模型中的信仰中的未经审验的差异。大卫·库珀里德(David Cooperrider)和彼得·圣吉开发了促进系统思维的技术,目的是围绕公共的愿景构建有组织的群落。

他们的目标是让组织中的所有成员都把自己看作事业的参与者,在进行决策的时候要考虑反馈、变化、应急特质、库存和流动等,推动提高组织对导致一种或另一种结果的认识。

而且,系统思维还能引领实现更大的现实主义和未雨绸缪的公共政策,原因很简单,系统行为从本质上就是不可预测的,也就是说,是非线性的。因此,所有的政策在设计的时候都要留有余地,都要对冲押注,都要配置冗余。每一个设定的解决方案都不能只解决一个问题,而且不能在解决老问题的同时又引发新的问题。简而言之,目标是建设更有智慧的、更有适应能力的、能够学习的、具有远见的机构和组织,以及在人类行动和生物物理现实交汇的地方有着更强的"鲁棒性"(Robust to Error)的部门。

从系统的角度看,没有什么"副作用"(side effects),只有从系统规则和行为中衍生出的逻辑结果。气候变化、臭氧洞、癌症高发区以及漂浮在太平洋里有得克萨斯州那么大面积的、一英里深的垃圾环流,不是经济增长的副作用,而是不计各种代价设计的系统所产生的可预期的结果。所以,采用系统的视角,很少有什么意外事故,只有体制性的缺乏远见,这是某种特定系统在组织和建构中所存在的缺陷。要点是,用圣吉的话说就是,"对于系统所生发的问题,每个人都有责任"①。

最后,对城市建筑存量、基础设施、能源利用模式、水电燃气数据以及与之有关的开明政策和金融激励措施的系统分析,即便联邦政府不采取行动,也可以用来帮助减少二氧化碳排放。正如雅各布斯所想的,城市地区是国家经济的推动者,而不是被动的参与者。制定气候政策可能也是这样。政治学家本杰明·巴伯认为,"城市政治的即时性和本地性特征"意味着城市比其他层级的政府更容易采取快速、有效的行动。市长和市议员控制着建筑标准,管

① Senge, *The Fifth Discipline*(《第五项修炼》), p. 78.

理着区划规定,并因为其在采购和投资方面的权力而对二氧化碳排放有着相当大的影响。如果这些城市加入 C40 城市、市长契约(Compact of Mayors)以及碳中和城市联盟(the Carbon Neutral Cities Alliance)等更大的组织,那么就有可能成为全球将温度升高控制在 2 ℃目标以及推动联邦政府制定应对政策的努力的一部分。在州政府以及区域层次上,如果采取城市的做法,那么会有同样的效果,而且更明显。比如,加州政府在杰里·布朗(Jerry Brown)州长的领导下,对能源政策和城市发展进行重大变革,目的是到 2030 年将二氧化碳排放减少一半。不论哪种情况,必要的政策和金融工具都是系统分析的一部分,将分散领域的数据整合起来,及时让更多的人了解所产生的影响。①

不过,城市和州政府不能仅靠自己的力量做这件事,它们需要更多的帮助。很多城市里会涌进大批的气候难民,既有国外的,也有国内来的。有些城市会因为海平面上升而被完全淹没。所有的城市都需要经济帮助,从而弥补适应这些气候变化而产生的额外费用。它们还需要其他的帮助,比如,必要的安全,从而维持社会秩序。在应对不断增多的气候导致的紧急情况方面,它们也需要帮助。在维持电网运行和必需品供应链方面,它们需要更大的帮助。还有等等,都需要帮助。简而言之,我们别无选择,只有成为一个功能有效发挥的国家。这需要各个层次的远见卓识,从乡村

① Carbon Neutral Cities Alliance, *Framework for Long-Term Deep Carbon Reduction Planning*(《长期碳减排规划的框架》)(December 2015); Benjamin Barber, *Strong Democracy*(《强势民主》)(Berkeley: University of California Press, 1984), p. 227; James Fallows, "Why Cities Work Even WhenWashington Doesn't: The Case for Strong Mayors"(《即便是在华盛顿不行的情况下为什么城市能行? 强势市长作出的范例》), *The Atlantic*(April 2014): 66-72; C40 Cities and ARUP, *Climate Action in Megacities 3.0*(《大城市的气候行动 3.0》)(December 2015). 关于二氧化碳减排以及潜力,有不同的看法。C40 城市职员收集的数据认为,"以 2015 年的碳排放为基数,二氧化碳实现了 10% 的减排",而且到 2030 年,减排的潜力会更大(第 91 页)。市长契约是个在全球有着 360 个城市作为成员的网络组织,旨在完成国家气候目标和把气温上升控制在 2℃的目标之间的 25% 的距离。碳中和城市联盟有 17 个城市成员,分别来自美国和其他国家,旨在到 2050 年或"之前"减少 80% 的碳排放。另见 Andy Gouldson et al., "Accelerating Low-Carbon Development in the World's Cities"(《加速世界城市的低碳发展》)(2015), available online at https://2015.newclimateeconomy.report/wp-content/uploads/2015/09/NCE2015_workingpaper_cities_final_web.pdf(accessed February 25, 2016).

到超大城市,也就是说,在我们美国大陆的规模上,成为协调一致的、有韧力的、民主的系统。

系统分析和组织学习的目的不只是为城市和其他组织一直所做的事找到一个更聪明的方法,而是提供一个工具,帮助重新检视与复杂的、快速变化的环境有关的目的和行为。与其他任何工具一样,这个工具的有效性也依赖于使用者的技巧和智慧。系统分析不是魔法,不能告诉我们该以什么为模型,或者什么值得做以及什么不值得做。它不会让愚蠢的人变得聪明,也不会让铁石心肠的人变得仁慈博爱。它不会告诉我们任何在我们程式、世界观以外的东西,也不会告诉我们任何我们独有的篝火之光所照耀不到的东西。毕竟,这只是一个工具,只能按照你的要求去做,不能完成超值之事,还受到文化的制约和时代的限制。因此,我们在使用这一工具时必须赋予情感,并进行好的判断,谨慎地了解我们行动造成的后果。另外,在系统思维中,除了更高水平的精准以及内嵌在复杂计算机模型中的分析能力,就没有什么新的东西了。更早期的社会创造了复杂的方式,既预测又限制某些行为,而那些行为可能会破坏他们的未来前景。比如,阿米什人就是通过维持一种井然有序的、淳朴节制的文化而获得了很多这样的效果。[①]

最后,系统分析可以应用在组织的层次、城市的层次以及区域治理的层次,可以为我们国家的联邦政府在应对气候变化方面急起直追,赢得时间,当然还能带来别的好处。不管在哪个层次,系统分析都只不过是一个能够明确我们行动的影响、分辨我们的抉择、扩展一点我们的远见的工具。不过,即便只是这些,也是我们不小的收获了。

---

① Stephen Lansing and William Clark, *Priests and Programmers*(《牧师与程序员》)(Princeton, NJ: Princeton University Press,2007). 本书极其精彩地讲述了一个警世故事,内容是关于科学技术的放肆傲慢与古老的分配资源和复杂的管理方式之间的碰撞。

奥柏林项目

> 奥柏林启动了这场南北战争。奥柏林是所有一切麻烦的主要原因。①
>
> ——彼得罗利姆·纳斯比(Petroleum V. Nasby)

俄亥俄州奥柏林市大约有人口1万人,距离伊利湖(Lake Erie)14英里,距离克利夫兰(Cleveland)35英里。那是个兔子都不拉屎的地方,距离底特律有84英里。在12000年前,上一次冰川退去后留下了冰碛土,这就是奥柏林的所在地,位于美国传统工业重镇的地理中心。这座城市是一些自以为是的空想改良家建造的,他们赶走了土著人、熊、狼,试图改善那里艰苦的生活条件。不过,比起文明社会的舒适生活,那些嗜酒如命的拓荒者更喜欢具有野

① 彼得罗利姆·纳斯比是幽默作家戴维·罗斯·洛克(David Ross Locke)的笔名。见 Locke, *The Struggles (Social, Financial, and Political) of Petroleum V. Nasby*(《彼得罗利姆·纳斯比的斗争》)(Boston: I. N. Richardson, 1873) quoted in Nat Brandt, *The Town That Started the Civil War*(《引发美国内在的城镇》)(Syracuse, NY: Syracuse University Press, 1990), p. xiii.

味的大自然。这座城市是围绕着学院发展起来的,奥柏林学院得名于约翰·弗雷德里克·奥柏林(John Frederick Oberlin)。他是来自阿拉斯加的牧师,非常有名,为人拯救灵魂,帮助改善当地的基础设施,修建道路、桥梁、学校和医院等。在奥柏林学院的校史上,它从很早就接受非裔美国人和女学生作为全职学生,成为地下铁路(Underground Railroad)沿线黑奴逃离的一个繁忙中转站。据说,这就是那个"引发了南北内战的城市",因为它在 1858 年拯救了一名从肯塔基赏金猎人手里逃走的名叫约翰·普利斯(John Price)的黑奴。从那以后,奥柏林人自己就以走在废奴制度的前面而感到自豪,踩上了更加进步的锣鼓手的优美韵律。[1]

奥柏林市是围绕着一个占地 13 英亩的塔潘兄弟(Tappan brothers)广场建造的。塔潘兄弟是商人,也是废奴主义者,在奥柏林学院建校初期给予了资助。奥柏林市中心曾有六家食品杂货店、两家药店、一个城市有轨电车系统,还有一个铁路中心,可以通往美国各地。查尔斯·马丁·霍尔(Charles Martin Hall)还是奥柏林学院学生的时候,他就在 1886 年发现了如何将铝从铝土矿中提炼出来的办法,并最终创建了美国铝业公司(Alcoa)。现在的市中心依然保持着 19 世纪的古雅风采,但是只有那些售卖啤酒、披萨或咖啡的商贩,日子才过得红红火火。奥柏林学院及其著名的音乐学校是当地经济之船的压舱石,也是美国最大的空中交通控制中心以及几家公司的所在地,但是,所有这一切都不能形成一个发展强劲的经济。奥柏林市以北,位于铁锈地带的两座城市由于日渐冷落和投资减少而变得衰败,这就是第二次世界大战后美国城市政策的特点。如果一小撮国外恐怖分子造成哪怕是千分之一的伤害,我们的爱国复仇情绪都会气冲牛斗。呜呼哀哉,这些损害是

---

① John Kurtz, *John Frederick Oberlin* (《约翰·弗雷德里克·奥柏林》)(Boulder, CO: Westview Press, 1976); J. Brent Morris, Oberlin: *Hotbed of Abolitionism*(《废奴主义的热土》)(Chapel Hill: University of North Carolina Press, 2014); Brandt: *The Town That Started the Civil War*(《引发美国内在的城镇》).

我们自己造成的，所以对那些肆无忌惮的破坏者除了称许，别无他法。那些破坏者让城镇满目疮痍，让社区百业凋敝，遍布弗林特（Flint）、底特律、扬斯敦（Youngstown）及其他地区。从奥柏林开车，沿着省道58号公路南下，视线所及，大多数是农田和疏落的树木以及麋鹿、浣熊、阿米什农民、保守居民。

与地球上其他地方一样，再过几年，奥柏林市就会面临来自快速气候变化的巨大挑战。如果我们现在的政策不做任何调整，那么到2100年，地球将变得比现在热很多。从现在到那时，这期间很多东西都会变得混乱不堪，一开始将是我们的水和粮食供应，但是最终，也许是不久，就会轮到整个经济和政治系统。在更高温度的环境里，地球上几乎每一样东西都会有不同的表现或呈现不同的机理。生态溃败，森林着火，金属延展，混凝土跑道弯曲变形，河流干涸，尘暴扬起，人们在炎热下焦躁颓废，这一切都更容易发生。没有什么地方会幸免。同样，奥柏林市也有更热、更不可预测的天气以及更强的风暴、更大的洪涝、更长久和更严重的干旱、变动不居的季节、错乱的生态，还有焦灼不安的人们。我敢打赌，用不了多长时间，就会有操着南方口音的人迁徙到北方来，用他们的话说，是为了躲避危害，是为了得到五大湖（Great Lakes）的水以及稍稍好一点的气候。他们不是像难民那样的机会主义者，而是更像20世纪30年代发生尘暴（Dust Bowl）时期的逃离的俄州佬（Okies）。如果华盛顿和俄亥俄州政府等在气候和能源政策方面没有任何作为，不能够率先垂范，那该怎么办？在现实面前，我们将需要实际的愿景。

1990年，我把家搬到奥柏林市，不久，一位饱经战争洗礼、后来在当地从事政治的老兵告诉我："孩子，关于这座城市，你得了解这一点……如果你把奥柏林市的所有居民放在一个着火的大楼里，他们不会就如何逃出来达成一致意见。没办法，你得接受这一点。"我从来没有认同他的观点，其他任何人也不应该。为了获得体面的、共同的未来，真正可靠的愿景和预见，是必不可少的。但是，对于21世纪，对于快速的气候变化，对于奔向110亿人的人口，什么样的愿景才是合适的呢？不管是小的社区，还是全球共同体，在不同的规模，怎样才能制定实事求是的愿景？是来自市场？还是来自政治程序？领导的作用和公众参与之间的关系，应该如何把握？如何处理激情洋溢和理智分析之间的关系？如何让愿景根深蒂固地嵌入组织的行为中和人们的生活里？如何根据持续变动的气候来调整和修改愿景？

不管这些问题有着怎样的答案，我们的历史和文化DNA都使得制定集体愿景和规划比理论更困难。正如比尔·克林顿(Bill Clinton)所言，“我们的基因有99.5%是一样的，但是我们99.5%的时间都被用来争论我们那些0.5%的差异”。我们是一个爱争议的“争论社会”(argument society)，用黛博拉·坦纳(Deborah Tannen)的话说就是，我们沉溺于我们喜欢的博客和网页，根据我们自己的特殊喜好或偏见，选择我们需要的信息。托马斯·杰斐逊曾有着执拗地反政府的倾向，由此观照，我们现在要获得共同的愿景或共同的什么东西，是很困难的。也许杰斐逊和德·托克维尔(de Tocqueville)已经看到共同愿景的到来，但是我怀疑他们说的共同愿景是在国家层面或群落层面。“所谓愿景的东西”，在以集合形式出现的时候，对于我们来说好像是很难的，因为我们曾经千方百计地赶走土著人并把他们圈在狭小的区域，砍伐了整个森林，破坏了大草原，堵塞了河道，灭绝了数不清的物种，将我们的经济进行了公司化改造，铺设道路的面积大于肯塔基州，为了开采廉价的煤炭而削平阿巴拉契山峦的山峰，为了开采石油而在大地上打了几百万个洞，打赢了两场世界大战和一场冷战，整天看糟糕透顶的电视，相互出售一卡车一卡车的垃圾，建造全球帝国，无休止地在推特和博客中发送垃圾信息，成为地球上最富裕、最富态、最自鸣得意的人。但是，在1990年苏联解体后，我们感到茫然失措，沮丧泄气，因为，作为地球上唯一的超级大国，我们的视线之内，再无势均力敌的、令人憎恶的敌人。所以，我们就开始相互间缠斗，弄些虚张声势的文化冲突，以及进行越来越恶毒和毫无用途的政治争斗。幸亏，奥萨马·本·拉登横空出世，让人成为打满鸡血的狂热爱国者，想要创建21世纪版本的奥威尔的《1984》，只是这个愿景是错位的，是集公司、要塞、监控和娱乐为一体的国家。同时，世界上还出现了越来越多的、越来越严重的威胁。

从1990年到2013年，联合国政府间气候变化专门委员会发布的五份报告和其他机构发表的如山一般高的科学证据以及轶闻传说，让我们既不能有丝毫自满，又不能有一点盲目的乐观。二氧化碳在大气中停留时间长，"可能在未来的一千年里都影响着气候"，把我们锁闭在灾难不断恶化的未来之中。我们希望创造美好未来的可能性，早就随风飘逝了。我们最好的希望是，坦率地承认我们所造就的这个未来，不能回避，积极行动，预先阻止最坏情况的发生，为在更长远的未来建设更好的世界奠定基础。[①]

但是，我们怎样才能制定适合这个新的、更不稳定时代，也就是人类世时代条件下的注重实际的愿景呢？没有愿景，人们会毁灭，也就是说，如果我们希望长久地生活在这个世上，那么远见卓识就是不可缺少的。不过，首先的问题是，是否有足够多的人愿意看到真相。但是，视力，也就是看见的能力，从某种程度上说还是选择的问题。心理学家奥利弗·萨克斯（Oliver Sacks）曾经有个病人，出生不久就双目失明，一直到中年，在医学的帮助下恢复了大部分视力。然而，一件不可思议的事情发生了，这位病人认为，那个无形的世界比他视力恢复后所看到的现实更美好，所以他决定回到以前目盲的状态。萨克斯认为，视力至少在某种程度上是可选择的。期望更清晰地看见这个世界，也是一种选择。很多人以

---

① *Paul Crutzen, quoted in Vaclav Smil*, Harvesting the Biosphere（《收获生物圈》）（*Cambridge, MA: MIT Press*, 2013）, *p.* 237.

这样或那样的方式更喜欢虚幻、空想的东西,喜欢否认,不承认现实,从而把现实弄得一团糟。远见,也就是看向未来的能力,要更加困难。就像希腊神话里的卡珊德拉一样,所有预言其他人命运的人,都会被嘲笑,被拒绝,或者更严重点,人们对此根本不予理会。

但是,随着时间的推移,还是有一些实用的愿景以各种不同的方式出现在我们的世界里。有时,它们是“群体智慧”(wisdom of crowds)和社会变革的结果。比如,从 2005 年到 2010 年,11 个西方国家的消费者通过提高能效所节省的石油的价值达到 4290 亿美元。今天,我们美国人也提高了能效,创造一美元国民生产总值所需要的能源只有 1973 年的一半。产生这些改进的主要因素是技术进步和省钱欲望,而不是公共政策的变革。展望 2050 年,卢安武相信在不利用煤炭、石油或核能,只利用不到现有三分之一天然气的情况下,可以发展规模更大的经济。但他没有说我们如何发展以及发展这么大规模的经济能有什么用,当然了,这是另一个方面的问题。

有人认为,我们可以在市场这个体现自我利益的肥沃土壤中制定出恰如其分的愿景。如前所述,卡尔·波兰尼对此是持不同意见的,而且他的观点在其后的受到很少监管的市场发展历史中已经得到了证实。基于市场的愿景不过是沙漠中的海市蜃楼,给我们的最后结果无非是城市无节制地蔓延扩张、衰败的城市、拥挤堵塞的公路、到处都有的犯罪、巨型购物中心以及大规模的政治和金融腐败,同时没有几处团结的社区、生机勃勃的市中心、繁荣发展的本地企业,也没有完善的铁路交通服务,更不用说什么坚实有力的民主、高官显贵社区的正直、最基本的公平。问题可能是,“自由市场”(free market)并不真的是那样自由的。

有的时候,愿景可以从自由市场的观念中产生出来。哈丽叶特·比切·斯托(Harriet Beecher Stowe)的《汤姆叔叔的小屋》

(*Uncle Tom's Cabin*)和卡尔·马克思的《资本论》(*Das Kapital*)都改变了人的思想和行为,也改变了历史的进程。欧内斯特·卡伦巴赫(Ernest Callenbach)1975年出版了《生态乌托邦》(*Ecotopia*)一书,几十年来畅销不衰,促进形成了太平洋西北地区(Pacific Northwest)的卡斯卡迪亚(Cascadian)愿景和文化。用保守派哲学家理查德·威沃尔(Richard Weaver)的话说,思想的确会产生影响,有时,不管是好还是坏,能够改变历史的进程。

共同的愿景还能够产生于有组织的社区对话。本书第十一章描述的查塔努加市环境修复运动,一开始就是组织一系列的社区规划会议,邀请社区居民对视觉偏好调查进行回应,从而为下一步的计划奠定基础,这些计划包括沿田纳西河(Tennessee River)组织徒步活动、棕地景观恢复、修建公园和建造房舍、建设一座新的田纳西水族馆、城市商业和居住开发等。查塔努加市大卫·克洛科特、库里蒂巴市贾米·勒纳、芝加哥市斯考特·伯恩斯坦(Scott Bernstein)以及其他人所提倡并推动的城市绿色发展运动,同样在纽约、费城、芝加哥、克利夫兰、洛杉矶、波特兰和西雅图等大城市蓬勃开展起来。道格拉斯·法尔(Douglas Farr)、凯瑟琳·吉耶夫斯基(Katherine Gejewski)、赛德胡·约翰斯顿(Sadhu Johnston)、珍妮塔·麦高文(Jenita McGowan)、朱丽亚·帕尔森(Julia Parzen)以及其他人已经将城市可持续发展办公室作为有效的平台,制定愿景,并以此为基础打造实施的能力。生态区和城镇转换(EcoDistrict and Transition Town)运动同样使得周边社区和更小的城市减少碳排放,开发社区花园,发展当地产业,重建自力更生的社区。

如前所述,布鲁斯·阿克曼和詹姆斯·费什金建议利用草根力量,通过举办"协商日"复兴民主对话,在同一天,不同城市的公民相聚在一起,以一种有组织、有深度的方式,讨论重要的事宜。如果有合适的设施和准确的信息,人们能够通过对话来解决棘手的问题,减少彼此的分歧,有时候还能形成超越左倾和右倾思想的共同愿景。

总体来说，愿景可以来自市场趋势、社会运动或者恰当时机提出来的强大的理论或思想。愿景可以来自英明和负责任的组织领导，可以来自草根的协商和倡议或来自从上到下的法律和规章。愿景可以是各种规模的，各种形式的，可以出现在不同的地点、不同的文化和不同的时间。但是，宏大的愿景并不总是好的。当人的忍让和正派被长期的灾难所困扰，那么就会发生排他性运动。这一情景使得我们在各地建设体面的、可持续的社区的努力愈加紧迫。如果可以以史为鉴，就可以看出，虽然现在我们的家庭支出、企业、社区服务以及每个人的耐心都忍受着如山重的压力，其实问题早在萌芽时期就已经孕育了。忍耐、体面和真相是最早的牺牲品。

不管其来源是哪里，愿景必须转化为城市政府、机构和组织的日常行为，这样才能产生效果。做正确的事情，必须成为容易实现的行动，成为正常开展的行动，要求不断校正价格、税收、规章、金融管理、公共支出、信息流以及针对生态现实的激励措施。相应地，这种校准也要求公民支持的氛围，积极参与、学习并聪明地加入集体行动之中。

在奥柏林，我和其他任何人都一样，生活在气温快速升高的世界里，饱受着烈火的煎熬。面对这一残酷的现实，奥柏林学院着力制定城市愿景，重点发展由利用太阳能和提高能效所推动的地方经济。在这个气温更高、暴风雨更大、雾霾更频繁、极端天气更多以及干旱更严重的世界，为了获得一丁点儿的成功，我们都必须团结起来，站在更高的地面上。正是对这些问题的担心，我们在 2009 年创建了奥柏林项目。这是由奥柏林学院和奥柏林市合作实施的项目，目的是开发一个“全方位可持续性”的模型，涵盖能源、教育、农业、政策、金融和城市发展等领域。从这个模型的语义上看，我们尝试避免通常存在的官僚主义碎片化倾向，利用基于系统的知识，延长和扩大我们判断成功和失败的时间界限，在可持续性的各个部分之间"把联络点连接起来"。通俗地说,就是与很多各色各样的人吃午饭,参加很多会议,在因为领域、功能、阶层和政治倾向而将我们分开的裂缝上架设沟通的桥梁。由于系统失灵导致了我们现在的危机,我们认为,从危机中全身而退就要求在系统这个层次上进行响应,需要有更聪明的政策,需要具有远见和智慧的思维敏捷的公民。

具体来说,奥柏林项目是对气候变化导致的很多挑战的综合性响应,聚焦于下面七个实际的目标:

1. 在市中心开发建设一个占地 13 英亩的社区(绿色艺术区),达到美国绿色建筑协会(U. S. Green Building Council)的"白金级"水平,成为促进当地经济复苏的主要助推器。这个社区的开发项目将包括修建一个著名艺术博物馆(已完成),修复和扩大一个表演艺术中心,在 2016 年建设一个宾馆、会议中心和商业中心。我们认为,市中心的复兴将带动当地的就业,发展当地的经济,为社区规模的绿色发展创建一个新的里程碑。

2. 在住房、能效和太阳能利用等领域创建新的产业。为了实现向碳中和可持续性的转变,我们建议创建和扩大属于地方的产业,促进民众大规模地创新创业,将财富广泛分布在城市居民中,从而提高经济韧力。

3. 将城市和学院的能源利用转向可再生能源,大幅度提高能效,消除我们的碳排放,改善当地的经济。城市居民和企业现在每年的电费和天然气费用大约是 1500 万美元。如果我们当下提高能效,注重节约,推广先进的技术,那么我们的花费可以减少一半。我们致力于减少能源利用,主要是依靠提高能源效率(这样可以节省数百万美元),打造本地可再生能源经济并增加就业和创新创业，发展当地经济从而减缓奥柏林因能源价格上涨和成本突然增加而带来的压力。

4. 建立充满活力的当地食品经济，越来越多地满足我们本地的粮食需求，并为当地农民提供支持。当前，我们奥柏林居民吃的食品，只有一小部分是俄亥俄东北地区生产的，这就意味着我们的钱从自己的社区徒劳无益地流向了外面。我们建议扩大当地生产食品的市场，这就意味着改善本地的农业经济，在农业和食品加工领域创造新的就业岗位(包括为青少年创造暑期就业岗位)，同时提高我们吃的食物的品味和营养质量。

5. 扩大教育合作，在奥柏林学院、奥柏林中小学、一所附近的职业学校以及洛雷恩县社区学院(Lorain County Community College)促进对可持续性面临的挑战和机遇的教学。

6. 扩宽和深化当地关于可持续性的对话，涉及所有的人文学科、所有的艺术门类、所有的科学和社会科学。

7. 与美国各地相似的项目和社区进行合作。

面临气候快速变化的态势，我们的选择不是我们是否应该做这些事情，而是怎样做，是以整合统一的、深思熟虑的系统应对各部分从而强化整个社区的韧力和繁盛呢？还是以一系列的相互不联系的、单一性的、高投入的临时措施来应对外部危机、供应中断和价格变动呢？

奥柏林项目在设计时就定义为起到催化作用，而不是永久性的。换句话说，我们期望在几年时间内，通过我们的工作使得可持续性成为生活中的常态，然后再结束我们的项目。为了达到这个目的，我们围绕当地食品、能源、住房、经济发展和教育组织成立了公共委员会。为了避免组织结构上的叠床架屋，我们积极寻求与城市其他部门的协作和配合，达到2加2等于22的效果，而不只是等于4。换句话说，我们建议，在城市、学院和当地经济的日常生活中，对系统的含义和思想赋予具体实际的意义。

项目开始实施的时候，我们印发了德内拉·梅多斯的论文《系统中的干预》，让大家讨论，在城市和学院的系统中，从哪儿、在什么时候、如何进行有效地干预。但是，事实是，并没有这么一个可以干预的地点，能够适用于每一个城市，适用于所有的情景，适用于每一个问题，适用于所有的时间。因此，变化的策略必须是弹性的，需要根据当地的特点、情况、文化和体制背景等进行校准。①

我们一开始的目标是注重实际的，也是切实可行的，那就是逐步减少直至断绝使用所有的化石燃料。在我写这本书的时候（2016年5月），我们已经在市政水电气等设施中减少了90%的二氧化碳排放。我们是克林顿基金会（Clinton Foundation）C40城市之一。我们被白宫评选为17个“气候冠军城市”（Climate Champion Cities）之一。我们在11英亩的地块上部署了2.27兆瓦的太阳能阵列，今后几年还将增加2.75兆瓦，而且所有者都是属于社区的太阳能合作社或联合体。

但是，在通往可持续发展的道路上，我们还有很长的路要走。我们制定了本地种植生产70%粮食的目标。这是一项艰巨的任务，我们还需要重新学习，更多地了解自然系统农业和农场以及花园管理。我们已经启动建设了一个企业孵化器，培育当地企业，利用当地人才发展可持续经济。我们已经建设了一个粮食中心，为农民和当地粮食市场搭建了桥梁，提供中介服务。不过，最为紧要的是，我们需要从当下没有就业的、没有得到利用的、没有受到完整教育的、四处漂泊的人群中培育一代带头人。我们需要他们的能量、他们的智慧和他们的雄心，建设美好的未来。我们需要那些

---

① Donella Meadows, *Thinking in Systems*（《系统化的思考》）（White River Junction, VT: Chelsea Green, 2008）.

了解世界作为一个物理系统是如何运转的公民,需要那些知道如何、在什么时候以及什么地点对复杂系统进行干预从而实现在正确时间发生正确变化的公民。我们需要和平使者,需要梦想家,需要实干家,需要睿智的老者。我们需要视慈善和知礼为基本规范的人。我们需要更多的公园、农贸市场、自行车道、棒球队、读书小组、诗歌朗诵会、高品质的咖啡、开心的欢乐、强劲的竞争力和睦邻友好的社区。在这样的社区中,"neighbor"是动词,是以邻为友,而不是名词。我们需要那些了解并热爱这个地方的人,需要那些整体看待这个地方现状以及未来的人。

在快速的气候变化态势下,可持续性和提高韧力都面临着挑战,这就要求扩大服务的范围。多数大的城市现在设立了可持续性办公室,制定了气候行动计划和促进智能增长以及建设生态区的规划。但是,这些大城市需要做的还有更多。对于快速的气候动荡进行有效的响应,需要政府精心制定政策措施,提高能效,并首先从商业建筑和制造业这些能源利用大户那里开始实施。那些城市还需要公共和私人激励措施,鼓励部署和使用可再生能源,充分利用不断取得的技术进步,其中包括能源输送技术("智能电网"创新)。它们还需要更好的信息,首先是精准的、公众可进入的模型,包括物流、碳排放、金融数据和公共态度等信息。它们还需要恢复当地的、城市的和区域的粮食系统,因为其他地方的农业受到了热浪和干旱的压力。对于不断变化的降雨模式的有效响应,要求重建基础设施和水储存系统,要求提高建筑标准从而抵御更强的风暴、更高的气温和更大的洪涝,要求增强应急响应能力。社区还必须采取政策和法律,促进经济可持续发展,实行完全成本价格。①

---

① 我在奥柏林学院的一个同事,他叫约翰·皮特森,倡导在公共建筑、学校、学院和企业里开发和设立显示仪。他是路西德设计公司(Lucid Designs, Inc.)的创办人之一。见 J. E. Petersen, C. Frantz, and M. R. Shamin, "Using Sociotechnical Feedback to Engage, Educate, Motivate and Enpower Environmental Thought and Action"(《使用社会技术反馈来参与、教育、鼓励和强化环境思考与行动》), *Solutions* 5, no. I (2014): 79-87.

简而言之,我们需要对我们很多的基础设施进行重新设计,那些基础设施是在廉价化石燃料年代建造并使用的,而且在那个时代,由于政策支持、税收优惠、财政补贴以及其他激励措施,化石燃料对于少数一些人是有利可图的,同时对于所有其他人来说,进行改革也变得很困难。我们面临的挑战是艰巨的,是长期的,但是我们已经拥有了实现变革所需要的技术诀窍、设计能力、建筑工艺、城市规划能力、工程技术以及“创意资本”(Idea Capital)。即便如此,我们还需要让我们的公民了解挑战的规模和持久性以及挑战对公民的要求。就全局来说,可持续性既不是用更聪明的办法来做过去同样的事情,也不是简单地修补变化的系数,而是要求实现系统结构的转型,因为那些系统已经让我们的未来变得非常危险。全方位的可持续性要求我们学会看世界以及我们自己,学会完整地进行观察,并应用我们的智慧、远见、慷慨和竞争力来规避难以解决的两难之境,在问题还没有演化成全面爆发的危机之前就解决了它们。①

那么,截至目前,我们,包括奥柏林学院、奥柏林市以及社区,已经进展到什么地步了呢?在项目实施后的七年里,我们取得了系列里程碑式的成果,主要包括:

·在绿色艺术区整修了一座在全国享有盛誉的艺术博物馆,达到了绿色建筑协会的金级水平;

·完成了市中心住房和商业开发项目,私人投资1700万美元,也达到了绿色建筑协会的金级水平;

·修复了一座位于市中心的具有历史意义的剧院;

·被评选为全球18个克林顿气候改善项目(Clinton

---

① Peter Senge, *The Fifth Discipline*(《第五项修炼》)(New York: Doubleday, 2006).

Climate Positive projects)之一(现在是 C40 城市的一部分);

· 被白宫评选为 17 个“气候冠军”城市之一;

· 开发部署了 2.27 兆瓦的光伏系统;

· 城市用电供应的 90% 以上实现了零碳排放;

· 以社区为基础,围绕能源、经济复兴、教育和粮食/农业组建了团队;

· 完成了关于在区域规模上向能效提高和可再生能源转型的调研报告,投入经费 110 万美元,项目资助来自美国农业部;

· 在全市范围内实施气候行动计划;

· 开发制定了奥柏林学院到 2025 年实现气候中和目标的计划;

· 建造完成了一座达到白金级的宾馆和会议中心,全部能源来自太阳能。

奥柏林项目的实施,在很多方面都依赖其自身的优势,包括:

· 在涉及艺术和科学的集成方案方面进行全市规模的试验;

· 开展了教育试验,让学生设计和开发一个综合可持续性的模型,几乎涉及每一个系所和每一个学科;

· 建立了一个本土的、后廉价化石燃料时代经济复兴的模型;

· 改进了食品系统,为更健康的社区从事良好的工作提供了机会,人们可以进行更多的体力活动,买到健康有益的食品,拥有更清洁的空气和水;

· 建立了社区规模的韧力模型,增强了当代和未来

居民对于外来侵害、技术灾难抑或快速气候变化的抵抗能力，外来侵害也许是恶意的，也许是无意的；[1]

· 虽然是小型社区，但却是当地引以为傲的精神源泉，那就是，只要需要，都能挺身而出，该社区在这方面有着悠久的历史。

但是最为重要的是，这是一次满怀希望的实践，是基于让世界变得更公平和体面的实践，同时还为子孙后代保存一个美丽的、宜居的地球。如果我们不为这些而奋斗，那么我们应该为什么而奋斗呢？

从更大的时间和空间来看，奥柏林只是汪洋大海中很小的一滴水。奥柏林项目只是一个还在实验室的小试项目，不过，虽然小，依然有警示和教育指导意义，而且就算是从更宽的范围来讲，也是很重要的，因此也是足够大的。我们生活和工作在奥柏林的人将我们的历史和体制能力进行了独特的融合，让我们在事务处理中优先考虑公正，在推动人类更美好的事业中优先发挥艺术和音乐的力量，优先思考如何跨越学校院系和学科之间的传统界限。但是，美国的每一个乡镇、城市和地区都有着自己独特的资产和可能性。如果得到创造性的开发，都能够或独立或联合地产生超过其地理边界的影响，从而形成更大变革的催化剂。这就是刘易斯·芒福德所展望的那种自下而上的变革。转型城镇、生态区和绿色城市的公民运动，有朝一日会引发省会城市甚至首都华盛顿理性思维的爆发，实现更大的目的。

当然，正如芒福德和其他人在20世纪30年代所建议的，还可以在区域规模的层次上组织开展更大的活动，比如，沿着伊利湖西

① David W. Orr, "Security by Design"(《设计安全》), *Solutions* (January-February 2012).

岸的弗林特、底特律、托莱多(Toledo)、克利夫兰、扬斯敦等城市，那些地区曾经是美国经济的工业中心。现在，它们代表着我们经济和生活的最大挑战，当然也可能是我们国家经济复兴的最大机遇。[①]

从地理上看，伊利湖湾区是连为一体的，位于一个共同的流域之内，有着共同的历史和形象。这个区域还有着技艺娴熟的劳动力队伍，有着稳定的社会核心，包括基金会、大学、企业和公民组织等。这些机构都是在经济社会繁荣时期创建发展起来的，但是现在经历着经济困境的磨砺。伊利湖湾区紧靠五大湖区，那里有着世界上最大的淡水资源。换句话说，伊利湖湾区拥有着今后会增值的资产。伊利湖湾区的复兴在国家向可持续、有韧力、可再生能源道路的转型和繁荣中可以发挥着重要的作用。在国家转型的过程中，企业、政府和慈善都会发挥自己的作用。但是，学院和大学能够比现在发挥更大的作用，因为可以协同调整其采购和投资方向，加速太阳能和能效技术的开发应用，复兴充满活力的可以代替进口的区域食品系统，通过智能增长和在建筑以及社区规划领域采用先进的设计标准重振城市核心。

来自区域内制造商、种植者以及服务提供商的购买就是简・雅各布斯所说的“进口替代”战略。这个战略利用了经济乘数的优势，将利润保留在本地和区域经济之中，从而促进了经济增长。这些优势包括与长途运输相联系的碳排放的减少，包括该区域增长的就业岗位和人力资本。在本区域内购买，这意味着经济韧力的增强，意味着向零碳经济转型的加速，意味着经济是被智能城市增长、充满活力的可持续农业以及可再生能源技术推动的。由于这个战略只是对已通过预算的方向进行调整，所以并不需要

① 区域规划协会(Regional Planning Association)成员包括刘易斯・芒福德、本顿・马卡亚(Benton Machaye)以及其他在规划和土地利用等领域的知名人士。见 Colin Woodard, *American Nations*(《美国诸邦》)(New York: Penguin, 2011).

联邦政府或州政府给予很大的新的经费资助。另外,它还利用了三个快速发展走向的优势:价格适宜的可再生能源、当地的采用可持续方式种植的粮食、绿色建筑。

我们可以用同样的逻辑来分析大学经费的战略投资。大学可以将收到的捐款投资于重建区域系统和城市核心以及支持本地企业、农民和服务提供商。帮助区域再开发的重新配置的资本可以避免政治指令变革的陷阱。在这样的战略规划中,起关键作用的人是学院和大学的校长以及他们主要的负责金融的官员和负责投资的经理。为了获得成功,决策过程要求:(1) 关于本区域购买和投资机会的合作与信息共享;(2) 管理资本的新规定,并确认其不同的形式,比如自然资本、人力资源、金融资产、文化以及生态系统服务;(3) 转型战略,要求系统从短期的高回报、最低成本向长期的、稳定的繁荣以及创造附带利益转型,其中附带利益包括就业、更低的犯罪率、更少的碳排放、更清洁的空气以及复苏的城市核心;(4) 这些附带利益可以货币化以及报酬化的措施。

最后,由主要机构领导的与基层的长远的区域合作可以在美国很多地方进行复制。除了学院和大学,医疗保健机构、体育团队、动物园和图书馆等公共单位、军事部门等可以有所作为,在长期应急的岁月里调整自己的采购和投资策略,满足人们基本的需求。

后 记

写这些话的时候，我和我的家庭正在北卡罗来纳州（North Carolina）的海滩上度假，同行的有我们的两个儿子及儿媳，还有四个孙辈，孙辈的年龄在6岁到16岁之间。13岁的孙女问我，这些海滩和沙丘是否在不久后就会沉入水下。我说"可能"，便不再言语。但是事实是，我孙女孙子的孩子，如果他（她）们选择要孩子的话，不会像我们现在这样，可以看到这些海滩和沙丘了，因为它们早就被上升的海平面淹没了。我小的时候，在宾夕法尼亚（Pennsylvania）西部山区里游玩，认识了山里的铁杉林，我孙子孙女的孩子们再也不会知道这些树木了。我们所看到的很多自然美景，对于他（她）们都成为过眼云烟了。也许，他（她）们不会在意这些，因为我们人类是一个适应性很强的物种，随着事态的恶化，我们的认知和期待会随之而降低。他（她）们会有其他的经历，也许更多的是在室内活动。不论是物种的灭绝，还是陆地风景和海上风景的丧失，没有这一切的世界今后只不过是变成新的常态。但是，不管我们对这些是否在意，这些损失是有很大影响的，因为每一个损失都会减少我们的体验、欢乐和可能性。每一个损失都是对塑造我们人性以及孕育我们感情的世界的持续剥夺。在漫长的进化旅程中，每一个物种的丧失都是同行伴侣的丧失。每一个被不断蔓延的沙漠或上涨的大海所吞噬的地方，都是美丽景致、难忘回忆以及丰富营养的丧失。我们的世界就像是棘轮机构，棘轮的每一次向下转动都表示着人类繁荣机会的丧失。该对孙子孙女说些什么呢？

译后记

翻译这本书,既有指尖的沉重,也有心情的沉重。指尖沉重,是因为翻译的时候,我经常为找到恰当的词汇和流畅的句式而踟蹰良久,所以难以用指尖敲击笔记本的键盘,虽然那一敲击只需轻轻地一碰,但在我感觉却是那样的沉重。

大卫·W.奥尔的原文用词丰富,句式繁复,叙事文雅,这一方面给我的浏览阅读带来审美的享受,另一方面也给我的精确转码带来表达上的困难。按照我翻译的惯例,首先我会对原书进行通读,大致掌握和了解原书的内容、架构以及语言风格。后来发现,之所以难以精确转码,是因为不容易抓住原文的核心,因为其语义往往隐藏在考究的选词和铺陈的叙述当中。有些句子,必须反复阅读,仔细琢磨,才能把握其看起来游移不定的意思,这也是我指尖沉重的原因。

俗话说,打虎亲兄弟,上阵父子兵,这本书的翻译也是如此。我弄不懂的句子,就问我儿子,他在眼花缭乱的语词和句式中总是言简意赅地告诉我那一段英语所表达的意思。儿子在美国读高中,读大学,读博士,在英语世界里浸淫十多年,不光是专业,就是英语也早就超过我了。想着自己翻译这么艰难,何不把儿子拉下水?又怕他不乐意,就说这本书有十二章,你只帮我翻译两章吧。儿子爽快地同意了,只是他一开始不知道,我给他的两章是篇幅最长的,文字量几乎占全书的三分之一。就这样,我遇到原文中难以理解的问题，就找他解决，他则不声不响地翻译我分配给他的活儿，不过，对他的译文，我当然要煞有介事地修饰润色一番。

心情沉重，从书的名字就可看得出来。奥尔这本著作的名字是《危险的年代：气候变化、长期应急以及漫漫前路》。翻译的时候，我脑子里寻找和组织着中文字句，传达着我们面临的难以躲避的危险，心里时常一阵阵发紧，感到分外压抑，感到五味杂陈。而且，作者几乎在每一章都不厌其烦地言说气候变化造成的危险，使得我自始至终的翻译都难以有轻松的心情。工业革命以后，我们人类取得一个又一个创新成果，认识自然和征服自然的能力越来越强，在奔向现代化的道路上狂飙突进，在消费主义的浪潮中尽情狂欢。我们获取的一切都不是凭空从天上掉下来的，除了投入我们的聪明才智，还需要从地球索取物质资源。人类开采使用了大量的不可再生的化石燃料，砍伐了大面积的森林，破坏了大片的草原，造成了越来越多的物种消失，把地球糟蹋得满目疮痍。我们在满足自我欲望的时候往地球排放了废气和废物，它们远远超过了地球的承载力，使得地球不堪重负，造成了严重的生态危机。正如方济各所说："我们所面对的，不是单一的危机，而是复杂的危机，既包括社会问题，也包括环境问题。"

令人悲摧的是，即便我们已经开始着手严肃地应对气候变暖问题，也已经太晚了。而且，我们面临的危机，还不止气候变暖，还有核武器和人工智能问题。不过，奥尔说："我不相信我们会因为大火、炎热或技术狂飙而毁灭我们的地球。"

在这部书中，奥尔反复地描述我们的行为导致的气候动荡或气候不稳定，随着大气中二氧化碳浓度超过 400 ppm，气温持续攀高，干旱越来越严重，风暴和飓风事件越来越频繁、越来越强烈，海平面不断上升，海洋持续酸化，很多物种逐渐灭绝。对此，国际社会有识之士看在眼里，急在心里，于 1992 年召开联合国环境发展大会，呼吁可持续发展，并在 2015 年 12 月的第二十一届联合国气候变化大会(COP21)上达成了《巴黎协定》,确定了碳减排目标。

不过,实现碳减排目标的道路,注定是艰难的。美国宣布退出《巴黎协定》,很多国家都在观望,有些国家似乎打定主意搭顺风车。碳减排之所以举步维艰,是因为背后有着深刻、复杂的经济和伦理原因。比如,排放碳的国家并不是首先受到影响的国家,甚至有些国家还会从气候变暖中受益。比如,当下的人在开发利用自然资源和排放碳的时候很难考虑以及照顾未来人口的权利。再比如,我们人类在提高自己生活质量、寻求自己幸福的时候很难考虑并顾及其他生物的权利。

因此,人似乎生活在悖论或困境之中,为了自己的追求,人会过度开发利用,甚至奴役或破坏自然,但是自然被破坏后会对人进行报复,给人的生存带来危机。当地球上其他物种毁灭殆尽、只剩下人类时,人类这个物种也就走到了尽头,面临着白茫茫大地真干净的命运。没有人类,地球可以存在;但是如果没有地球,人类就不可以存在。如何让踌躇满志、胸怀抱负的人减缓疾行的脚步,强化人与人之间的关爱以及人与自然之间的和谐,实现可持续的发展,是一个宏大的问题。

对于如此宏大的问题,奥尔建议从小处着手,从底层起步,从下面推动,积少成多,积小成大,进而实现星火燎原,推动更高层次和更大规模的变革。在他的愿景里,公民应该是文明的,良善的,高素质的;政府应该是开明的,负责任的,有能力的。尽管奥尔在他的家乡奥柏林进行了成功的实践,但是我对他的建议能否顺利推广开来仍然是半信半疑,因为人的趋利性和人的欲望是横亘在通往可持续道路上一个难以逾越的鸿沟。欲壑难填,人就会不停地向大自然索取,而大自然的资源是有枯竭的那一天的。克制、敬畏、感恩、关爱、包容、善心、收敛、良知,这些品质虽然难以上升到法律层面进行规范,但是在共度危险年代、应对生态挑战、保护生存环境方面显得愈加可贵。

我居住的城市的边缘有个藏龙洞,方圆几十平方公里,沟深树密,有山有水,有花有草,有梵音古刹,有书房遗迹,古代文人墨客在那里流连忘返,留下很多题刻诗句。那里空气新鲜清洁,可以洗洗在市区被污染的肺;那里风景积翠叠青,可以洗洗在红尘被蒙蔽的心。这片山区,在老舍笔下,是城市的摇篮,扮靓了最美的冬天和秋天。如今,这片山区正在进行山体修复改造,山脚下耸起一座座楼房,山间的小道被拓宽,宁静的山野将变成热闹的场所。在人类的攻势面前,大自然不停地退却。在人与自然的关系上,人的完胜之时,就是大自然生态服务的终结之时。

人的生命是最宝贵的,对生命的存在而言,最为根本的是清洁的空气和水,这两样东西本来是大自然的馈赠,是免费的,但在经济发展快车的碾压下,都不能避免"公地悲剧"的命运。雾霾是我们挥之不去的梦魇,缺水是我们念念不忘的牵挂。虽然我们经济发展了,手中的钱多了,但是空气污染、水污染、食品安全、气候异常等严重影响着我们的幸福指数,它们的存在,也使我们处于危险的年代。

覆巢之下,岂有完卵。在奥尔说的整个地球处于危险的时代,我们蜗居的这一隅岂能独善其身,置身事外。

这本书的翻译完成了,一本崭新的硬皮精装书被我反复翻阅,读成了旧书,变厚了不少,也有了很多皱褶。尽管如此,我对原书的理解和翻译中一定还会有错误,敬请批评指正。

王佳存

2018 年 11 月于济南